技术人
修炼之道

从程序员到百万高管的72项技能

黄哲铿/著　第2版

电子工业出版社
Publishing House of Electronics Industry
北京·BEIJING

内 容 简 介

本书旨在帮助 IT 技术人员提升职场核心技能、架构思维、团队管理能力、商业认知，让每一位普通的技术人都修炼成"技术职场超级个体"，通过全面升级个人的底层操作系统，从容地应对快速变化的世界。

本书按照技术人的成长轨迹，首先介绍技术人的职场定位、思维方式升级、职场沟通、行动力、学习力和创新力。然后介绍从技术转管理会踩的坑、有效管理的原则、打造高效组织架构、团队高效执行力、技术人才的选用育留、管理者的自我修养、管理者的商业思维。全书总结了从程序员到技术高管所需的 72 项技能。这些技能来自 50 多位一线互联网公司从业者的经验总结，以及笔者将近 20 年的职场经验。

如果你是技术职场小白，那么本书的"技术人的自我修养""思维方式的升级""个人高效行动力""学习力与创新力"等章节，可以帮助你树立正确的价值观、培养良好的职业习惯、提升思维能力、提高学习力和创新力，为技术职场的腾飞打下牢固坚实的基础。

如果你是寻求突破的资深工程师，那么本书的"技术人的难'言'之痛""管理中常见的'坑'"等章节，可以帮助你提升沟通技巧和架构思维，跨越从技术到管理的鸿沟，发掘自身的更多可能性，突破"35 岁职场现象"，打开技术职场的另一片广阔天地。

如果你是技术管理者，那么本书的"有效管理的原则""打造高效的组织架构""团队高效执行力""管理下属：人才的选用育留""管理者的自我修养""技术人的商业思维"等章节，可以帮助你提升商业思维，掌握业界领先的团队管理工具，实现"技术驱动商业腾飞"的梦想。

图书在版编目（CIP）数据

技术人修炼之道：从程序员到百万高管的 72 项技能 / 黄哲铿著. —2 版. —北京：电子工业出版社，2023.7

ISBN 978-7-121-45780-7

Ⅰ. ①技… Ⅱ. ①黄… Ⅲ. ①计算机技术 Ⅳ. ①TP3

中国国家版本馆 CIP 数据核字（2023）第 104361 号

责任编辑：董　英
印　　刷：三河市良远印务有限公司
装　　订：三河市良远印务有限公司
出版发行：电子工业出版社
　　　　　北京市海淀区万寿路 173 信箱　　　邮编：100036
开　　本：720×1000　1/16　印张：18.75　字数：420 千字
版　　次：2021 年 1 月第 1 版
　　　　　2023 年 7 月第 2 版
印　　次：2023 年 7 月第 1 次印刷
定　　价：89.00 元

凡所购买电子工业出版社图书有缺损问题，请向购买书店调换。若书店售缺，请与本社发行部联系，联系及邮购电话：（010）88254888，88258888。

质量投诉请发邮件至 zlts@phei.com.cn，盗版侵权举报请发邮件至 dbqq@phei.com.cn。

本书咨询联系方式：faq@phei.com.cn。

专家推荐

记得上次哲铿来参加小鹅通的直播，我们畅谈了他从基层技术人员到上市公司高管的成长经历。对于那些性格木讷、不善言辞的技术人来说，人际沟通是很难的，自我表达也是很难的，我很佩服哲铿靠坚持输出来倒逼成长的精神。本次《技术人修炼之道：从程序员到百万高管的 72 项技能》再版，也是他数年如一日坚持创作的成果。本书凝聚了一个技术背景出身的管理者，对个人成长、能力提升及对商业的深度思考。我相信，这些思考对不同成长阶段的技术人员都会有所启发。

——小鹅通创始人/CEO 鲍春健

对于工程师来说，想要在 VUCA 时代更好地生存和发展，就必须不断学习和成长，用努力的确定性对抗世界的不确定性。自身具备价值，才能更好地利己、利他、利社会，就像我创办励响网的理念一样：让客户多一个选择。我将哲铿的《技术人修炼之道：从程序员到百万高管的 72 项技能（第 2 版）》推荐给每一位追求卓越的工程师。

——励响网创始人/董事长 龚恒俭

我在一次机缘巧合之下认识了哲铿，后来有幸邀请他加入了"TGO 鲲鹏会"，自此我们有了更多的交集与合作。我和哲铿同为程序员出身，我认为所谓成长，就是不断通过挑战和克服困难，来塑造自己的过程。欣闻哲铿的《技术人修炼之道：从程序员到百万高管的 72 项技能》再版，我将这本书推荐给每一位不甘平庸、想要在技术职场上有所成就的朋友。也期待有更多技术人加入"TGO 鲲鹏会"，我们一起抱团成长、开创未来。

——允度软件 CEO　陈冲

我跟哲铿在一次交流过程中，谈到了技术人成长的话题。我一直认为，成长并非一蹴而就，它是一个自我认知和思维改变的过程。你遇见的人、走过的路、读过的书，共同成就了独一无二的你。我将哲铿的《技术人修炼之道：从程序员到百万高管的 72 项技能（第 2 版）》推荐给每一位技术从业者，愿你不负韶华、勇攀技术巅峰。

——禅道软件 CEO　王志强

哲铿是我在 1 号店的同事，后来我创办了 MagicBI，帮助更多企业从数据中发现商业价值。我跟哲铿经常交流技术人成长的话题，我认为成长不仅是获得知识和技能，更重要的是塑造一个人的人格和价值观，从不断变化中寻找和把握机会。祝贺哲铿的《技术人修炼之道：从程序员到百万高管的 72 项技能》再版，愿你从他的思考与感悟中获取成长所需要的养分。

——MagicBI CEO　陈敏敏

本书从技术人员的个人成长入手，内容涵盖了技术人员职业发展所需的基本素养、思维模型、技术架构、团队管理、商业意识等方面，能够帮助每一位普通的技术从业者修炼成为"职场超级个体"，通过全面升级个人的底层操作系统，紧紧抓住每一个职场跃迁的机会。

——中通快递集团 CTO　朱晶熙

非常有幸邀请到哲铿多次参与"ITShare 智享会"，并担任分享嘉宾、主持人。我在跟许多技术同行交流的时候，发现他们或多或少都会有职业困惑，本书总结了技术人职业发展中所需要的技能，让技术人员能够识别自身的能力短板，发挥自身的长板优势。我将这本书推荐给每一位有梦想的技术从业者。

——ITShare 智享会创始人　李尚松

哲铿是中国商业联合会互联网应用工作委员会智库专家、IT 东方会零售行业分会专家，跟我们 IT 东方会是老朋友了。我们在技术人员成长方面有许多交流，本书的出版能够帮助广大技术从业者突破职业发展的瓶颈，减少"职场35 岁现象"。我将本书推荐给各位技术从业者。

——IT 东方会联合发起人　杨刚

我创办欧电云以来，接触了很多一线技术人员，深知他们在成长过程中的痛苦，本书无疑是一本很好的成长指南，可以帮助更多的技术人更好地成长，这是一件有价值的事情，正如我创办欧电云是为了帮助更多的企业更好地发展一样，都是在长期坚持做有价值的事情。

——欧电云创始人兼 CEO　韩军

我跟哲铿是多年的朋友，当得知《技术人修炼之道：从程序员到百万高管的 72 项技能》即将出版时，我就迫不及待地读完了样书。书中总结了技术人的修炼路径、招式、心法等内容，适合不同阶段的技术人提升自我，尤其是在思维模型方面，如"系统性思维""舍得思维""揪头发思维"，都是非常实用的思维模型，有效弥补了"工程师思维"的不足。

——新钛云服创始人兼 CEO　冯贞旺

哲铿作为资深技术从业者，总结了许多有用的方法论和工具。这本书的出版能够极大地帮助技术小白、有职业困惑的朋友们，书中介绍了大量的模型、策略、方法，是可以"开箱即用"的，对于解决日常工作中的难题非常有帮助。

——技术专家、《程序员的三门课》和《深入分布式缓存》作者　右军

作者结合自身 20 多年的职场经历，总结了从程序员到技术高管所需的 72 项技能，帮助技术人员从认知、自我修养、思维模型、领导能力、商业意识等方面进行全面提升，让每一位技术人员都有机会成长成为技术领袖。我向每一位技术从业者推荐这本书。

——公众号"军哥手记"作者、饿了么前技术总监　程军

作者从技术人员"个人成长""管理进阶"两个方面入手，全面梳理了技术人员职场晋升所需的各项能力，如思维方式升级、职场沟通、架构思维、打造高效组织等。结合作者 20 多年一步步从程序员做到技术高管的职场经历，相信本书能够帮助处在职场困惑期的技术从业者突破职业瓶颈。我把这本书推荐给有志于在技术职场上有所突破的技术从业者们。

——《程序员的数学》作者、Glassdoor 机器学习高级研发经理　黄申

做技术这件事本身工具依赖性非常强，然而除了掌握必须依赖的技术工具，技术人对其他维度的工具常常视而不见。事实是我们需要在思维模式、管理技巧、商业意识等多维度进行全方位修炼，才能突破瓶颈，实现能力升级，进而抓住机遇，走出一条职业成长的通天大道。我将此书推荐给每一位跟自己赛跑的技术人！

——公众号"IT 民工闲话"作者　史海峰

技术管理者每天要处理许多复杂问题，有的凭经验，有的凭直觉，缺乏日常所需的"工具"，本书好比一个工具箱，把我们技术人工作所需的各项技能进行梳理，如沟通技巧、说服术、古狄逊定理、BFD 法则等。当我们遇到问题的时候，拿出这个工具箱就能够启发思路、快速决策。希望你从这个工具箱中，找到自己趁手的兵器，打磨出行走江湖的"必杀技"。

——海风教育前 CTO　张建华

再版序言

距离《技术人修炼之道：从程序员到百万高管的72项技能》的首次出版，已过了3年。时间总是催人成长，却从不指明方向。我们遇到的人、经历的事、读过的书、逐渐明白的道理，这些点点滴滴造就了现在的我们。

在这3年里，我经历了许多难忘的事，比如，2019年6月，我创办了公众号"技术领导力"，到现在短短4年收获了几十万读者，并有幸作为吴晓波、刘润年度演讲特别支持媒体，参与了陈春花、江南春新书发布会的线上直播，这个小小的个人公众号已经发展成为IT领域颇具影响力的媒体。

再比如，我在2022年9月结束了20年的打工生涯，创办了"顿悟山丘"咨询品牌，为许多上市公司、世界500强企业提供数字化转型咨询服务，我也从上市公司高管，转变为一家数字科技公司的老板。

朋友们笑称，我就是一部"行走的程序员职业生涯发展史"，完整经历了从程序员到技术经理、技术总监、技术 VP、CTO、老板等角色的转换历程。这些经历让我对技术人的成长又有了新的感悟，于是我将自己的成长感悟进行再次梳理，便有了《技术人修炼之道：从程序员到百万高管的72项技能（第2版）》。

在这一版中，删除了第1版中的8个小节，增加了17个小节，增加的内容如下。

- 人生设计：突破职场瓶颈，抵达职业巅峰
- 竞争策略：打造你的职场发展系统

- 发展策略：你是自己这家公司的 CEO
- 模型思维：站在牛人肩膀上思考
- 深度思考：职场上高绩效的利器
- 独立思考：避免成为乌合之众
- 成长型思维：终身学习，迎接 BANI 时代
- 目标管理：WOOP 思维，让你说到做到
- 精力管理：高手都在节省"认知能量"
- 可迁移技能：成为跨界高手的秘密
- 保持巅峰：如何克服职业倦怠
- 创业心法：轻创业与精益创业
- ……

我希望这本书能够成为每一位技术从业者"个人成长脚手架"，从职场基本认知到思维方式、沟通表达、高效行动力、创新力、团队管理、商业思维等方面，弥补自己的认知盲区，补齐能力短板。

同时，我也希望读者把这本书当作一个思考框架，而不是问题的唯一答案。当你遇到个人成长困惑及职业发展问题时，这本书都可以给你方向上的指引，因为作为拥有 20 多年从业经验的行业前辈，我经历过你们未曾经历的或正在经历的，我的经验和教训可以让你少走弯路，抓住每一次至关重要的职业发展机遇。

如果有可能的话，希望后面能够继续推出第 3 版、第 4 版，不断带给大家技术人个体成长方面的实践和感悟。

仍然期待各位前辈、同行、读者的斧正、监督和指导。

是为序。

黄哲铧

2023 年初夏

目录

第 1 章　技术人的自我修养　/　1

1.1　黄金圈理论：让自己更值钱的 5 项能力　/　2

1.2　重新定义自己：NLP 理论的实践　/　8

1.3　成为职场"成年人"的 6 个准则　/　11

1.4　低效的本质："杀死"效率的 7 个习惯　/　16

1.5　情绪是人的底层操作系统，掌控情绪的 6 个方法　/　20

1.6　修炼的路径：BAT 的职级晋升机制剖析　/　24

1.7　人生设计：突破职场瓶颈，抵达职业巅峰　/　34

1.8　竞争策略：打造你的职场系统　/　39

1.9　发展策略：你是自己这家公司的 CEO　/　44

第 2 章　思维方式的升级　/　49

2.1　6 顶思考帽：产品经理和开发人员如何毫发不伤地谈需求　/　50

2.2　系统性思维：像 CEO 那样思考　/　54

2.3　归纳法：所有高级的认知，都始于归纳法　/　57

2.4　揪头发思维：阿里巴巴"三板斧"，眼界、胸怀、超越伯乐　/　59

2.5　舍得思维：舍与得之间，成就你的职场辉煌　/　61

2.6　模型思维：站在牛人肩膀上思考　/　63

2.7　深度思考：职场高绩效的利器　/　67

2.8　独立思考：避免成为乌合之众　/　72

2.9　成长型思维：终身学习，迎接 BANI 时代　/　74

第 3 章　技术人的难"言"之痛　/　80

3.1　用工程师的方式分解沟通公式　/　81

3.2　金字塔原理：让你的表达更有逻辑性　/　84

3.3　电梯间汇报：改变你职场命运的"黑技能"　/　87

3.4　技术演讲：如何做一场有趣有料的技术分享　/　91

3.5　如何挖掘事实真相：5why 分析法　/　94

第 4 章　个人高效行动力　/　97

4.1　目标管理：WOOP 思维，让你说到做到　/　98

4.2　精力管理：高手都在节省"认知能量"　/　101

4.3　时间管理：提升每分钟的含金量　/　104

4.4　习惯养成：超好用的微习惯法　/　108

4.5　可迁移技能：成为跨界高手的秘密　/　110

第 5 章　学习力与创新力　/　115

5.1　幸存者偏差：需求分析、线上事故分析的误区　/　116

5.2　库伯学习圈和费曼学习法：10 倍速学习能力的秘密　/　119

5.3　硅谷创新的秘密：设计思维　/　122

5.4　如何快速掌握一门编程语言　/　124

5.5　如何快速成为一个领域的专家　/　127

第 6 章　管理中常见的"坑"　/　131

6.1　技术转管理，必须迈过的 9 道坎　/　132

6.2　定位与角色认知：管理者到底管什么　/　139

6.3 性格心理：哪种性格的人适合做管理 / 142

6.4 技术管理者，是否要丢掉技术 / 145

6.5 实践案例："我 30 岁了还没有转管理，慌得很！" / 148

6.6 管理本质：激发"全员领导力" / 152

第 7 章 有效管理的原则 / 158

7.1 稻盛和夫：管理者的成功方程式 / 159

7.2 高效管理的 6 个原则 / 163

7.3 5 位世界管理大师谈管理 / 166

7.4 实践案例：阿里巴巴的管理"三板斧"剖析 / 170

第 8 章 打造高效的组织架构 / 176

8.1 帕金森定律：互联网时代组织模式的 3 个特点 / 177

8.2 中台组织："小前台+大中台"的组织架构 / 179

8.3 区块链组织：面向未来的社会化组织协作方式 / 182

8.4 彼得原理：有效激励技术人员的 14 个方法 / 184

8.5 实践案例：以 Netflix 为代表的硅谷工程师文化 / 187

第 9 章 团队高效执行力 / 191

9.1 Google 高效的秘密：OKR 实践 / 192

9.2 硅谷 10 倍速工程效能提升方法 / 198

9.3 麦肯锡解决问题 7 步法 / 203

9.4 互联网产品开发中的敏捷与项目管理 / 206

9.5 实践案例：华为高效执行力剖析 / 213

第 10 章 管理下属：人才的选用育留 / 217

10.1 如何"抢"人：吸引人才的 4 大招式 / 218

10.2 情境领导：4 象限员工管理法则 / 225

10.3　员工激励：双因素理论的应用　/　228

10.4　员工绩效管理：KPI 和 IDP 方法　/　232

10.5　实践案例：像零售业的"黄埔军校"宝洁那样培养员工　/　237

第 11 章　管理者的自我修养　/　241

11.1　什么是管理思维？讲透 6 种管理思维　/　242

11.2　古狄逊定理：不做一个累坏的管理者　/　244

11.3　奥卡姆剃刀定律：管理要做减法　/　246

11.4　中层思维：阿里巴巴中层的抓大、放小、管细　/　248

11.5　向上汇报：怎么说，领导才愿意听　/　249

11.6　业务敏感：如何成为懂业务的技术专家　/　252

11.7　横向协同：提升非权力型领导力　/　254

11.8　向上管理：不是讨好，而是支撑　/　257

11.9　保持巅峰：如何克服职业倦怠　/　259

第 12 章　技术人的商业思维　/　264

12.1　提升商业敏感度的两个方法　/　265

12.2　财务常识：看懂 3 张报表　/　267

12.3　市场营销：BFD 法则、4U 原则、定位理论　/　269

12.4　创业心法：轻创业与精益创业　/　273

12.5　实践案例：从月薪 3000 元的中专生，到身家千万元的 CTO！

人生最大的对手，就是自己　/　277

12.6　写在末尾的话：真正聪明的人，都坚信长期主义　/　282

72 项技能列表　/　286

第1章

技术人的自我修养

1.1 黄金圈理论：让自己更值钱的5项能力

如何让自己更值钱？回答这个问题，需要用到黄金圈理论。

什么是黄金圈理论？

黄金圈理论是国际知名营销专家、作家 Simon Sinek 在 2011 年提出的，这是一种由内向外的思维模式。黄金圈理论提倡用 Why、How、What 三个圈来思考或决策，如图 1-1 所示。

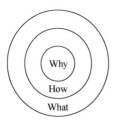

黄金圈由三个 W 组成，分别为 Why（为什么这么做）、How（如何做）、What（做什么），一般人在遇到问题时运用黄金圈的顺序是 What→How→Why，而智者运用黄金圈的顺序是 Why→How→What。

苹果公司就是一家把黄金圈理论诠释得淋漓尽致的公司。苹果公司的产品设计总是能打破思维定式，从一个全

图 1-1 黄金圈理论

新的角度，用心、精益求精地重新设计一款产品，每次都能带给用户前所未有的体验。

苹果公司是如何做到的呢？在新品发布时，苹果公司首先会告诉用户 Why，也就是为什么要做这样的设计，传达的是一种更高层次的思维而不是某一种产品，苹果公司希望得到的是用户对设计思维的认同，是一种"宗教般的吸引"。

用户认同这种设计思维并惊叹于优秀的用户体验时，便会不由自主地问："苹果公司是如何做到的呢？"即 How。

接下来才是 What，假如用户需要一部手机，苹果公司把一切都准备好了，此时已在 Why 这个层面被"洗脑"的用户就会果断付款，用户付款不是因为被介绍的这部手机有什么功能，而是因为用户相信它的品质、信仰它的产品理念，所以苹果公司也就不用再给用户介绍什么功能了。

所以，苹果公司的高明之处就在于，售卖的是自己的产品设计理念，并且在同一时间多次卖出，因为它在 Why 这个层面的一次宣传，可以卖出自己所有品类的产品。

以上简单介绍了黄金圈理论，接下来用黄金圈理论来思考：如何让自己更值钱？

首先是 Why，你因为什么而值钱？

大家都知道一句话，"物以稀为贵"，这是一个朴素的商业逻辑。在职场中想要值钱，就要时刻保持稀缺性：别人不会的，我会；别人会的，我更精通。

例如，Java 开发工程师都会 CRUD 这种简单的技能，这个时候要如何保持稀缺性呢？可以研究开发框架，做一个只要简单配置就能自动实现 CRUD 的框架，提升整个团队的开发速度；还可以研究算法，做一个 Java 开发工程师里最懂算法的人，让公司减少一个普通算法工程师的岗位。做了这些之后再去和公司谈加薪，成功的概率就很高。

其次是 What，什么能力是职场中稀缺的？

针对这个问题，笔者在"技术领导力"公众号的读者社区里——发起了一个 1000 位 IT 职场精英参与的调查问卷，并且对 50 位技术领导者进行了访谈，获知了 5 项职场稀缺能力：思维和创造力、解决问题的能力、强大的沟通能力、学习新知识的能力和敏锐的商业嗅觉，如图 1-2 所示。

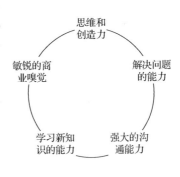

图 1-2　职场稀缺能力

大家可以尝试给自己的这 5 项能力打分，每项分值是 20 分，总分为 100 分。得分越高，表明你在职场中的稀缺性越高。

最后是 How，如何具备这些职场中的稀缺能力？

下面就聊一聊这 5 项职场稀缺能力的具体含义，以及如何培养这 5 项能力。

第 1 项，思维和创造力。技术人大都是理工科出身的，经过多年的训练，已经形成了工程师思维，工程师思维更多考虑的是 What 的问题。比如，电商网站"购物车"这个功能如何实现，技术架构如何搭，代码如何写。工程师很少考虑 Why 的问题，即这个电商网站为什么需要"购物车"，而不用"一键购"的方式代替。同样的问题也出现在产品经理身上，业务方提了需求，产品经理如果照单全收，不去考虑 Why 的问题，以及有没有更好的"How"，那么这个产品经理只能叫作功能经理，也不可能创造出足够伟大的产品。

越优秀的职场人，思维方式越多元化。综观国内外互联网领袖，如乔布斯、张小龙、雷军等，都是拥有多元化思维、跨界思维的高手。

乔布斯曾回忆说，里德大学提供了全美国最好的书法教育，整个校园的每一张海报上，每一个抽屉的标签上，都有漂亮的手写体文字。由于那时他已经退学，不用再去上那些常规的课程，于是选择了一个书法班，想学学怎么写出一手漂亮字。在这个班上，他学习了各种衬线和无衬线字体，如何改变不同字体组合之间的字间距，以及如何做出漂亮的版式。那是一种充满美感、历史感和艺术感的"微妙"，他发现这太有意思了。

当时，乔布斯压根儿没想到这些知识会在他的生命中有什么实际运用价值。但是 10 年之后，当苹果公司设计第一款 Mac 电脑时，这些东西全派上了用场。乔布斯把它们全部设计进了 Mac，这是第一台可以排出好看版式的电脑。如果当时他在大学里没有听过这门课程，Mac 就不会提供各种字体。

因此，技术人需要多种思维方法，需要进行跨界思考。本书第 2 章会详细介绍 6 项思考帽、系统性思维、归纳法、揪头发思维、舍得思维等思维方法，这里就不再赘述了。

第 2 项，解决问题的能力。有人说，职场中最重要的技能就是解决问题的能力。想知道自己解决问题的能力水平吗？我们不妨来做个测试。

"团队的离职率提升了 30%，怎么办？"

你一定想到了许多方法：搞团建、加工资、减少加班……

不过，你一定答错了，因为这个问题本身就是错的。德鲁克说过："别从答案出发，要学会先问：我们面对的是什么问题？"爱因斯坦也曾经说过："如果给我 1 个小时解答一道决定我生死的问题，我会花 55 分钟来弄清楚这道题到底在问什么。一旦清楚了它到底在问什么，剩下的 5 分钟足够回答这道题了。"

再回到上面的问题你就会发现，问题本身并没有说清楚谁在提问，面对同样的问题，不同角色的人的思考是不一样的，例如，CEO 思考的是离职率对公司运营的影响、HR 考虑的是 KPI 是否能完成，所以解决问题的方法也会不一样。

在解决问题的方法论中，以麦肯锡解决问题 7 步法最为经典，其大致思路如图 1-3 所示。

第 1 步，陈述问题。一个好问题的特点是，它必须是主要问题或有可靠性很高的假设；它是具体的描述，而不是笼统的说明；它富有内涵，而不只是罗列信息；该问题的行动性很强，即具备可行性、可验证性。例如，外企 HR 面对骨干员工被竞争对手挖角时，应该采取哪些措施？

第 2 步，分解问题。可使用逻辑树，将问题进行分解，如图 1-4 所示，一个问题可以分解成多个问题和假设，以及多个分支问题，可以把分解出来的子问题按轻重缓急区分，分派给不同的人解决。逻辑树有 3 种类型：议题树、假设树、是否树，各有不同的使用场景。

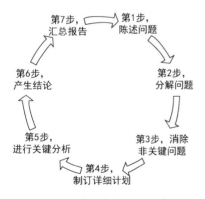

图 1-3　麦肯锡解决问题 7 步法

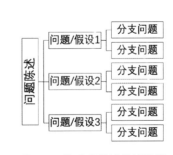

图 1-4　使用逻辑树拆解问题

议题树的主要形式是先提出一个问题，然后将这一问题细分为多个与其有内在逻辑联系的副议题，例如，主问题为"如何减少员工离职的现象"，那么根据议题树的逻辑，可以列出两个副议题："员工离职的主要原因是什么"和

"员工离职给公司带来的影响是什么"。

假设树的主要形式是先假设一种解决方案，然后通过已有的论据对该方案进行证明。

是否树的主要形式是先提出一个问题，然后对该问题进行分析判断，结果只有两种："是"或"否"。

第 3 步，消除非关键问题。把问题分解以后，得到了若干子问题，再把其中非关键问题消除，然后将精力集中在关键问题上，实现突破。

第 4 步，制订详细计划。一份好的详细计划，需要提早制订，不要等到数据收集完才开始，还要根据收集到的信息和资料对计划进行反复修改，补充完善。计划需要包含事项、负责人、开始时间、完成时间、说明、当前状态、具体里程碑事件等，一般只制订 2~4 周的计划。

第 5 步，进行关键分析。以假设为驱动、以结果为导向进行分析，用数据来验证，尽可能简化分析，以专家分析数据作为基础，对数据采取灵活的态度，向项目小组分享好的想法，遇到困难时勇于创新。

第 6 步，产生结论。通过对事实和数据的收集、分析，综合考量后，得出结构化的结论，目的是提供令人信服的、有依据的建议。

第 7 步，汇总报告。以金字塔结构组织汇报材料，结论先行，再结合数据和事实进行推断分析，层层展开说明。

以上就是解决问题的 7 步法，适用于职场、生活的方方面面，能够提高我们解决复杂问题的效率。

第 3 项，强大的沟通能力。沟通是一个人的"语言智力"，在人的各种智力中，语言智力是第一种智力。小到婴儿用哭喊来表达自己"饿了"的诉求，大到国家领导人之间用谈话解决国家大事，沟通能力在人的一生中占据着极其重要的地位。

如何提高沟通能力呢？

首先，对沟通要有基本的认知，如图 1-5 所示是沟通模型图。在沟通中包含 7 个要素：说话者、听话者、信息、媒介、场景、干扰、反馈。任何一个要素出错，都会造成沟通问题。

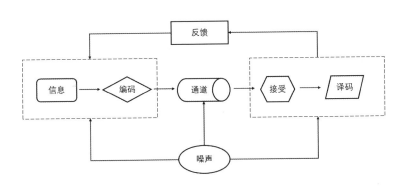

图 1-5　沟通模型图

其次，在沟通中要根据沟通对象的特点、背景，选择不同的沟通媒介。与不懂技术的业务方沟通时，尽量不要讲术语、不要拿架构图来讲解，要用通俗的语言、打比方的方式来沟通。

例如，当向业务方解释"边缘计算"时，可以说这种技术就像章鱼一样，章鱼的触手有神经元，能快速处理信息而不必把信息传回大脑处理，所以它的反应就很快，边缘计算也是类似的，它在边缘节点有计算能力，所以不必将信息传送到中心机房，提高了响应速度，这样讲解业务人员就比较好理解。

最后，沟通能力是可以通过训练提升的，笔者从一位上海戏剧学院的教授那里学来的一种"看图说话"的训练方法，对于演讲能力的提高非常有效。具体做法是：对眼前的画面进行即兴讲解，持续 3 分钟。例如，眼前是一栋办公楼，马上开始讲解：我看到一座办公楼，楼上面的霓虹灯招牌写着"重庆大厦"，这让我想到了许多香港电影里的经典取景地，现在是晚上 8 点，整栋大楼的灯有 70% 是亮着的，看来"996"的公司不少，其中一定有不少是 IT 公司……

通过长期的刻意练习，能够提高眼、脑、口的反应速度，提高即兴表达的能力，提高思考和口头表达的默契度，成为一个随时可以"口若悬河"的人。

沟通能力对于职场来说，好比一把梯子，关键时刻这把梯子能够帮助你攀登职场的巅峰，缺少这把梯子，你可能就错失了人生中的几个关键机会，所以不要对"能说会道"的人嗤之以鼻，技术人既要能做，也要会说。

第 4 项，学习新知识的能力。当今社会的发展速度非常快，每个行业都在快速变化。一个人必须努力学习新知识、新技能，才能不被淘汰。例如，现在的产品运营已经进入数据运营时代，这就要求运营人员具备数据分析能力，以数据驱动运营工作。如果运营人员不尽快学习这项技能，在不久的未来就有可能被淘汰。

现在大部分企业正在往精细化运营转变，作为一名纯技术人员可能是没有出路的，可以通过学习各类新知识，成为一名复合型人才，例如，通过大数据和人工智能的技术手段驱动业务的增长。同时，个人技能更需要跟随企业的发展一起提高。如果你和企业的发展不在同一个步调上，或者有比你更厉害的求职者被企业相中，那么你很有可能进入被淘汰的窘境。

此外，还要掌握刻意练习的方法，科学高效地提高自己的技能。笔者接触过许多声称自己具有 10 年经验的程序员，一番沟通下来，发现他们只是 1 年经验重复了 10 年而已，技术上并没有深度和广度，这就是我们常说的低效的努力。

第 5 项，敏锐的商业嗅觉。技术人往往只满足于"听业务方的话""哄业务方开心"，其后果是技术人的价值得不到充分体现。技术人需要有系统性思维，能够帮助业务方思考业务、思考商业价值，用系统性思维更有效地解决业务中遇到的问题，做到技术与业务的深度融合，成为最懂业务的技术专家。

拥有了以上 5 项能力，你就已经具备比较强的职场竞争力了，假以时日，必定能够成就一番事业。

1.2 重新定义自己：NLP理论的实践

在职场中有一个非常普遍的现象：许多年轻人根本不知道自己想要什么，在每天的忙忙碌碌中浪费着自己的青春年华。也有一些人什么都想要，无法取舍，但人的精力毕竟是有限的，鱼与熊掌不可兼得。那么我们该如何有意义地度过非常短暂的职业生涯呢？

解决这个问题的关键就是重新定义自己，审视自己的内心，搞清楚自己想

要在职场上达到什么目标、自己是一个什么样的人、自己真正热爱的事情是
什么。

首先，我们来学习 NLP 理论。罗伯特·迪尔茨在 1991 年提出 NLP 理论，
他认为人的大脑在处理任何事情的时候都分为 6 个层次，如图 1-6 所示，下面
逐层来理解。

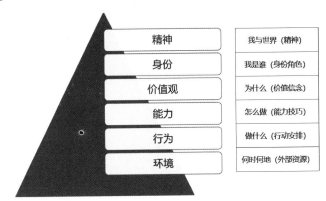

图 1-6　NLP 理论中的逻辑层次

第 1 个层次：环境，什么时候，在哪里，有什么人、事、物？环境决定了
人们活动的范围和条件。

第 2 个层次：行为，是指关于个人的行为及活动，个人在环境中做了什么
事情。

第 3 个层次：能力，涉及策略、技巧等。能力决定个人在环境中如何行动。

第 4 个层次：价值观，提供了一个强化的过程，这个强化过程支持特定的
能力或行为。价值观决定了如何为事情赋予意义。

第 5 个层次：身份，通过一系列具有优先次序的信念和价值观表现出来。
这些信念和价值观是由更大范围的技巧和能力支撑的，反过来技巧和能力又展
示了特殊的信念和价值观。

第 6 个层次：精神，身份涉及人们的愿景及他们所属的更大的系统，这个
系统是一个更高的层次，我们称之为精神，它涉及人们对于自己所隶属并活动
于其中的更大系统的认知问题。这些认知从深层次解答了人们的活动是"为了

谁"和"为了什么"的问题，并为人们的行为、能力、价值观及身份提供了深层意义。

NLP 理论，通俗来说就是：认知决定天花板，行动决定地平线，知行合一，方能立足于天地间。下面分享一则小故事。

一个奥地利普通家庭的孩子，在日记里写道："长大后想成为美国总统。"

他经过思索拟定了一系列目标：做总统首先要做州长，竞选州长要有财团支持，要融入财团需要先娶一位豪门千金，娶豪门千金首先要成为名人，成为名人最快的途径是成为电影明星，做电影明星就要先练出阳刚的外形和气质。

于是他 15 岁开始练健美，20 岁获得环球先生称号，22 岁进入好莱坞，39 岁娶了肯尼迪总统的侄女，57 岁成为州长。

听到这里你已经知道他是谁了，没错，他就是美国加州前州长、著名电影明星施瓦辛格。

这则故事很好地解释了 NLP 理论对人所产生的积极影响。

虽然不是每个人都能成为州长、电影明星，但是追求人生的成功无疑是每个人都可以有的梦想。技术人想要在职业生涯中取得成就，根据 NLP 理论，首先要解决角色定位问题。你有没有想过在短短 30 多年的职业生涯中，你的终极目标是成为 CTO 还是首席架构师？还是成为 CEO，带领一家企业在商场中拼杀？

如果你想成为一名中大型企业的 CTO，需要具备以下能力：

1）10 年以上的编码经验，最好担任过架构师；

2）参与过大型海量数据、高并发的互联网系统研发项目；

3）在中大型互联网企业中担任过 5 年以上的总监或架构师；

4）带领过 100 人以上的大型研发团队，擅长团队建设和激励；

5）搭建过整个产品研发系统，对效能提升有深刻认识；

6）接受过 MBA 等商科硕士教育，对商业逻辑有深入认知；

7）独立带领团队，实现过业务从 0 到 1 的开拓；

8）对于技术与商业的融合有深刻理解，能够帮助企业做提前布局。

接下来需要做的就是审视目标，再看看自己离目标还有多远，思考做什么和怎么做才能够离目标越来越近，然后开始漫长的征途，就像施瓦辛格那样，用尽一生去实现一个宏伟的目标，找寻人生的意义。

1.3　成为职场"成年人"的6个准则

笔者作为大型企业的技术管理者，在职场中经常会遇到巨婴型员工，他们外在的表现是，不能够很好地管理自己，缺乏自律，缺乏起码的抗挫折能力和抗压能力，需要领导呵护着、同事忍让着。作为一名管理者，绝不能放任团队中的巨婴存在，必须时刻保持团队的最佳状态。

我们应该以什么样的标准来要求自己，让自己成为对公司有用的人才，并且在职场中能够快速成长呢？本节以硅谷非常有名的《奈飞文化手册》作为切入点，来探究硅谷顶级工程师文化和行为准则，相信会对你的成长有所帮助。

Netflix（奈飞）是一家颇具传奇色彩的公司，它与 Facebook、Amazon、Google 并称"美股四剑客"。相比其他三家公司，大家对奈飞的了解较少，印象最深的可能是它出品的《纸牌屋》，还有它购买了《白夜追凶》的海外发行权。其实早在 2009 年，奈飞就成为了硅谷公司竞相效仿的对象，一份"奈飞文化集"PPT 在硅谷被疯传，其阅读和下载量超过 1500 万次。

这份神奇的文档，被 Facebook 的首席运营官谢丽尔·桑德伯格称为"硅谷最重要的文件"，没有之一。它的撰写者是帕蒂·麦考德，当时她是奈飞的首席人才官，在奈飞工作了整整 14 年，参与了奈飞创始高管团队的组建。

她的种种做法在外界看来不仅是"颠覆"，甚至有些疯狂，但是每一个操作都跟奈飞企业文化一脉相承，创造出了惊人的效果。例如，她推动奈飞取消了休假制度、报销制度和差旅制度，甚至还在公司内部建立了一家猎头机构。她后来出版了《奈飞文化手册》，跟读者分享了奈飞文化的精髓，以及如何打造属于每一家企业自己的奈飞文化。

下面介绍奈飞文化的 8 个原则，让读者对奈飞文化有一个基本的认识：

1）我们只招成年人。奈飞不招巨婴，成年人能够自己管理好自己，不仅能发现问题，还能解决问题。

2）要让每个人都理解公司的业务。尽量告知员工所处环境中的所有信息，然后由他来判断怎样行动是最合理的，让员工自我驱动。

3）绝对坦诚，才能获得真正高效的反馈。奈飞的文化支柱之一是开诚布公。

4）只有事实才能捍卫观点。在奈飞，员工可以有自己的意见，也可以为自己的意见辩护，但意见要始终以事实为依据。

5）现在就开始组建未来需要的团队。要面向未来，思考自己需要什么样的团队成员，而不是眼下缺什么样的人就找什么样的人。

6）员工与岗位的关系，不是匹配而是高度匹配。招聘人才的责任不在 HR，而在用人经理。

7）按照员工带来的价值付薪。按照员工给公司带来的真正价值确定薪酬，同时，要给得起钱，要尽可能保证每个人都处在人力市场薪酬水平的"顶端"。

8）离开时要好好说再见。绩效评估应该不仅仅是年度的，而应该是"季度+年度"的。

根据奈飞文化的原则，结合国内的职场环境，我们总结了职场"成年人"的 6 个行为准则。

准则 1：不做巨婴

帕蒂·麦考德在跟奈飞的创始人哈斯廷斯的一次对话中，聊到职场"成年人"的准则，"你怎么知道这是一件伟大的事情？""我每天都会盼着去工作，和这些人一起解决问题。"

哈斯廷斯所表达的，正是奈飞人最希望从工作中得到的东西：加入让他们信任和钦佩的团队，大家一起专注完成一件伟大的事情。

这里的"成年人"不仅指年纪上的成熟，更指职业素养的成熟。每一个"成年人"都渴望与高绩效者合作。在奈飞这家公司，大家都明白"人多力量大"

是一种错觉。因为放眼整个硅谷，看到的都是小而精的团队的威力。奈飞人相信，尽可能简捷的工作流程和强大的企业文化，才能够使企业立于不败之地，这远比发展速度更重要。

为了不让规章制度限制"成年人"的工作，奈飞甚至取消了休假制度、报销制度和差旅制度，任何人都可以自由决定休假的时间。奈飞还给员工同行业最高标准的薪水，像对待成年人那样对待员工，他们发现，员工的创造力得到了最大限度的激活。

职场"成年人"需要具备两种思维方式：

- T 型成长思维。横向宽度和纵向深度，是指具备比较广博的一般性知识修养，同时在专业垂直领域具有较深的理解能力和独到见解。T 型成长思维能让人考虑得更多，能让人慢慢具有全局调配的掌控思维。

- 终身成长思维。其实《奈飞文化手册》中提到的"成年人"，也可以理解为：在职场中，要具备终身成长思维。"温水煮青蛙"最可怕的一点就是，什么时候煮熟了都不自知。

准则 2：保持适度焦虑

当代职场人确实不容易，"95 后"已经开始养生了，到了 35 岁没有迈入管理岗位，就被认为走到了职业生涯的尽头。事实上，过度焦虑真没必要，害人害己。保持适度焦虑，提升自我的危机感，才能反向促进自己提升。

如何提升呢？保持"骑驴找马"的职场心态！这并不是煽动离职，而是通过这种心态找出个人的差异点，根据差异点进行有针对性的提升。

例如，你对自己未来的职业规划是 3 年内做到总监，首先要去各大招聘网站上搜索该职位的"任职要求"和"岗位职责"，然后根据招聘要求，进行技能分类整理，分析自身符合和不符合的方面，最后制订提升计划（按时间节点进行目标分解）。

保持适度焦虑，稳步提升自己，做时间的朋友，也许有一天回过头来你会发现：咦？我变强了！

准则 3：超越预期地产出

企业的资源都是有限的，给谁升职加薪，主要考虑的是员工的产出和成长性。因此，在职场中，必须有超越预期的表现才能够在众多同事中脱颖而出，成为佼佼者。有一句英文"Under promise，Over deliver！"特别好，表达的意思就是"不轻易承诺，一旦承诺就要超越预期完成"。

企业都是以结果为导向的，但过程是支撑结果的必要条件，有时候领导对你的工作不理解，在支持度或协调度上就会体现得不够，这时我们需要向上管理。

向上管理是一种艺术，笔者理解有 3 个方面。

- 产生共鸣：我们的直接上级是最了解我们的工作性质的，让他们产生同理心，可以在工作中争取最大支持。

- 利益共同体：最直接的利益共同体就是"上下级之间的 KPI"，站在对方的角度考虑问题，尽量用数据和结果来沟通。

- 岗位重要性：这就是为什么要做成果展示，有结果才能凸显岗位的重要性和必要性。

准则 4：坚持学习，向上生长

职场"成年人"都是懂得自我投资的。现在各种课程和视频"满天飞"，一定不要盲目地为了"横向宽度"而去学习，要选择真正对自己有用的课程。这个"有用"指的是对目前工作有帮助的，或者对自己的成长有帮助的。

多借鉴历史经验、他人的思考、经典理论框架，再结合自己的思维认知做出判断，形成自己对世界的看法，无论对错，它都是属于你的独立思考。

自我投资的目的是"往高处走"，有必要的话也可以考硕、考博。互联网公司的高管几乎都有"名校""海归""硕博学历"等背景，这在一定程度上也代表了当代企业的用人标准。

准则 5：追求卓越

追求卓越，就是做什么事情一定要做到最好。更高的标准，才会有更好的选择。一个成熟的人，他的标准应该来自他的内心，而不是他人的评价，更不会受环境左右。

如下是陆奇先生的一份日常作息时间表：

- 3 点起床，查邮件，回复邮件；

- 4 点跑步 5 千米；

- 5～6 点，到办公室上班；

- 7 点前，处理完所有邮件；

- 8 点前，做好当天的工作计划；

- 9 点，和姗姗来迟的老外开晨会；

- 22 点下班，学习一个小时；

- 23 点上床休息。

每天只睡 4 小时，坚持了 20 多年。提到工程师的自我成长，陆奇强调"Engineering Excellence"，即工程技术的卓越性，做什么事情一定要做到最好，一定要做业界最强的。他这样解释说，"Engineering Excellence"是永无止境的、个人的、团队的能力的追求和工具平台的创新，综合在一起可以给我们带来长期的、核心的竞争力。

准则 6：坚守长期主义

在《把时间当作朋友》一书里，作者李笑来提到自己 10 岁的时候参加了一个计算机学习班，若干年后在编写《TOEFL 核心词汇 21 天突破》的过程中，因为得益于自己略多于常人的计算机知识，在短时间内就通过"批处理脚本"完成了写书过程中的海量工作。这本书后来成了畅销书。从 2003 年出版后，每年至少销售 4 万册，带来的收入已经超过 100 万元。李笑来认为，如果没有这些计算机技能，即使花更多的时间，自己也很难完成同样质量的作品，这些技能就得益于他小时候一次毫无功利之心的学习。他的两个小伙伴，一个没有报名，另一个学到中途放弃了，因为认为学计算机"没什么用"。

"罗辑思维"的创始人罗振宇说："任何一个人，不管你的力量强弱，放眼于足够长的时间，你都可以通过长期主义这种行为模式，成为时间的朋友。"可以说，成为长期主义者，是我们普通人的通天之路。

以上 6 个行为准则，能够帮助你成长为职场"成年人"。要时刻记住，老板请你来，是帮助公司解决问题而不是制造问题的，每个人头上都有一个标价，与之对应的是你的贡献，"德不配位，必有灾殃"。

1.4　低效的本质："杀死"效率的7个习惯

在"996"盛行的今天，许多企业为了提高团队的"产出"，推行各种强制加班的措施，但效果往往不能令人满意。那么，如何能够提高员工的工作效率呢？答案是建立以结果为导向的企业文化，培养员工高效工作的技能。本节我们逆向思考，不直接告诉你如何提高工作效率，而是从造成低效的 7 个行为习惯说起。避免了低效的行为，离高效也就不远了。

第 1 个，只知拼命加班，拿苦劳当功劳。很多人认为加班是一种"政治正确"的事。有"经验"的项目经理，在项目失败的时候会说，我们加班都加成这样了，项目还失败，真的没有办法了。这种说法，似乎也得到了许多领导的理解，他们不去复盘项目失败背后的深层原因，进而可能会导致团队重复地犯同样的错误，人为地造成了一种集体性的低效。

正如贾森·弗里德在《重来》（Rework）一书中描述的："沉迷于工作是企业文化中广受赞颂的一种'优良做派'。我们知道工作狂热衷于通宵达旦、加班加点，甚至在办公室打地铺。这些人以累死在项目中为荣，对他们来说，再大的工作量也不在话下。工作狂往往不得要领，他们花费大把时间去解决问题，他们以为能靠蛮力来弥补思维上的惰性，其结果就是折腾出一堆粗劣无用的解决方案。"

总结一下，长期拼命加班，就是用勤奋来掩盖效率低下的表现。一直拼命加班，哪里还有时间思考和实践，不仅毁了身体，真正重要的东西——思维和认知方式也无法升级。

只要不是劳动密集型工作，就要趁早改正这种用加班来掩盖懒于思考的习惯。而且，靠积攒工时赚取来的职场地位，早晚会被取代。

第 2 个，你并没有 10 年工作经验，只是把 1 年工作经验重复了 10 年。在自我提升的路上，大部分人很容易原地踏步转圈圈，转了半天也走不出眼前的一亩三分地。

正如知名产品人梁宁所说，要把自己这个个体当成产品，甚至一家小微企业来经营，你就是你自己的 CEO。那么，你就会思考，行业的大趋势是什么？你具备什么样的软实力和硬实力？你能为客户（同事、主管、老板）提供什么价值？这些价值是否对得起你的工资？如何进行自我提升，让自己这个企业更值钱？

把自己当成产品来打造，我们的思维方式就发生了改变，也更容易正视"自己"这个产品的缺点，放下矫情的"自我"，在平和的情绪中，拓展自己的能力边界，不断迭代升级。

第 3 个，计划的颗粒度太粗。职场人士都有做计划的习惯，然而计划的完成率大都不尽如人意。互联网上流传着一个说法："100%完成计划的"是大神，"70%完成计划的"是牛人，"50%完成计划的"是精英，"30%完成计划的"是正常人，而"10%完成计划的"是之前的我。

曾有人半开玩笑地说："2020 年的计划：搞定 2019 年那些原定于 2018 年完成的安排，不为别的，只为兑现 2017 年时要完成 2016 年计划的诺言。"虽然是一句玩笑话，却深刻地揭示了"明日复明日，明日何其多"的残酷真相。

那么，如何改进呢？很简单，只需把粗颗粒度的计划换成细颗粒度的计划，分解再分解即可。例如，"与开发人员沟通需求"这个计划可以分解成与开发同事下午 5 点约在休息区碰面，具体讨论 5.0 版本的 feed 流展示问题。需求是在 App 首页显示 10 条消息，前 5 条消息按照阅读量排列，后 5 条按照评论数排列……

怎么样，是不是很有画面感？虽然做计划时要多写几行字，但执行时大脑只要根据指令无脑执行即可，可以大大节省珍贵的认知资源。大脑处理任务的方式是单线程的，要么"思考做什么"，要么"立即行动"，当我们在计划表上详细列出步骤时，就为大脑扫清了"思考该做什么"的障碍，自然就能"立即行动"。

第 4 个，疯狂"输入"但从不"输出"。关于如何高效学习的话题，在本书后续章节里会详细介绍，这里只抛出一个概念。在网络极其发达的今天，有价值的学习资料很多，无论是阅读文章还是书籍，听音频还是上网课，都是非常好的学习方式。但是，通过这些方式来学习，你对知识的掌握和运用效果如何呢？恐怕大多数人会说，花了不少钱，总觉得自己的提升不大。问题出在哪里呢？答案是学习方法不够高效。

在众多的学习方法中，费曼学习法是在全世界范围内被广泛认可的高效学习方法。所谓费曼学习法，就是当你学习了新知识后，想象自己是一个老师，用最简单的、浅显直白的话复述复杂深奥的知识，最好不用行业术语，让非行业内的人也能听懂。为了达到这种效果，最好想象你是在给一个 80 多岁的老人或者 8 岁的小孩子讲，要让他们都能听懂。例如，你自诩是技术高手，那么尝试向外行解释区块链、边缘计算、原子计算，看看能不能用几句话说明白。仔细想想，其实并不容易做到。

费曼学习法包含 4 个核心步骤：

1）选择一个概念；

2）讲授这个概念；

3）查漏补缺；

4）简化语言和尝试类比。

具体方法将在本书 5.2 节中展开。

第 5 个，目标远大，行动滞后。完美是完成的敌人。追求完美，在这个世界上本来是一件很酷的事情，可惜变成了拖延的挡箭牌。就拿写程序来说，笔者一直想写一个 Java Web 的开发框架并将它开源，可是每当动手的时候，总是觉得架构分层没做好、代码结构不优雅，于是迟迟不能完成。

而反观那些不求做到 100 分，而是先做个 80 分甚至 60 分的人，差距已经拉开。笔者的一位好朋友在 GitHub 上发布了自己的开发框架，并根据网友的反馈不断迭代，现在已经收获几百个 Star 了，被数万开发者用于搭建简易项目，他的个人影响力也随之提升了很多。

所以，先发优势很重要，世界上没有什么事情是在想得非常完善之后再做就能成功的。与其纠结细节，不如先行动起来，好歹先破局，搭建一个粗糙的框架，之后再一步一步优化升级也不迟。

总之，越希望结果完美，离完成就越远。

第 6 个，在无效社交上浪费时间。人类在发明语言之前就有了社交，可惜大多数职场人都不明白，许多社交实际上都是无效社交。什么是无效社交？如果和对方交往时无法进行大体上等价的价值交换，那就是无效社交。社交的本质是一种交换，这个交换可以是金钱、资源、人脉、感情等。

无效社交有两种常见形式：对方无法为你提供价值，但你舍不得不理他（她）；你无法为对方提供价值，但你又忍不住想抱大腿。前者叫"拎不清"，后者叫"巴结人"。

我们经常会在朋友圈里看到各种"晒"，比如有的人经常晒自己和大佬在饭局上觥筹交错、光鲜亮丽，但笔者觉得这是典型的无效社交。在笔者看来，这种做法很容易使人陷入"我认识很多大佬，所以我也是个大佬"的幻觉中，特别影响自我认知和自我实力的积累。而且，有的人以为交换个名片、吃过一顿饭就能获得大佬的青睐与提携，真相是：你没用的时候，认识谁都没有用。

所以，有与大佬合照和换名片的工夫，还不如扎扎实实做业务，闲暇时多看几本书，把能力搞上去，争取有一天能为大佬提供一点价值，双方各取所需，你不用"巴结"，大佬也不会轻视你，双赢。

第 7 个，不会休息。工作是为了赚钱，休息是为了积攒力气去赚更多钱。可惜不是每个人都会休息，笔者之前很爱加班，为了奖励自己的辛苦，周末一般会在家躺两天，然而到了周一，依然没有工作的状态，这就是职场上常说的"周末综合征"，非常影响工作效率。曾经在一本书中看到，对于脑力工作者来说，大脑休息才是真正的休息，而很多人只是身体在休息。

大脑是一个重量仅占体重 2%却消耗着身体 20%能量的"大胃王"。而且，令人"心塞"的是，它消耗掉的能量并没有用来"干正事"，而是大部分花在了一个叫"预设模式网络（Default Mode-Network，DMN）"的大脑回路中。

DMN 会在大脑未执行有意识活动时自动进行基本操作，就像汽车挂空挡怠速，白白浪费油钱。只要不抑制它，它会源源不断地吃掉大脑的能量，让大脑疲惫不堪，睡再多也缓不过来。

"正念呼吸法"可以让大脑真正得到休息，具体做法如下：

1）基本姿势。坐在椅子上，稍微挺直背部，离开椅背。放松小肚子，手放在大腿上，不交叉双腿。睁不睁眼睛都行，如果睁眼，就望向前方两米左右的位置。

2）大脑放空，不去想事情。用意识关注身体接触周围环境的感觉，用心感受身体被地球重力吸引的感觉。

3）注意呼吸。用心感受每一次呼吸，不必深呼吸也不用控制呼吸，"等着"呼吸自然到来。

4）浮现杂念时调整注意力。一旦发现浮现杂念，就将注意力重新放到呼吸上。产生杂念是很正常的，不必苛责自己。

不妨在工作间隙抽 5 分钟做一下，给大脑加加油。

如果在平时工作中能够避免以上低效习惯，相信你一定能够快速提高自己的能力，成为一个事半功倍的职场高效能人士。

1.5　情绪是人的底层操作系统，掌控情绪的6个方法

根据美国加利福尼亚大学伯克利分校的研究人员曾发布过的一项研究成果，人类有 27 种情绪：钦佩、崇拜、欣赏、愉悦、焦虑、敬畏、尴尬、厌倦、冷静、困惑、渴望、厌恶、痛苦、着迷、嫉妒、激动、恐惧、愤怒、有趣、快乐、怀旧、浪漫、悲伤、满意、情欲、同情、满足。

在这些情绪中，哪些是对我们有害的情绪呢？你一定能列举出许多，如焦

虑、嫉妒、恐惧等。既然知道了某些情绪对我们是有害的，那么我们就有必要学习一下如何掌控自己的情绪。

首先来了解情绪是如何产生的，即情绪产生的生理解释，美国学者麦克林（Mclean）提出了大脑分为 3 个层次的理论：

第 1 层，新皮质（最外层），也称为"思考脑"，它是从尼人（尼安德特人）到智人阶段进化的产物，是智力、想象力、辨别力和计算力的发源地，反应最慢。

第 2 层，新皮质下边的缘脑，也称为"情绪脑"，它是从哺乳动物遗传下来的部分，控制着情感，反应相对慢了些，如看到恐怖的画面会尖叫等。

第 3 层，缘脑里边的"爬行动物脑"，也称为"生存脑"，它是从爬行动物继承下来的部分，控制着人的一些本能的、无意识的行为，反应最快，如遇到危险时下意识做出的反应。

我们的情绪主要来自第 2 层，新皮质下边的缘脑，即"情绪脑"。在心理学中，控制情绪分为 3 个步骤：正视情绪、接受情绪、控制情绪。下面以"职场晋升失败"为例来讲解如何消除负面情绪。

部门总监通知我，晋升失败了。

首先，正视情绪，晋升失败导致我的心情很低落。

接着，接受情绪，我在晋升面谈中太紧张，陈述得不够好，这半年也没有太突出的业绩，没有关系，偶尔的失败并不可怕，毕竟我还年轻，后面还有很长的路要走，只要努力提升自己，还有很多机会。

最后，控制情绪，我现在不要胡思乱想，找个安静的酒吧，再约上几个朋友狠狠地"羞辱"他们，也许我的心情就会慢慢地好起来。

以上是简单的情绪控制方法，对于处理一般的情绪问题是行之有效的。下面我们来学习如何通过训练来控制比较复杂的情绪，图 1-7 所示的是掌控情绪的 6 个方法。

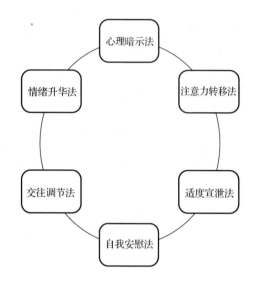

图 1-7　掌控情绪的 6 个方法

1. 心理暗示法

从心理学的角度讲，心理暗示法就是指个人通过语言、形象、想象等方式，对自身施加影响的心理过程。这个概念最初由法国医师库埃于 1920 年提出，心理学上所讲的"皮格马利翁效应"也称期望效应，讲的就是积极的自我暗示。

与此同时，我们可以利用语言的指导和暗示作用，来调节和放松心理的紧张状态，使不良情绪得到缓解。当我们在生活中遇到情绪问题时，应当充分利用语言的作用，用语言对自身进行暗示，缓解不良情绪，保持心理平衡。如默想或用笔在纸上写出"冷静""三思而后行""制怒""镇定"等词语。实践证明，这种暗示对人的不良情绪和行为有奇妙的影响和调控作用，既可以松弛过分紧张的情绪，又可以用来激励自己。

2. 注意力转移法

注意力转移法，就是把注意力从引起不良情绪反应的刺激情境转移到其他事物或其他活动上的自我调节方法。当出现情绪不佳的情况时，要把注意力转移到自己感兴趣的事物上去，如外出散步、看电影、打球、到游戏里"虐杀"菜鸟等，这有助于使情绪平静下来，找到新的快乐。

这种方法，一方面终止了不良刺激源的作用，防止不良情绪的泛化、蔓延；另一方面，可以通过参与新的活动特别是自己感兴趣的活动，获得好的心情。

3. 适度宣泄法

过分压抑只会使情绪困扰加重，而适度宣泄则可以把不良情绪释放出来，从而使紧张情绪得以缓解、放松。所以，在遇到不良情绪时，最简单的办法就是宣泄，宣泄一般是私下进行的，如找你的闺蜜或好友"吐槽"，把不开心的事情全都讲给他或她听，让其"开心开心"。

一般的宣泄形式就是什么难听说什么，骂脏话也可以，尽情地倾诉自己认为的委屈，一旦发泄完毕，心情也就随之平静下来。当然，也要照顾到对方的情绪。

4. 自我安慰法

当一个人遇到不幸或挫折时，为了避免精神上的痛苦或不安，可以找出一种合乎内心需要的理由来说明或辩解。

为失败找一个冠冕堂皇的理由，用来安慰自己，例如：找不到对象，有可能是自己太优秀了，一般人很难配得上；月薪1万元想在上海买房，也不要悲观，不妨先定个小目标，如先活他个500年；经常用"塞翁失马，焉知非福"等进行自我安慰……

5. 交往调节法

某些不良情绪常常是由人际关系矛盾和人际交往障碍引起的。因此，当我们遇到不顺心、不如意的事情时，或者有了烦恼时，应该主动地找同事和好友交谈，这比一个人独处胡思乱想、自怨自艾要好得多。例如，多找领导、同事沟通交流工作上的想法，一方面多交流可以改善沟通不畅的问题，另一方面也可以借此宽慰自己，达到情绪上的安宁。此外还能得到更多的信息，帮助自己在关键问题上判断得更准确。

6. 情绪升华法

情绪升华法是指改变不为社会所接受的动机和欲望，使之符合社会规范和时代要求，是对消极情绪的一种高水平的宣泄，可以将消极情感引导到对人、对己、对社会都有利的方向。

其实，人活得不快乐的主要原因是既无法忍受目前的状态，又没能力改变一切，说句大白话可能就是"可以像猪一样懒，却无法像猪一样心安理得"。

在上述方法都失效的情况下，也不要慌张，可以找心理医生进行咨询、倾诉，在心理医生的帮助下克服不良情绪。

学会掌控自己的情绪，是可以让人受益终身的。需要注意的是：不要乱发脾气，忍不住吵架的时候，要考虑别人的感受；尽量不要说方言，因为别人会听不懂；最好的修养，是恰如其分，在对方过分、你占理的时候，勇敢地"怼"回去，表达你的态度。

美国著名心理医生派克说过："在这个复杂多变的世界里，要想人生顺遂，我们一定要学会适度生气。"我们要学会用不同的方式，恰当地表达自己的愤怒情绪，有时候需要委婉，有时候需要直接，有时候需要心平气和，有时候不妨拍桌子。拿捏尺度是一门学问，需要你自己把握。

1.6　修炼的路径：BAT的职级晋升机制剖析

互联网公司通常都有员工职级晋升机制，员工按照标准进行"打怪升级"，以阿里巴巴为例，通常所说的 P6、M1，指的就是一个员工的职级，职级直接和薪资挂钩。

阿里巴巴的职级体系分为 P 序列和 M 序列，P 序列对应技术岗，M 序列对应管理岗，P 序列和 M 序列是有对应关系的，图 1-8 所示的是阿里巴巴职级对照示意图。

专业职级	职级名称	管理职级	职级名称
P4	专员		
P5	高级专员		
P6	资深专员	M1	主管
P7	专家	M2	经理
P8	高级专家	M3	资深经理
P9	资深专家	M4	总监
P10	研究员	M5	资深总监
P11	高级研究员	M6	副总裁
P12	资深研究员	M7	资深副总裁
P13	科学家	M8	执行副总裁
P14	资深科学家	M9	副董事长
		M10	董事长

图 1-8　阿里巴巴职级对照示意图

P1、P2、P3 为低端岗位，通常是不招聘的。

P4 是专员，以校招本科生为主，近几年也很少招聘了，阿里巴巴的校招本科生基本上从 P5 起步，大多数是来自 985、211 高校的优秀毕业生。

P5 是高级专员，以应届硕士研究生、优秀本科生为主；也会社招少量工作经验在 2 年左右有潜力的人员，入职时职级是 P5，可以很快升到 P6。

P6 是资深专员，对应 M1 主管岗位，硕士研究生学历有 1 ~ 2 年工作经验，或者本科学历有 3 年工作经验，或者优秀应届硕士研究生、应届博士研究生，是"干活"的主力。

P7 是专家，硕士研究生学历有 3 ~ 5 年工作经验，本科学历有 5 ~ 7 年工作经验，是"干活"的骨干。一般 P7 或 M2 职级的人才有股份，即总年薪在百万元左右。

一般小公司的总监到阿里巴巴就是 P7 职级的，很多阿里巴巴 P7 职级的人应聘到小公司往往也能拿到总监及以上级别的职位，阿里巴巴 P7 职级的人是行业的"硬通货"。

P7 也是普通程序员个人奋斗的终点，再高级别就不完全依靠个人奋斗了，机会和运气很重要。

P6、P7 职级的人在阿里巴巴是最庞大的群体。P7（M2）升到 P8（M3），在阿里巴巴内部算"鬼门关"，除非为负责的业务做出了突出贡献，不然 P7 职级在阿里巴巴可能就是一辈子了。

P8 是高级专家，代表着一线最高级别的技术专家，相应的 M 序列是 M3，M3 是资深经理，可以独立负责一条业务线。M3 是压力最大的管理层。

阿里巴巴 P8 和 M3 职级的人一般应聘到小公司就是各种"O"了，这也是一般公司能"挖"得起的顶点了，更高级别的阿里巴巴人，一般公司不是不想挖，是挖不起。

阿里巴巴 P8 职级的人出去，大部分都会创业。

P9 是资深专家，M4 是总监，要求有行业影响力，一般就是打工者的顶峰了，达摩院挖过去的那批人一般就是 P8 或 P9 职级的。P9 职级的人主要靠股票收入，薪资只是零花钱。

P10 是研究员，行业领军人物，具备广泛影响力或高价值科研成果。M5 是资深总监，是分公司的负责人，如成都分公司总经理。

P10 是技术人心中的珠穆朗玛峰，它存在的意义对大多数人来说就是仰望。Facebook 前员工赵海平回国后加入阿里巴巴，职级就是 P10。

M7 到 M9 职级的人，就是阿里巴巴的传奇管理者们——彭蕾、陆兆禧、蔡崇信、曾鸣、张勇等。

M10 是风清扬——马云。

要想在职级晋升的"游戏"里获得胜利，需要深入地了解职业发展框架的设计理念和运作机制。

企业为了帮助员工从自身特点出发，有效地规划职业生涯、提高专业能力和长期工作绩效，同时为了有效地规划人力资源、提升组织能力和满足企业战略发展需要，最终实现员工职业发展与企业发展双赢，都建立了员工职业发展框架。如互联网行业里的腾讯、阿里巴巴、百度、华为、小米等公司，都建立了自己的员工职业发展框架。

职业发展框架设计的理念有以下 4 点。

- 面向未来：员工职业发展是为了满足企业未来快速发展对各类人才的需求，因此框架设计要有前瞻性，同时企业应该鼓励员工挑战自我、全面发展，这样的人才在企业将会获得广阔的发展空间。

- 面向能力：职业发展是能力的发展，企业需要培养员工具备终身发展的能力，在满足企业需求的前提下，企业应该为不同能力倾向的员工设计不同的职业发展通道。

- 结果导向：员工在企业内获得职业上的不断发展，体现在员工能够持续取得优秀的绩效，同时只有不断取得优秀绩效的员工，才能够在企业获得持续的发展。

- 注重沟通：职业发展的主动权掌握在员工手中，员工应主动规划，积极和主管沟通，同时各级主管应充分发挥自己作为员工职业发展的领路人的作用，成为企业和员工之间的桥梁。

基于以上 4 点理念，下面我们着手进行职业发展框架的设计工作。

首先，职业发展序列分成两类：专业序列和管理序列。专业序列指的是具备专业技能的序列，如 IT 架构师、软件工程师等；管理序列是指管理岗位，如技术部门经理、测试部门主管等。

接下来，再针对职业发展序列，建立能力模型框架，包括专业能力模型、领导能力模型、通用能力模型。

然后，根据企业的特点划分能力级别，能力级别与职级挂钩，建立对应关系，定义每个能力级别的岗位要求。例如，能力级别为 T5 的员工，应该具备哪些通用能力、专业能力、领导能力，这些能力需要达到什么程度，达不到要求的话，需要经过哪些培训课程去提升。

最后，建立职业级别评定流程，即员工如何提出能力级别晋升的申请，需要准备哪些材料，如何进行面试，能力级别晋升与薪资如何挂钩等。

下面来看一下如何搭建职业发展框架，并且将它实施到互联网企业中。

一个典型的职业发展框架由职业发展体系、能力发展体系、培训发展体系、能力管理办公室 4 部分组成，如图 1-9 所示。

图 1-9　职业发展框架

1. 职业发展体系

首先确定整个职业发展框架，将职业发展序列分成专业序列和管理序列，每一个序列有对应的能力模型，能力模型又分为专业能力、领导能力、通用能力。对于专业序列的员工而言，领导能力是可选择的，将每个序列的能力分成 6 个等级，能力等级越高，职级也就越高。HR 在评定职称时，依据职级就可以了，如图 1-10 所示。

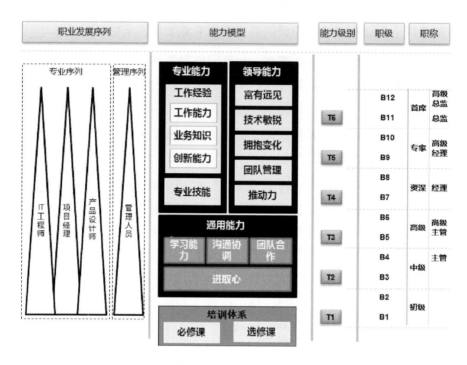

图 1-10　职业发展体系

2. 能力发展体系

首先建立能力模型，给不同的发展序列配备相应的能力模型。能力模型分成 3 部分：专业能力、领导能力和通用能力。

专业能力，包括与工作经验相关的工作能力、业务知识、创新能力，以及专业技能。其中工作能力是指高质量、高效率地完成任务、解决问题及参与团队工作的能力。业务知识反映员工理解和运用业务领域的知识、流程和技术，实现业务价值的能力，包括熟悉需求方的工作环境、领域知识和操作流程。创新能力是指在专业领域提出并实施创新的方法或思路，为组织创造价值的能力。专业技能是指在深度和广度上对专业领域知识和技能的掌握程度。

领导能力，包括 5 个方面的要求：

1）富有远见，是指用创造性或前瞻性的思维方式，识别潜在的变化和机遇，领悟并转化为远景和战略的能力；

2）技术敏锐，是指识别和运用可能引领行业发展、为公司带来商业价值的新技术和新方法的能力；

3）拥抱变化，是指勇于承担风险和具有挑战性的任务，积极寻求解决办法，不轻易放弃的能力；

4）团队管理，是指感知和分析团队成员的需求，激发团队成员的工作热情，并通过多种方式培养和提升团队整体能力的能力；

5）推动力，是指挑战固有模式，驱动变革和创新，参与讨论和执行创新性的解决方案，激发并激励他人创新、拥抱变革和承担风险的能力。

通用能力，主要由 4 部分组成：

1）学习能力，是指努力提升自己的专业知识，与他人分享所学成果和专业经验的能力；

2）沟通协调，是指倾听和理解他人想法，准确和有说服力地表达自己的观点，促进并协调跨团队协作和问题解决的能力；

3）团队合作，是指与团队成员通力合作，相互帮助与支持，消除团队矛盾与冲突，影响和带领团队达成目标的能力；

4）进取心，是个人主动性、积极性和责任心的体现，是努力实现超乎预期的工作绩效的动力。

在掌握了能力模型之后，下一步就是把能力模型应用到职业发展序列中，如图 1-11 所示。

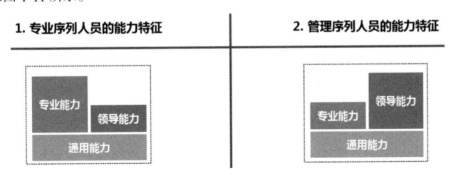

图 1-11　专业序列和管理序列人员的能力特征

专业序列，在强调通用能力和专业能力的同时，员工需要具备一定的领导能力，但对其领导能力的要求可适当降低。

管理序列，在强调通用能力和领导能力的同时，员工需要具备一定的专业能力，但对其专业能力的要求可适当降低。经理及以下级别，对专业能力的要求不降低；高级经理及以上级别，对专业能力的要求降低一级。

申请"职业级别评定"的流程大致为："申请者→上级领导→能力评审委员会→能力管理办公室→CTO"，如图 1-12 所示。

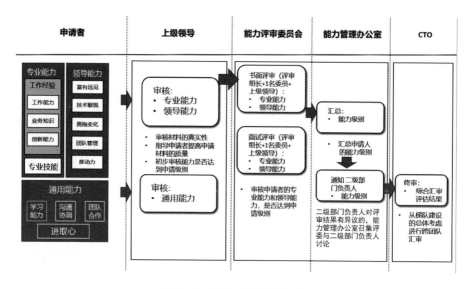

图 1-12　职业级别评定流程

职业级别评定的指导原则是：所有能力的考核项中只要有两项不通过，职业级别评定结果就为不通过。对于能力发展不平衡的突出员工，其实际能力与能力标准存在差异但能够级别互补的，由其上级领导提出特批申请，并经所属部门的负责人、能力评审委员会（由 CTO 和总监组成）审核同意后，可以特批通过。

3. 培训发展体系

培训发展体系的建立，源自能力发展体系，为员工的职业发展和能力的持续提升服务。我们已经知道，能力分为专业能力、通用能力、领导能力，培训发展体系也是围绕这 3 个方面进行搭建的，如图 1-13 所示。培训课程分为必修课和选修课，必修课是必须参加的，也是职业级别评定的前提条件。

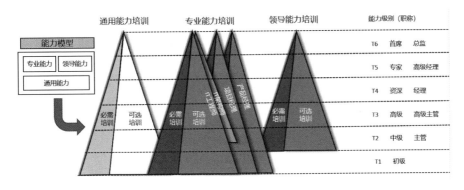

图 1-13　培训发展体系

以通用能力为例，如图 1-14 所示，对于 T1 级别的员工，需要参加的培训课程有"沟通基本技巧""电子邮件礼仪""新员工培训""员工职业发展框架综述""时间管理基础"，只有参加了这些培训课程，才能够进行 T2 级别的职业级别评定。根据每个公司的实际情况，可以搭建针对不同职级的培训课程。

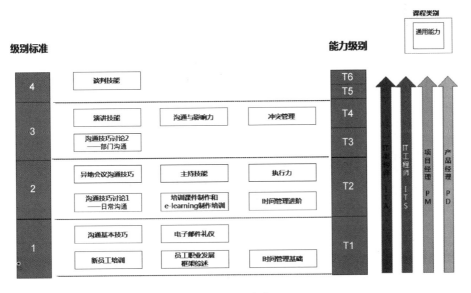

图 1-14　通用能力课程

4. 能力管理办公室

能力管理办公室（Competency Management Office，CMO）也称为能力发展中心，它的目标是：培育 IT 专业梯队、提升企业的核心竞争力；从人才的选、用、育、留 4 个方面入手，激励员工的能力提升，互相学习，良性竞争；创建学习型、专业型、有工作热情的团队；增强员工的稳定性、归属感、成就感；培育人才，实现 IT 能力的可持续发展。

CMO 的主要职能分为组织、能力和培训 3 部分，其核心是围绕人才服务的，如图 1-15 所示。

- 组织，是指对员工职业发展框架体系与管理制度的维护，并且组织职级评定工作，指导员工进行个人能力评估、职业发展计划、总结等。

- 能力，是指员工能力评审工作的推行和实施，维护能力发展框架与评审标准、方法。

- 培训，是指实施培训计划、建立技术培训体系和讲师团队等。

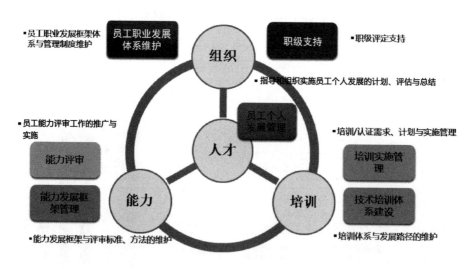

图 1-15　CMO 的主要职能

CMO 典型的组织架构中包括 CMO 负责人、CMO 运作与执行专员、学习与培训专员、能力发展管理专员等，如图 1-16 所示。

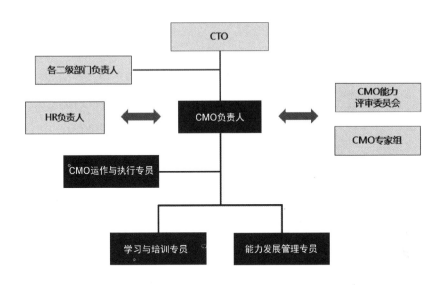

图 1-16　CMO 的组织架构

- **CMO 负责人**，总体负责 CMO 工作的目标、KPI、工作计划、进展和成果的汇报；总体负责 IT 员工职业发展管理体系、流程、标准的完善和维护（包含职业发展、能力评审和培训）；负责 IT 部门员工能力评估的实施（1 年 2 次）、培训及能力发展管理的整体规划和推进；负责对当前 IT 部门人员总体能力水平进行统计和分析，制订和实施对应的可提升方案。

- CMO 运作与执行专员，作为计划、安排和推动 IT 部门员工能力认定评审执行的主要负责人，协调各部门负责人和评审委员会，推动 IT 部门员工能力认定评审 100%落地执行；负责 IT 部门员工能力认定评审流程、方法和工具的培训；指导员工申报能力评审材料、组织各部门负责人和评审委员会评审能力；配合 HR 负责人，确保员工职级评定、调整、审批与所需的能力评定结果相匹配，符合职业发展体系和 HR 的规范；负责 CMO KPI 度量数据的采集、分析和追踪；维护 CMO 相关工具（能力评审流程和工具）；负责日常 CMO 活动的安排和推进。

- 学习与培训专员，对接各部门负责人推进各部门的培训管理工作，负责落地执行培训管理流程，包括培训需求收集及计划、培训课程开发、培训讲师选拔、培训实施管理与培训效果评估等；协调各部门负责人和 CMO 专家组，对各个专业序列的培训路线图和培训课程进行完善和维护；负责 IT 部门员工职业发展框架体系培训和对新员工宣讲 CMO 对于员工的意义；组织和实施其他学习与培训活动，如经验分享会等。

- 能力发展管理专员，协助各部门负责人，负责落地执行员工职业发展计划管理流程，包含员工职业发展的计划制订、计划执行、半年评估及年度评估，以使员工在职业发展的道路上能持续性地不断提升；建立及完善 IT 部门的能力档案，设计员工激励发展机制及相关措施；构建基于通用能力、领导能力的培训体系、培训课程；确定相关的能力提升方法和工具，如 "mentor-mentee" 机制。

以上我们全面讲解了搭建一套员工职业发展体系所包含的要素、关键步骤、运行机制。对于个人来说，掌握了"升职加薪"这个职场游戏的"源代码"，势必比不了解游戏规则的人具备"先天"优势，并且做事情可以更有的放矢，一步步取得辉煌的成就。

1.7　人生设计：突破职场瓶颈，抵达职业巅峰

很多人的一生，好像早就预设了一个脚本：按部就班地念完小学、初中、高中，听父母的安排选择有前途的大学和专业，毕业后做一份谈不上喜欢的工作，然后结婚生子。

多年以后，孩子渐渐长大，离我们远去。

在某一个秋日暖阳中缓缓睡去——这就是大多数人平凡的一生。

越来越多的人想要挣脱这种千篇一律的生活，他们跳出来大喊："这不是我想要的生活！"他们渴望改变，他们想要探索人生更多的可能性。

斯坦福的两位教授，比尔博·内特和戴夫·伊万斯，为我们找到了探索人生的方法，他们提出了"人生设计"的理念。

什么是"人生设计"？简单来说，就是用设计产品的理念来设计一个人的生活。

这个概念是怎么产生的？这两位教授都是从斯坦福大学毕业的，然后进入苹果公司工作，在苹果公司做产品和系统设计工作，他们工作非常出色，我们所用的 iPad、iMac 都有他们精妙的创意设计。

两位天才在工作当中接触到许多年轻人，他们强烈地感受到了年轻人对于人生的迷茫，于是灵光一闪：有没有可能，用产品设计的理念来帮助人们设计自己的人生？

于是他们俩共同开创了"人生设计"这门课程，并且开始在母校斯坦福大学授课，立刻获得了巨大的成功，这门"人生设计"课程成为了斯坦福大学最热门的选修课之一。

1. 人生设计不是人生工程

首先，设计思维和工程思维是有所区别的。

设计思维，从"Why"出发思考问题的底层原因，然后探索解决的办法。

工程思维，对于一个既定的问题，去考虑"How"，也就是用哪些工具和工程手段去解决这个问题。

因此，从人生设计与人生工程的角度来看待两者的区别，就是：

- 人生设计："重新定义问题，找到尽可能多的选择，选择其中一个进行快速尝试，直到成功。" 人生设计的好处是做出更加有趣、没有痛苦的决策，探索过程本身就是一个快乐的创作过程，更容易适应变化，更容易活出独特的人生。人生设计更适合希望从头开始，或者决心转换人生方向的人。

- 人生工程："专注初心，找到最适合自己的选择，做出决定并且把事情做成。"做工程的优点是更加稳健，肯定会有阶段性收获，而且更容易被人理解，因此更适合人生前期，或者方向清晰的阶段。

概括来讲，人生工程适合那些立志做大事并愿意持续付出的人，人生设计适合大部分普通人。

2. 什么是人生设计思维

人生设计思维包含 5 个基本心态：保持好奇、不断尝试、重新定义问题、专注和深度合作。

- 保持好奇：好奇心能够帮助人们挖掘事物的新鲜感，激发人们探索的欲望，让一切变得更有趣。最重要的是，好奇心会让你"好运连连"——这就是人们四处寻找机会的原因。

- 不断尝试：当你勇于付诸行动时，你就是在为自己打造一条不断前进的人生路。不要坐在那里空想，行动起来！设计师都乐于探索和尝试，他们会创造一个又一个原型。

- 重新定义问题：重新定义问题是设计师转换思维模式、摆脱困境的方法。通过重新定义问题，我们能够认识到问题的关键点。

- 专注：生活常常是复杂而混乱的，当你前进一步时，有时看起来你正在倒退。生活中的你可能会犯错，也可能会抛弃自己的原型。在这个过程中，你必须学会"放手"——不要纠结于自己最初的想法，放弃那个"不错但并不精彩的"解决方案，专注"前进"。

- 深度合作：在设计思维中，尤其是在谈到人生设计时，深度合作尤为重要。最优秀的设计师都知道，伟大的设计需要许多人的深度合作，需要一个团队共同完成。

3. 人生设计的4个步骤

了解了人生设计的基本概念、思维内涵，接下来进入人生设计的实操部分，主要分成4个步骤。

第1步，自我评估。

自我评估就是对当下的人生做一个评估。需要注意的是，你的兴趣和激情并不是人生设计的起点，激情只是一个结果，甚至不作为一个重要的考量因素。

评估当下，目的是要发现那些所谓的"重力问题"，也就是你无法改变的客观事实。比如你的天赋、身体样貌、家庭背景、社会环境等，学着接受这一切，以此为基础重新思考人生。

这里提供了一个工具——"仪表盘"，从健康、工作、娱乐、爱这4个维度，对自己的人生现状打分，找出满意的、不满意的部分。大家可以尝试做一个表格，给每一项做个评分，以笔者自己为例，健康、娱乐这两项得分最低，工作、爱这两项得分还比较高。这样可以对自己的人生现状有个基本认知。

同时，需要做一个"美好时光日志"，也就是记录那些你的"心流"体验经历，也记录最让你耗费精力的事情。

对笔者来说，阅读和写作、跟读者交流，都是笔者的"心流"体验。找一个靠窗的位置，窗外有好看的风景，一本书、一杯茶，笔者就可以度过美好的一天。但是，处理工作琐事，就比较耗费笔者的精力，但不管怎么样，这是必须做好的事情，因为这是本职工作。

有了以上对当下生活状态的认知，你可以画一张思维导图，看看你人生的种种构想。

第 2 步，制订奥德赛计划。

奥德赛计划，出自荷马史诗的奥德赛冒险之旅，这个神话故事的隐喻是"多重计划增加成功抵达的可能性"。人生计划也是如此，你需要多制订几个人生计划。

具体做法是，制订 3 个版本的"人生 5 年计划"：

- 第 1 个，当下做的事。通常来讲是你的主业，未来 5 年你的主业将达到什么目标，可以具体到在什么样的公司、做到什么职位、拿多少薪水等。

- 第 2 个，若当下有巨变，最想做的事。也就是我们通常说的 B 计划，在主业发生变故的时候，是不是有可以立刻顶上来的 B 计划，比如某脱口秀演员，他之前的主业是科技公司技术高管，B 计划是做脱口秀演员，当因为行业政策变化导致主业公司被收购时，他选择全职从事脱口秀工作，这就是副业转主业。

- 第 3 个，不考虑钱和形象，最想做的事。也许你已经在职场中有所成就，做到了高管，但是第 3 个计划，就是要拓展你的职业边界，去想想那些你抛开金钱、社会地位最想做的事情。以笔者为例，笔者的第 3 个计划是成为一名作家、诗人或摇滚乐手。

奥德赛计划的小要求是，尽量用 6 个字概括每个计划的核心，针对每个计划提出 3 个问题，通过之前提到过的"仪表盘"，从健康、工作、娱乐、爱这 4 个维度来评估你的 3 个版本的计划。

第 3 步，启动人生原型设计。

你如果是做技术的，对原型设计应该不陌生，一般的互联网产品都会先做个 MVP（最小可用产品）版本，用来收集用户的反馈，如果反馈好就继续迭代完善，反馈不好就再换个方向。

人生原型设计，也可以大致按这个方式进行：

1）人生原型设计。提出有难度的问题、创造真实体验、提出假设、快速失败，即假设你向往的人生，越真实越好。比如笔者想成为诗人，那么衣食住行都要像个诗人那样。

2）人生设计采访。找正在过着你向往的生活的人聊聊，比如笔者的人生设计采访，就可以去找几个生活中真实的诗人，对他们做访谈，问所有自己好奇的问题。

3）原型体验。如果对于这样的人生还没有比较深的感触，就近距离、短时间地体验这种生活，比如笔者跟一位诗人朋友一起生活两个礼拜，通过这个人的饮食起居，体验真实的诗人的生活。

第 4 步，实践，做出明智选择。

1）收集和创建选项。经过上面的步骤，你已经对自己向往的生活方式有了实际的体验，究竟这是不是你想要的生活，你已经有了初步的答案。

2）缩小范围列表。将原来的人生设计进行选项分类合并，挑出各类最优秀的选项。以笔者为例，体验了诗人的生活，觉得那样艰苦的物质条件是自己所不能适应的，尽管喜欢其中创作、现场表演的部分。那么，笔者会选择去一家媒体公司或唱片公司上班，而不是做个诗人。

3）明智选择。这一步，就是把选项筛选到剩下的最后 5 个，然后重复上面的原型体验步骤，直到最后得出当前阶段的最优选择。

4）放手向前看。既然做好了选择，那么就不再执着于苦思，而是勇敢前进，去过自己想要的人生。

以上我们学习了人生设计的理念和方法。对每个人来说，人生设计是一门人生必修课，不要害怕失败，失败了吸取教训就是了。人生是由无数个迭代构成的，大部分的失败只是为了试错、为了让你更快地找到更适合自己的人生方向。

1.8 竞争策略：打造你的职场系统

先来思考一个问题：那些在职场上混得好的人，都有哪些特质？能够脱口而出的答案有很多，比如情商高、工作能力强、努力、有目标感……这些回答都有一定的道理，但是都不够全面。

在笔者将近 20 年的职业生涯里，从程序员做起，一步步做到上市公司高管，可以说获得了世俗意义上的成功。笔者也长期观察过那些年纪轻轻就做到很高职位的人，所以对于这个问题有自己的一些思考。

总结下来，职场上混得好的人，是因为他们很早就建立了自己的职场系统，所谓的职场系统指的是职场人在思维认知、工具方法、经验积累等方面形成的一套自己的体系。

职场人一旦建立起自己的职场系统，就能够逢山开路、遇水搭桥、左右逢源，在职场当中混得风生水起。

有职场系统的人，跟其他人相比，究竟有什么差别？

有职场系统的人，看问题的视角、思考的深度、做事情的条理性，都比一般人要稍强一些。这些点点滴滴的优势经过日积月累，就逐渐拉开了职场发展上的差距，也拉开了人生的差距。

怎样才能建立起自己的职场系统呢？

职场系统在架构上分为 4 个部分：职场思维、职场 3 核、价值评估工具、职场发展工型理论，下面我们分别来学习。

1. 建立正确的职场思维

在职场中生存和发展，首先要建立起正确的职场认知和思维，最关键的是以下 5 点。

1）清晰地知道你的职业生涯还有多长。

一个人从参加工作到退休，满打满算也就三四十年，这里给大家一个公式，可以算一算自己在职场中还有多少年，公式很简单：62-现在的年龄。

比如我目前 41 岁，那么我的职业生涯还剩下：62-41= 21 年。知道了这个数字，就可以做长期打算，不再为这半年或者一年的职业困境所迷惑。

2）10000 小时定律。

10000 小时定律也就是刻意练习，说的是人人都可以成为某一方面的专家，只要你具备 3 个条件：（1）找到那个让你充满热情的领域；（2）使用科学的方法训练你的技能；（3）持续投入时间，比如 10000 小时。

当今的时代，是个体崛起的时代，是工匠为王的时代，只要你通过刻意练习打磨你的那门手艺，成为领域的顶尖专家，就会获得职场上的成功。

3）人一生中 80%以上的财富，是 40 岁之后挣到的。

以巴菲特为例，股神 90%的财富是在 60 岁以后挣到的。对于普通人来说，道理是一样的，一份调查研究报告表明：人一生中 80%以上的财富，是 40 岁以后获得的。

所以，年轻人在 30 岁以前，不要太在意每月几千块的工资差别，它对你整个人生的财富几乎没有影响，你更应该关注这份工作能不能让你的职业生涯走得更远。

4）更好地交朋友。有报告显示，人平均有 120 个微信好友，职场人会稍微更多一些。但是这些所谓的人脉对职业发展的帮助不大，反而会浪费很多社交资源。

因此，职场人应该更好地交朋友，具体应该结交什么样的人呢？

一是，自己当下工作用得上的人；

二是，对自己个人发展有帮助的人；

三是，未来事业上用得到的人。

以上，我们通过 4 个关键点，建立起对职场正确的认知，下面接着聊：决定一个人事业高度的是什么？

2. 决定事业高度的职场3核

1）可迁移能力。什么是可迁移能力？就是指更具有通用性的、相对底层的技能。常见的通用技能有沟通表达能力、团队管理能力、问题解决能力、与他人的协作能力、快速学习能力、个人自驱能力等。

如果你是一名程序员，那么除了提高编程能力、架构能力、业务理解等专业技能，还要培养你的可迁移能力，这样你就能够获得更多的职业发展机会，职业道路就会越走越宽。

2）有意义的经验。在职场中我们每天都在积累经验，但是可能有些是没有意义的经验。

我们要积累有意义的经验，比如公司要启动一个新项目，是你之前没有接触过的，使用新的技术、解决新的业务领域的问题，那么这就是一个积累有意义的经验的好机会，要尽可能参与这样的项目。

3）职场人际关系。我们前面讲过要"更好地交朋友"，实际上在职场中真正对你有帮助的人只有几个。

专家曾经提出过"职场人际关系金字塔"，从下往上分别是联系人、专家团、关键同事（上级领导）、支持者（职业导师）、自己。

越往塔尖越重要，所以职场中对你影响最大的人就是你的职业导师、直属领导、给你提供支持的专家团。

- 职业导师，一般来讲不是你的现任领导，而是行业中的资深人士、付费请的职业导师、之前的领导等，他们是过来人，对你的情况也足够了解，能够给你专业的职场指导。

- 直属领导，几乎决定了你在当前职位发展的好与坏，所以要支撑好你的领导，跟他形成相互成就的上下级关系。

- 专家团，你在行业中结识的各领域专家，跟他们保持联系，当你遇到专业领域问题的时候，他们能够及时帮你解决。

以上讲了决定一个人职业高度的 3 个要素：可迁移能力、有意义的经验、职场人际关系。如果你想提高自己的职业天花板，持续提升这 3 个职场要素就可以。

3. 职业价值评估工具

对于一个职场系统来讲，还需要有一个评估工具，让你随时得到反馈，知道自己究竟有几斤几两，哪里做得不够好。接下来就给出一个职业价值评估工具。

这个工具的作用是给当前的工作打分，有 4 个维度：学习、影响力、乐趣、奖励。每项得分为 0～100 分，每个维度的权重为 0～100%。

公式如下：

总得分=项目 1 得分×项目 1 权重+……+项目 N 得分×项目 N 权重

如果得分结果大于等于 240 分，代表你的职业价值是及格，反之为不及格。以上得分中，哪一项的得分低，哪一项就是你目前最急迫需要改进的方面。

4. 职场发展的工型理论

职场发展的工型理论，解决的是个人职业发展路径导向的问题。首先需要搞清楚几个问题：你的职业理想是什么？你有什么职场核心能力？需要什么样的能力，才能够实现你的职业理想？

大多数人的职场发展分成 3 个阶段，就像一个"工"字一样，每个阶段根据个人的情况和机遇，时长有所不同，传统行业每个阶段 10～15 年，互联网行业每个阶段 5～8 年。

下面以互联网行业职业发展为例进行讲解。从第 1 阶段到第 3 阶段，总的来说越是前面的阶段，越能够通过自身努力改变，也就是说自己能够把控的部分就越多。越是往后，能够抵达的人就越少，自己能够把控的部分也越少，也就是说机会比努力更重要。

下面我们分别聊聊职场发展的 3 个阶段。

第 1 阶段，独善其身。

这个阶段的目标是：补齐短板，强势开局。从毕业到工作的第 5 年，都属于这个阶段，也有少数人在 1~2 年完成这个阶段，进入第 2 阶段甚至第 3 阶段，比如雷军、周鸿祎这些技术天才。

这个阶段，要做的就是完成从一个学生到职场成年人的转变，要学习专业技能和知识、职场软技能等。大一点的公司，都会有"导师"带你，不懂就要多问，不要怕暴露自己的无知。所以建议大学生毕业后最好加入大一点的公司，大公司对新人的培养更有耐心，更舍得投入资源。

时间对这个阶段的人来说是非常充裕的，因为除了工作那点事，你并没有什么可操心的事情。所以，建议这个阶段的人，把时间多用来学习所在领域的知识技能，不要浪费时间、无所事事。

第 2 阶段，独当一面。

这个阶段的目标是：聚焦长板，打造核心竞争力。工作 3~5 年以后，已经具备了一定的职场经验、社会经验、专业能力和人脉积累，这个时候你已经成为公司骨干，干活的主力，也是"996"最严重的阶段。

这个阶段，你负责公司的重要项目，做一些别人无法完成的事情，具备了独当一面的能力。这个时候也是你思考自己职业方向的时候，是走技术路线，还是管理路线？

这时你不能满足于完成手上的工作，你急需提升管理能力、行业视野。有机会的话，最好能够加入一家快速发展的公司，尤其是独角兽公司。这样你的能力和视野都能够随着公司的快速发展而得到相应提升，更重要的是在公司快速发展的过程中，会有许多高阶职位开放给老员工。

笔者就是在第 2 阶段，幸运地加入了独角兽公司，在 5 年的时间里从技术经理晋升到总监，顺利过渡到第 3 阶段。

第 3 阶段，兼济天下。

这个阶段的目标是：优化长尾，发挥持续影响力。工作十几年以后，你既有工作经验，又具备行业视野，精力还比较旺盛，正值"当打之年"。你已经是公司里的"XX 总"了，带领一支团队，攻城拔寨，可以帮助公司在你的专业领域建立竞争优势。

这个阶段已经是你职业发展的巅峰了，除了努力，更重要的是行业人脉、影响力，以及与老板及高层的匹配程度。

以上，我们学习了如何打造你的职场系统，希望你通过打造自己的职场系统，在这个个体崛起的时代，不断向上生长，实现职场和人生的跃迁。

1.9 发展策略：你是自己这家公司的CEO

笔者经常说，每个人都是自己这家公司的 CEO。许多 35 岁被职场淘汰的人，其实早就破产了，只是活在一家还没倒闭的公司里。

所以，每一位职场人，都要像经营一家公司一样经营自己。那么怎样才能经营好自己这家公司呢？

1. 不要挣死工资，而是要积累"职场资本"

作为成本的你，是为了完成工作任务而存在的成本消耗品；而作为资本的你，是为了创造价值而存在的。

可以使用下面的公式来评估自己的职场价值：

一个人当前的职场价值（PV）= 未来现金流量平均值（CF）÷ 折现率（R）

从公式来看，想要提高一个人当前的职场价值，需要做两件事：

第 1 件事，增大分子，提高未来现金流量平均值。

关注 3 个方面：利用平台提升你的个人能力、工作成果显性化、善于管理他人预期。

第 2 件事，减小分母，降低折现率。

做好两点：控制情绪做一个确定性高的人、在风险可控范围内接一些有挑战性的项目。

2. 提高自己的"职场估值"

具体要提升 4 个要素：

1）核心竞争力。就好像企业的护城河，在职场上需要不断挖掘并且展示出来。每个人的核心竞争力是不一样的，甚至同一个人在不同时期、不同公司的核心竞争力也是不一样的。

怎样建立核心竞争力呢？就是要做好优势管理。

我们都听过一句话，"成功就是 99%的努力，加 1%的天分"，其实这句话还有下半句"如果没有这 1%的天分，再努力也是白搭"。

细细品味这句话，你会发现，找到自己的职业优势所在有多么重要。

《现在，发现你的职业优势》一书中，作者马库斯•白金汉，也就是优势理论的创始人，提出一个寻找优势信号的 SIGN 模型，通过这个模型，你能够找到被自己忽略已久的优势。

Success： 你的"自我效能感"很强，觉得自己肯定能成。

以笔者自己为例，第一次读到一个朋友写的一本书，感觉就是："这我也可以啊！"同事们觉得笔者在吹牛，然而经过半年多的写作，笔者出版了自己的第一本书，而且非常幸运，这本书很畅销。

Instinct： 你自动自发，迫不及待想尝试。

比如那些你一听就很感兴趣，希望参与，甚至不仅感兴趣，而是热爱和渴望的领域。

Grow： 你发现自己学得很快。

据说丁俊晖第一次打桌球，就比他父亲打得好。16 岁的南京少年陈智强通过 90 分钟记住了 88 幅沙画并击败 3 名选手，加冕"全球脑王"，他接触记忆训练只有 2 年，刚接触就成为中国青少年组第 1，中国第 11，世界第 46。

你有没有一些领域，一接触就明显比其他人进步更快一些？

Need：事后充满了满足感。

某脱口秀演员，之前是互联网公司的技术高管，职业上已经非常成功了，然而他却没有成就感，自己不喜欢。于是他利用业余时间学习无道具表演，几年后参加了"奇葩说""吐槽大会"，虽然作为新人需要从头开始，但是他干得非常起劲，充满了满足感，最后成为了出色的脱口秀演员。

2）未来潜力。包括对企业的忠诚、优秀的理解与学习能力、超强的适应性。这些素质都是企业非常看重的，职场人需要重点关注这些方面的提升。

3）赛道价值。要对本专业的发展趋势保持敏感，要具备快速学习的能力，成为新问题的解决专家。

有一句话叫作：早就是优势。把握好所在行业的发展趋势，成为第一批吃螃蟹的人，赚时间红利的钱。

4）口碑反馈。做一个正直、专业、善良的人。

在职场中，要把自己当作一件产品来打造，为自己建立口碑，你的客户才会源源不断。

3. 以经济周期的视角，看待自己的职业周期

要遵守下面几个原则：

1）面对顺境和逆境要有平常心，顺利时不要春风得意，遇到阻碍时要客观分析再做出选择。

大家都是职场成年人，不要被情绪脑所控制，你所有的决定都应该以利弊作为依据，什么样的决定对自己最有利，而不是"我做得不爽了，我要离职"。

2）在职业生涯的高速发展期，打造自己的品牌。

当你处在一个不错的平台，做到了不错的职位时，更要借助平台的优势打造自己的品牌，建立你在行业中的影响力。

以笔者来讲，就是在担任某互联网公司技术总监的时候，频繁出席各大技

术论坛担任分享嘉宾、出版自己的图书、写公众号文章，逐渐在行业里建立了影响力，成为了别人眼中的大咖。

所谓的名气，为笔者后来的职业发展提供了许多帮助，让我获得了比普通打工者更多的发展机会。

3）职业瓶颈期，要安心、沉心，专注在主业和学习中，耐心地等待下一个好机会的出现。

巴顿将军说过："衡量一个人成功的标志，不是看他到顶峰的高度，而是看他跌到谷底的反弹力。"

处于职业瓶颈期、职业发展低谷期，不要放弃自己，这个时候要安下心来专注主业，不断提高，等待下一次机会的来临。

4）关注经济周期，避开高风险行业，找到高速航行中的船，让自己的职业发展曲线尽量平滑一些。

如果把公司比作船，那么你就是船上的水手，所在行业就好比大海。你不仅要做好本分，确保这艘船的航行，还要关注海浪和天气。当你预知到巨浪即将来临时，要仔细评估这艘船是否足以应对海浪，如果确定"无药可救"就要果断下船，找一艘更大的船，或者找到另一片更适合航行的大海。

比如笔者的几位朋友，在 K12 行业面临巨变之前，跳槽去金融、电商、直播等行业，收入不仅没有受影响，还得到了不错的发展机会。

以上就是把自己当作一家公司经营的 3 个方面，希望能够改变你对职场的理解，每个人都是自己这家公司的 CEO，你并不是为谁而打工，你要为自己这家公司的经营结果负责。

/第 1 章内容小结/

黄金圈理论：让自己更值钱的 5 个能力。通过黄金圈理论，分析了让自己更值钱的 5 项能力：思维和创造力、解决问题的能力、强大的沟通能力、学习新知识的能力、敏锐的商业嗅觉。

　　重新定义自己：NLP 理论的实践。通过 NLP 理论，重新定义自己。审视目标，再看看自己离目标还有多远，思考做什么和怎么做才能够离目标越来越近，然后开始漫长的征途，就像施瓦辛格那样，用尽一生去实现一个宏伟的目标，找寻人生的意义。

　　成为职场"成年人"的 6 个准则。向奈飞学习成为职场"成年人"的 6 个准则。准则 1：不做巨婴；准则 2：保持适度焦虑；准则 3：超越预期地产出；准则 4：坚持学习，向上生长；准则 5：追求卓越；准则 6：坚守长期主义。

　　低效的本质："杀死"效率的 7 个习惯。第 1 个，只知拼命加班，拿苦劳当功劳；第 2 个，你并没有 10 年工作经验，只是把 1 年工作经验重复了 10 年；第 3 个，计划的颗粒度太粗；第 4 个，疯狂"输入"但从不"输出"；第 5 个，目标远大，行动滞后；第 6 个，在无效社交上浪费时间；第 7 个，不会休息。

　　情绪是人的底层操作系统，掌控情绪的 6 个方法。这些方法包括：心理暗示法、注意力转移法、适度宣泄法、自我安慰法、交往调节法、情绪升华法。

　　修炼的路径：BAT 的职级晋升机制剖析。介绍了职业发展框架的组成：职业发展体系、能力发展体系、培训发展体系、能力管理办公室。

　　人生设计：突破职场瓶颈，抵达职业巅峰。斯坦福的两位教授，创立了"人生设计"课程。人生设计思维包含 5 个基本心态：保持好奇、不断尝试、重新定义问题、专注和深度合作。人生设计的 4 个步骤：第 1 步，自我评估；第 2 步，制订奥德赛计划；第 3 步，启动人生原型设计；第 4 步，实践，做出明智选择。

　　竞争策略：打造你的职场系统。职场系统在架构上分为 4 个部分：职场思维、职场 3 核、价值评估工具、职场发展工型理论。

　　发展策略：你是自己这家公司的 CEO。具体做法包含：1. 不要挣死工资，而是要积累"职场资本"；2. 提高自己的"职场估值"；3. 以经济周期的视角，看待自己的职业周期。

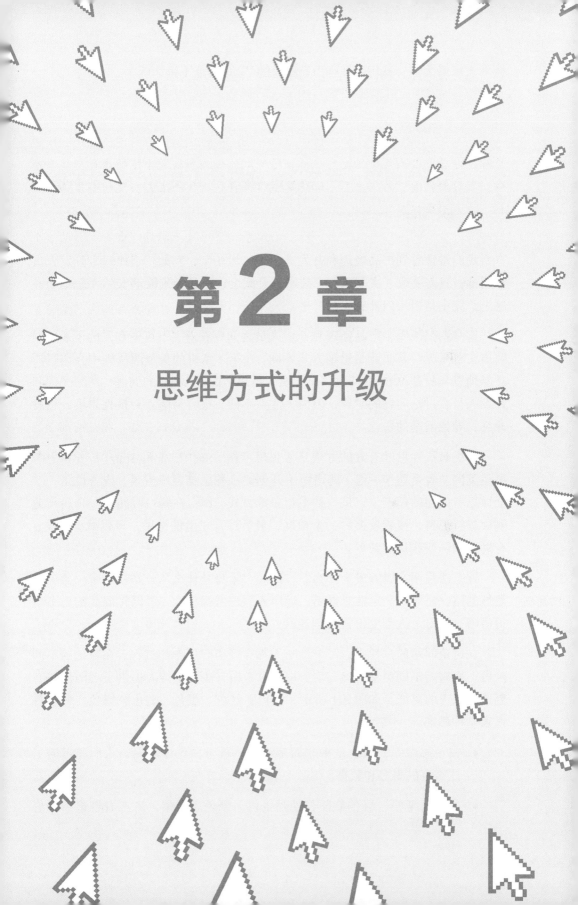

第2章

思维方式的升级

2.1　6顶思考帽：产品经理和开发人员如何毫发不伤地谈需求

我们常常看到产品经理和开发人员的"段子"，例如"杀死一个开发人员不用枪，只需要改 3 次需求""技术人开大会，产品经理能够安然无恙地坐在这里，完全是因为门外有安检"等。

这些调侃说明了产品经理和开发人员之间存在着"不可调和"的矛盾，问题出在哪里呢？其实就是思维方式不同。在第 1 章讲的黄金圈法则中介绍过产品经理思考的是 Why 的问题，而开发人员思考的是 What 的问题。产品经理和开发人员在讨论问题的时候，因为关注点不同，很容易陷入对抗性思维，引发冲突，导致问题的恶化。

解决对抗性思维有效的方法是 6 顶思考帽（Six Thinking Hats）。6 顶思考帽是英国学者爱德华·德·博诺博士开创的一种思维训练模式，或者说是一个全面思考问题的模型。它是一种平行思维方式，即：在同一时间从一个角度或侧面进行思考，接着轮换另一个角度，最后综合思考的结果，可以减少冲突，有助于团队快速达成共识。

该方法强调"能够成为什么"，而非"本身是什么"，是在寻求一条向前发展的路，而不是争论谁对谁错。运用 6 顶思考帽方法，可以将混乱的思考变得清晰，使每个人都变得富有创造性。

在讨论问题的过程中，每个参与人都在经历着思考的过程，在讨论的不同阶段，面对着不同类型的参与者，6 顶思考帽方法为主持人提供了理清思路、创造性思考的可能。如图 2-1 所示，白色、红色、黑色、黄色、绿色、蓝色各代表一种思维。

- 白色思考帽，白色是中立而客观的。戴上白色思考帽，人们思考时关注客观的事实和数据。

- 绿色思考帽，绿色象征着勃勃生机。绿色思考帽，寓意着创造力和想象力，具有创造性思考、头脑风暴、求异思维等功能。

- 黄色思考帽，黄色代表价值与肯定。戴上黄色思考帽，人们从正面考虑问题，表达乐观的、满怀希望的、建设性的观点。

- 黑色思考帽，戴上黑色思考帽，人们可以否定、怀疑、质疑，合乎逻辑地进行批判，尽情发表负面的意见，找出逻辑上的错误。

- 红色思考帽，红色是情感的色彩。戴上红色思考帽，人们可以表现自己的情绪，还可以表达直觉、感受、预感等方面的看法。

- 蓝色思考帽，负责控制和调节思维过程，可以控制各种思考帽的使用顺序，规划和管理整个思考过程并做出结论。

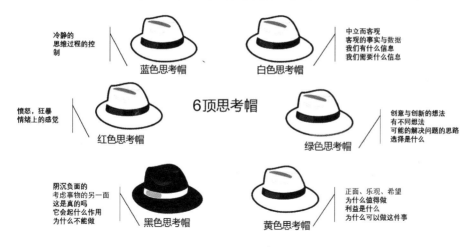

图 2-1　6 顶思考帽

也许有人认为这个方法太简单了，甚至怀疑它的有效性。但一个工具是否有效与简单或复杂没有关系，而且只有简单有效的工具才能被广泛使用。

很多数据表明了 6 顶思考帽方法的有效性，如缩短 1/4 的会议时间、提高 4 倍的思考效率等，适合所有人群使用。

可能有人会觉得自己不擅长带"绿色思考帽"思考，找不到什么有创意的点子。这种情况是存在的。人力资源管理专家玛利亚·梅耶斯总结出了才能 4 象限，如图 2-2 所示。

图 2-2　才能 4 象限

许多人容易给自己设限，认为"我没有这方面的才能"，但事实上人的才能是可以成长、发展的。而且 6 项思考帽不是让每个人在不同的角度都成为专家，而是激发不同的可能，不擅长并不代表不能做。

当我们做了 6 个方面的思考之后，就会形成一张完整的思考地图。该地图就能够帮助我们找出解决问题的最佳路线。

产品、开发和测试人员，在探讨问题的过程中，如果遇到分歧比较大的情况，可以采用 6 项思考帽方法，来尝试着解决问题。主持人可选择在一个放松的环境中，如咖啡厅或有零食、饮料的会议室里，引导大家运用平行思考的方式进行问题的讨论。

那么，初学者具体怎么在会议中使用 6 项思考帽方法呢？

第 1 步，判断当前的会议类型。

不同类型的会议，这些帽子的使用顺序不相同。

- 固定顺序。会议议题比较清晰明确，并且希望得到一个明确的会议结论。

- 视实际需要，灵活调整顺序。当会议的流程未事先设定时，该顺序可以更好地满足参加者的需求。

- 可延伸顺序。当讨论的问题比较复杂，难以预先设定程序或需要较长时间思考时，选用可延伸顺序。

我们后面以"固定顺序"来给大家具体讲述如何使用 6 顶思考帽方法。

第 2 步，明确会议目的。

例如：工作总结与回顾、战略规划、过程完善、解决问题、观点达成一致等。

第 3 步，根据固定的帽子顺序展开会议。

以下是解决问题型会议的 6 顶思考帽的使用顺序。

- 选出"蓝帽"。"蓝帽"负责会议主持、引导讨论、会议总结，一般由主持人担任，职责包括为会议选择帽子的顺序、给每顶帽子分配时间、记录每顶帽子的内容、在帽子使用中进行时间控制。"蓝帽"可以适当引导与会者进行讨论，例如，"你对这个问题的'黄帽思考'是什么?""我知道你喜欢这个想法，但让我们看看你的'黑帽思考'是什么?"等。

- "蓝帽"主持会议，用特定颜色的帽子思考。当"蓝帽"宣布进入"黄帽思考"阶段后，针对"请对某某提出的观点给出你认为的价值"，每个人都应该努力使用"黄帽思考"，不管自己是否喜欢。不能因为你不喜欢某个观点而保持沉默，因为帽子并不是对思考者或者他们所偏好的思维方式的描述。另外，不允许任何参与者没有经过"蓝帽"允许而自作主张地发表用某顶帽子思考的观点，因为若要高效，必须有规则。

- 人人都参与贡献观点。有些人可能会习惯于自己特定的帽子思维，如黑帽，这样在使用其他颜色帽子思考的时候，他就会选择保持沉默，这是不可以的。避免出现这种状况的办法就是"蓝帽"主动要求某人使用指定颜色的帽子思考并说出他的观点，这样轮流下来，每个人都有机会被问到对某事件的思考。

通过以上步骤，每个参与会议的人，不论是产品经理还是开发人员，都会在同一时间、在同一维度上思考，进行某种程度上的"换位思考"，从而改变自己固有的经验主义和"有色眼镜"的思维方式，打开自己的思路，彻底释放自己的心智，接受不一样的观点，尝试新的思考问题的方式。

技术人员和产品经理在讨论需求的时候，不妨试试 6 顶思考帽方法，放下情绪和个人偏见，从事物的各个方面进行思考，展开充分的讨论，看看这个需求是否对公司有利、是否对用户有利。

2.2 系统性思维：像CEO那样思考

许多厉害的科技大佬都具备系统性思维，如雷军。雷军在创立小米之初，就为小米做了顶层设计。在战略层面，雷军很早就做了打造智能生态系统的规划。在战术上，先以手机切入市场，再向整个生态系统蔓延。然后小米在短短的几年时间里，就发展成了千亿级别的商业帝国。本节我们来聊聊系统性思维。

系统性思维，是把物质系统当作一个整体加以思考的思维方式。与传统的先分析、后综合的思维方式不同，系统性思维的程序是：从整体出发，先综合、后分析，最后复归到更高阶段上的新的综合，具有整体性、综合性、定量化和精确化的特征。

职场中的高手分为两种：一种是有很成体系的逻辑，术法清晰；另一种是悟性高，通常风格犀利、自成一派。

对于大多数人来说，前一种的可借鉴性更高，但前提是要足够努力和坚持，塑造系统性思维并予以验证和升级。

互联网给了我们前所未有的机会成为更好的自己，信息唾手可得，不论出身，只要你想，皆有可能。

高手能把一件事情做好，是一连串正确决策的结果，系统性思维起到了关键作用。具备系统性思维是极其关键和重要的，而系统性思维的能力也是一个人最核心的能力之一，是拉开人与人之间差距最重要的因素。

- 首先，系统性思维能确保做出连续正确的判断。无论是一个人，还是一个企业、一个组织，单次的正确判断和成功是不足以做成一件大事或者取得大成就的。在重大决定或关键节点上，连续做出正确的判断和决定，才有可能支撑个人和组织的持续发展。

- 其次，系统性思维能够把预期结果变成具有可操作性的方法步骤。当我们准备做一件事情或者想要实现某个目标的时候,这件事情的结果会怎么样、这个目标最终能否达成,其实都是充满很多不确定性的,所以只能叫预期。例如,你打算明年挣一百万元,你明年想找个钱多、事少、离家近的工作,这些都充满了各种不确定性。很多人都知道要把结果和目标进行分解,分步骤、分阶段实施。但为什么有的人能实现目标,有的人不能实现目标呢? 这就是分解后的可操作性的差距。只有更具系统性思维的人,才能够更好地把预期结果分解成具有可操作性的方法步骤, 确保能够有效完成。

- 最后,系统性思维能够及时纠正偏差和错误。我们做一件事情的时候,现实中往往会出现各种偏差和错误,总是会遇到各种困难和阻力,这就需要进行调整和纠正。只有具备系统性思维,才能更加准确地认识到错误和偏差产生的根源,找到解决方法,从而更好地去预防错误和偏差,并且快速地纠正,确保能够在正确的轨道上前进。

和单一思维相比,系统性思维像一个网,而单一思维像一条线。单一思维是一种"是非对错模式",系统性思维是一种"权衡利弊模式"。

应该把任何人或事都放到一个系统中,明确目标,分析事物之间的关系和影响,关注系统的发展变化,认清不同的因素在不同的时期起到的不同作用。

在对事物的认知上,单一思维和系统性思维也存在着不少差别,通常来说,对事物的认知分为 3 个层面。

- 事件感知:只看到事件的导火索。

- 模式感知:看到事件的多个影响因素。

- 系统感知:站在时间的维度,结合外部环境一并思考。

例如,分析一个项目经理为什么拿下了一个大单。

- 事件感知:因为他和对方喝酒,便把事情谈妥了。那么,停留在事件感知层面的人,就会觉得,搞定大项目就要能喝酒,于是他就去练酒量了。

- 模式感知：了解到为了这次谈判，他准备了很多资料，积极地与对方公司有决定权的人沟通，还和本单位领导谈妥了最低折扣。可见，相比事件感知，模式感知更接近事情的真相。

- 系统感知：通过长期观察，发现在更早之前该项目经理便积极地训练谈判技巧、有意识地积累相关客户的联系方式、积极参加行业峰会、公司内部相关部门的关系也处理得不错，需要走流程的时候，处理得比别人更快。从时间、关键事件、人员自身、外部环境等方面综合思考，从整体出发，先综合、后分析，最后复归到更高阶段上的新的综合，就能够无限接近事情的真相。

系统性思维，需要构建思维模式框架，框架的构建需要经验的积累与逻辑的推演、归纳，最终形成自己独特的思维模式。每当需要解决问题或者提供方案时都需要有系统性思维，这样才能把问题考虑得比较全面，而不是想到哪儿算哪儿。

思维框架的构建，就像编织一张网，把问题的边边角角都覆盖到，这样就不会有漏网之鱼，解决方案才比较完善。而框架的内部都有着一定的逻辑性，如按时间顺序构建的框架（过去、现在、未来）、按地理位置构建的框架（华东、华南、华北、西部）、按物体结构构建的框架（屋顶、墙壁、龙骨、地基）等。

更复杂的一些框架，如 5W 原则（Who、When、Where、Why、What）、PDCA 循环框架（Plan、Do、Check、Action）、市场竞争分析理论中的 SWOT 原则（Strong、Weakness、Opportunity、Thread）等，这些框架在考虑问题的时候都可以拿来使用，可以方便地整理问题，提出解决方案。

当然也有一些复杂的问题不能够利用现有框架，那就只能自己构建框架，当这个框架应用完成并得到验证后，就可以把这个框架加入自己的工具库，以后遇到类似问题，就可以调出来直接使用了。

所以在工作和生活中，不能疲于应付，只是把眼前的问题解决完就万事大吉，一定要思考透彻，而且要积累框架，久而久之，你的工具库就会足够丰富，以后应对工作和生活中的任务就会游刃有余。

系统性解决难题的方法不外乎勤于思考、善于总结、积累框架，这也是解决问题的高手和普通人的区别所在。

2.3　归纳法：所有高级的认知，都始于归纳法

归纳法，是逻辑推论最基本的形式之一，是指根据一个事物具有的某种特质，推导出这类事物的所有对象都具有这种性质的推理方法。在日常生活中，我们从事物中总结出观点的方法也是归纳法。人们在生活中大多数时间都在用归纳法，这也是人类最基本的认识世界的方式。

在操作层面上归纳法包括简单枚举归纳法、完全归纳法、科学归纳法、穆勒五法、赖特的消除归纳法、逆推理法和数学归纳法。

归纳法也可以从维度上划分为两类：

第 1 类，空间性归纳：例如，某个地方的所有天鹅都是白色的，所以归纳出全世界的天鹅都是白色的。

第 2 类，时间性归纳：例如，在过去的经验里，太阳总是从东方升起，所以归纳出将来太阳会继续从东方升起。

归纳法符合人类大脑思考的特征，使用起来方便快捷，然而它存在着一个致命的 Bug（缺陷），这也是归纳法最本质的问题：使用归纳法需要一个重要的"隐含假设"作为推理成立的基石，这个隐含假设就是未来和过去一样。然而，在现实世界中，情况是复杂而且多变的。

另外，归纳法只能得出概率性趋势，是一种可能性，而不能得出必然性结论，即使所有的前提都是正确的、即使样本量足够大，结论依然可能是错误的。

穆勒五法具体指的是：求同法、求异法、求同求异并用法、共变法、剩余法。它不仅是古典归纳逻辑的最高成就之一，而且具有鲜明的方法论特征和不可低估的方法论价值。

下面我们一起了解一下穆勒五法。

求同法：如果各个不同场合除了一个条件相同，其他条件都不同，那么，这个相同条件就是该被研究现象的原因。

求异法：比较某现象出现的场合和不出现的场合，如果这两个场合除了一点不同，其他情况都相同，那么这个不同点就是该现象的原因。

求同求异并用法：如果有一个共同的因素使得某个现象出现在各个场合，而这个现象不出现的时候都没有该共同因素，那么，该共同因素就是这个现象的原因。

例如：户外植物的叶子一般是绿色的，生长在黑暗环境里的植物，它们发芽长出的叶子都不是绿色的；田里的青菜是绿色的，但在暗室里培养出来的青菜都是黄色的；把一棵在室外生长的有绿叶的植物移入暗室，它的绿色会渐渐退去，若再把它移至户外，则绿色又逐渐恢复。由此可见，阳光照射是植物叶子长成绿色的原因。

共变法：在其他条件不变的情况下，如果某一现象与另一现象共同变化，那么前一现象就是后一现象的原因。

例如：在一定的压力下的一定量气体，温度升高，体积增大；温度降低，体积缩小。气体体积与温度之间的共变关系，说明气体温度的改变是其体积改变的原因。

剩余法：如果已知某一复合现象中的某部分与某些因素有直接关系，那么该复合现象的剩余部分就是其他因素作用的结果。

自然科学史上有一个著名的例子：

在 1846 年以前，一些天文学家在观察天王星的运行轨道时，发现它的实际运行轨道与它理论上的运行轨道相比发生了多角度的偏离，其中一部分角度的偏离是因为几颗已知的行星对天王星产生了引力，而另一部分角度偏离的原因却不得而知。

这时天文学家就考虑到，既然已经确定天王星运行轨道的偏离是由相关行星的引力所引起的，那么未知角度的偏离原因就一定是由未知行星的引力导致的。后来有的天文学家和数学家根据这个推论进行演算，得出了未知行星的位置。在 1846 年，按照推算的位置进行观察，果然发现了一颗新的行星——海王星。

归纳法确实可以帮助我们解决许多问题，但客观世界是纷繁复杂的，归纳法实在太容易发生谬误了。

在《黑天鹅》一书中，作者提到了一个经典的案例——火鸡的故事。

每天早晨，农夫会带着一碗玉米来喂火鸡。火鸡对此形成了习惯，每天早晨听到农夫走近鸡棚的声音，它就知道开饭的时间到了。渐渐地，火鸡总结出一个规律：只要农夫走近，就是自己吃大餐的时候，这个时候也是它一天中最快乐的时候。到了感恩节那天，农夫像往常一样走近鸡棚，火鸡像往常一样欢呼雀跃，但是没有想到的是，农夫手里拿的不是玉米，而是一把斧子，因为感恩节大家要吃火鸡……

因为认知层次受限，过去的规律和经验帮不到火鸡解决感恩节时刻的困境。其实人类又何尝不是如此呢？

"黑天鹅"这个词本身的来源也是一个经典案例：人们在澳大利亚发现黑天鹅之前，曾认为所有天鹅都应该是白色的。

自然世界已经很难用演绎法去推理，我们学习的各种知识都是简化的模型，现实中会遇到各种特例和复杂变量。人类社会的经济活动就更加扑朔迷离了，只好用归纳法，通过贝叶斯公式去求近似解。

在生活中我们会不自觉地依赖归纳法，如果见点不见面，以偏概全，绝大部分判断是不靠谱的。个体的所见所闻实在是太局限了，在复杂判断中往往派不上真正的用场，但几乎所有人又都习惯依赖自己的见闻，于是犯下各种错误。

最后，在实际生活和工作中使用归纳法需要在结合个人经验的前提下，多听他人的见解，用系统性思维客观分析、做出判断，并且要学习古人"三省吾身"的做法，每周至少要做一次复盘总结，不断修正自己的认知、完善思维方法和框架，让自己进化成更好的思考者。

2.4　揪头发思维：阿里巴巴"三板斧"，眼界、胸怀、超越伯乐

"揪头发"主要考察一个管理者的眼界，培养向上思考、全面思考和系统

思考的能力，杜绝"屁股决定脑袋"的小团队意识，从更大的空间范围和更长的时间跨度来考虑组织中发生的问题。

通俗来讲，"揪头发"就是把自己拔高到老板的位置考虑问题，而不是坐井观天。有的时候你会不理解老板的意思，"揪头发"就是当你有疑问的时候，一定要把自己抬高一个级别，从更高的层次看待眼前的问题。

比如你是总监，最好把你的位置移到 VP（副总裁）层次上，思考假如我是 VP，我该怎么做？也许一切就豁然开朗了。

为什么需要站在老板的角度思考问题呢？因为只有这样，你才会跟平行部门合作，否则每个人都在自己的地盘上"转悠"，这样是不可能很好地与其他兄弟部门协作的。

阿里巴巴内部流传的是管理者至少需要做到 3 点：首先是眼界；其次是胸怀；最后是超越伯乐。

为什么要"揪头发"？

中高层管理者最容易出现的问题是什么？首先是本位主义，"屁股决定脑袋"；其次是急功近利，捡了芝麻丢了西瓜，短期目标与长期目标不平衡；还有就是圈子利益，山头林立、各自为战。

怎样"揪头发"？

一个好的中高层管理者有什么样的标准呢？在思考与思维的层次上，至少需要做到以下 3 点。

1. 开阔眼界：要做行业历史与发展趋势的分析；做竞争对手的数据整理与竞争分析；做产品及业务的详细规划与发展分析。所有的分析，不是简单地做一张数据表格，而是由一个团队进行分工讨论，教学相长，给别人说得清楚，才能证明你自己想清楚了。

2. 训练内心：如何训练一个人的强大内心呢？总结下来有 4 个方面：（1）寻找内心的力量，找出自己成长过程中支持自己的最重要的力量源泉，以及最有成就感的体验，让我们保持自我愉悦的心态；（2）进行充分的团队内部沟通，和团队成员一起探讨变化的必要性和可能的方法，最终得到团队的支持；（3）获得上级的参与和资源支持，在关键的时候提供支援和经验判断；（4）承诺目标，对结果负责。通过这 4 个方面，使自己成为一名内心强大的职场人。

3. 超越伯乐：一个优秀的管理者，是通过成就别人来成就自己的，所以一个好的管理者，必须是一个好的教练。总结下来有 3 点：（1）做好后备机制，要给自己培养出一个接班人，例如在阿里巴巴内部，如果一个管理者没有培养出一个自己的接班人，那么他是不能晋升的；（2）参加必要的管理培训，不同级别的管理者，必须设置不同的管理课程学习计划和目标，管理也是一门科学，也是需要长期的思考与修炼的；（3）允许人才有一定的流动，让人才"用脚投票"，如果一个管理者不能给人空间，不能真正培养自己的团队，那么他的团队成员可以自己选择更好的团队。

作为一名优秀的中高层管理者，不仅要把事情做好，还要做到了解业务发展的路径与方法，探究行业演变的规律和经济环境的局势。

"揪头发"思维就是要拔高自己思考问题的高度，站在更高的层次思考眼前的问题，通过开阔眼界、提升自己的心力、培养接班人等方法，让自己成为一个具备全局视角、以大局为重、团结同僚、打造优秀团队的卓越领导者，从而开拓自己的职场上升空间。

2.5　舍得思维：舍与得之间，成就你的职场辉煌

人生只是一只空杯，妙处都在一舍一得。你会自觉或不自觉地给这只空杯装进一些东西，如知识、经验、技能、价值观、个性、习惯等，它们融入你的思想，共同构成了你的思维模式。而贫穷和富有，以及名声、地位，都是思维模式带来的必然结果。

穷人有穷人的思维模式，富人有富人的思维模式；成功者有成功者的思维模式，失败者有失败者的思维模式；小人物有小人物的思维模式，大人物有大人物的思维模式。聪明人知道应该舍去什么、得到什么，随时为自己的思想寻找最佳配方。

一舍一得之间，构成了一种新的思维模式，人生的轨迹也随之改变；一舍一得之间，带来了物质的富有、情感的富有、精神的富有。若想富有，你就要学会舍得，改变思维模式，从一舍一得开始。

阿里巴巴董事长马云的故事已经成为传奇，无数人想从马云的人生中寻找成功的秘诀，而马云自己在浙江大学演讲时，对所谓的追随者泼了一盆冷水。那天，马云对数千浙大学生说："其实我并没有真正成功，你们也不要以我为方向和目标，你们目前要解决的问题应该是：知道自己在这个时代要放弃什么，应该坚持什么。"对这句话最好的解释是：马云总是在恰当的时间、恰当的地点、恰当的环境中，做出恰当的选择。可见，马云最懂舍得思维。

舍得这个词，最早出自佛经《了凡四训》。在传入中国后，迅速与中国传统的老庄道学思想相互融合，成为"禅"的一种哲理。随着时间的推移，舍得这一禅理，又迅速渗透到了老百姓的日常生活中，并逐步演进为一种雅俗共赏的民间哲理。

舍得舍得，不舍不得，这是人们对佛教"布施"观念在寻常生活中的运用。"布"，是流通的意思，"施"是给予的意思。舍得，便是"人人为我、我为人人"的人生境界。舍得还是一种时空的转换，精神和物质的交流，人情和礼节的传达，是物质世界的"流通"。

舍得既是一种生活的哲学，更是一种为人处世的艺术。舍与得就如水与火、天与地、阴与阳一样，是既对立又统一的矛盾体，相生相克，相辅相成，存于天地，存于人生，存于心间，存于微妙的细节，囊括了万物运行的所有机理。万事万物均在舍得之中达到和谐、达到统一。要得便需舍，有舍才有得。

在物质世界极其丰富的今天，对金钱、对名利、对情感我们有着太多的欲望，这没什么不好，欲望本来就是人的本性，也是推动社会进步的一种动力。但另一方面，欲望也是一头难以驾驭的猛兽，它常常使我们对人生的舍与得难以把握，不是不及，便是过之，于是便产生了太多的悲剧。只有我们真正把握了舍与得的机理和尺度，才能把握人生的钥匙、成功的门环。要知道，百年的人生，也不过就是一舍一得的重复。

在面对选择的时候，舍得是一种智慧，千万不要舍不得放弃，要知道只有放弃一些东西，自己才能获得更好的、更重要的回报。

在选择舍弃之前，首先要明白自己最需要的是什么，自己的目标是什么，这样才能更加快速准确地舍弃那些对自己不是特别重要的东西，不至于深陷于舍和得的漩涡中。

一旦做好决定，也不要反复斟酌思量，心胸开阔一些，烦恼便少一些。也不要担心自己会犯错，因为犯错是成长的必经之路，有道是"人非圣贤，孰能无过"。犯错并不可怕，可怕的是一错再错，所以要学会时时总结经验，正确的就坚持，错误的便立刻改正。

世间万物皆如此，舍得放弃，才能开创智慧人生！

2.6 模型思维：站在牛人肩膀上思考

经常有读者问笔者，自己做事很努力，可是结果却总是不尽如人意，问题究竟出在哪里？

虽然成事的关键因素有很多，但是归根结底其实只有两点，就是做局和破局。也就是，如何高明地给别人设局？如何识破别人给你做的局？

做局和破局关键就在你的思考能力，结构化思维、系统性思维、深度思考等非常经典的思维工具和方法，能够帮助你提升自己的思考能力。

除了自己思考，我们还需要借鉴更多前人的思考来提升思考质量，这就是本节要讲的模型思维。

什么叫模型思维？

简单地说，模型思维就是将经验抽象为集合，用来解决实际问题的思维方式。你平时听到的谚语、公式、定理，本质上都是一种模型思维。

比如，"三个臭皮匠，顶个诸葛亮"，揭示了群策群力比单打独斗效果要好得多。

再比如，"万有引力"定律，解释了不管什么东西，只要你松手，它就一定会落在地上。

所以，模型思维是人类认知复杂世界的一种快捷方式。我们从经验中总结规律，再把规律抽象出来，变成可以清晰表述的谚语、公式、定律，这些浓缩之后的经验，就是模型思维。

模型思维具备 3 个特点：（1）简化，去掉了某些细节；（2）具有逻辑；（3）模型都是不全面的。

我们所处的世界是非常复杂的，根本没有办法用一两个模型来解释和理解，所以我们需要运用多模型思维。多模型思维，就是一种抛弃习惯经验，切换思考逻辑的能力。

为了更好地理解模型思维，我们先来看一个故事：

大概 100 多年前，美国东部的居民开始移居到西部的山区城市。他们刚住到这里，就发现一个问题，就是这里的森林动不动就着火。原因是干枯的树木，被闪电击中，或者是其他自然原因导致的。

于是，他们一旦发现有火灾就立刻去扑灭它。但是这样做以后，奇怪的事情发生了，每过一段时间总会发生一次超级大火灾，烧得漫山遍野，损失惨重。

后来请来了专家帮助他们解决这个问题，专家经过一番调查之后，给出的建议是：以后见到小火灾不要扑灭，让它烧就好。

人们不理解，觉得这个做法很愚蠢，但是也没有更好的办法，只能抱着试一试的心态照做，结果从那之后，再也没有发生过超级大火灾。

不灭小火反而能够消灭超级大火灾，为什么会这样呢？

原来，专家们分析后发现，发生大型火灾，需要两个条件：一是要有一场持续的大风，吹遍整片森林；二是必须得有足够的燃料，也就是干枯的树木。

之前人们一发现小火灾就扑灭，导致许多干枯的树木被保留了下来，等到大风来的时候，只要有一点火星，便会瞬间把干枯的树木点燃，造成超级大火灾。

那么，之前的居民怎么就没有想到是这个原因呢？其实他们是被存量的经验绑架了，他们之前住在美国东部，山区很潮湿，枯死的树木一般都烂在土里，或者严重受潮，根本不会燃烧。所以他们见火就灭，没有问题。

但是来到西部之后，气候干燥，枯死的树木不会发潮，就成了燃料，导致超级大火灾的发生。也就是说环境变了，前提变了，传统的救火模型也就不管用了。

通过这个故事，就能很好地理解模型思维，通过对事物的深入思考、分析、抽象，就可以形成对某个领域问题的模型思维。对于解决同类问题，模型思维是非常有效的。当外部环境、内部因素发生改变，也需要变换模型思维，以找到最有效的方法来解决当前的问题。

可见，如果你想成为一个解决问题的高手，那么你就要掌握足够多的模型思维。因为只有掌握足够多的模型思维，才能够根据实际环境，抛弃固有经验，切换思考模型，让问题迎刃而解。

在查理·芒格的《穷查理宝典》里，曾经提到过各学科最经典的 100 种模型思维，下面列举几个常见的，分享给大家。

1. 幂律分布

简单来说，就是赢家通吃，比如娱乐圈、网红，就是幂律分布的，少数几个大明星、大网红，占据大量的粉丝。

与之相对应的，就是正态分布，比如在一个班级里，成绩顶尖的和成绩很差的都是少数人，大多数人都是中间部分，不算太好，也不算太差。

知道了幂律分布、正态分布，你就能够在工作和生活中做出更合理的判断。比如你所处的行业是赢家通吃型，还是利益均分型？如果你是做媒体的，这个行业是幂律分布的，少数几家头部公司占据大量的用户资源，所以你就要尽可能去头部公司；而如果你是服装公司的，这个行业就是正态分布的，只要你把设计和质量做好，就能够占领属于自己的市场，因为服装是追求个性化的，很难做到一家独大。

你也许会问，我怎么知道我这个行业是幂律分布的，还是正态分布的？很简单，看行业分析报告呀，几家头部公司占据多少市场份额，写得清清楚楚。

2. 夏普利模型

夏普利模型是经济学家罗依德·夏普利发明的，它用来计算一个人对团队做出的边际贡献的平均值。

举个例子，产品经理的工资是 1 万元，程序员的工资也是 1 万元，那么有一个员工他既懂产品，又懂开发，他的工资应该是多少？你也许会说 2 万元。但是，罗依德·夏普利不是这么算的，他算的是这个团队多你一个人时，会怎么样？

大家都知道，在软件开发中，必须同时有产品经理和程序员，才能够开发出产品。如果有一个员工小明，他既懂产品，又懂开发，他在以下 4 种情况下都能够创造价值，即：第 1 种情况，先招聘产品经理，再招聘小明；第 2 种情况，先招聘程序员，再招聘小明；第 3 种情况，先招聘小明，再招聘产品经理；最后一种情况，先招聘小明，再招聘程序员。只懂产品或只懂开发的人，在以上 4 种情况下，就没有他这么有价值。

所以，按夏普利模型的计算方法，既懂产品又懂开发的人，他的工资应该是：20000 元 × 4 = 80000 元。虽然现实社会中，老板不会这么跟你算，但是你要知道 π 型人才的价值其实是很高的。

作为员工，可以根据夏普利模型，多学习一些其他的技能，来提升职场价值。

3. 网络模型

这个模型很简单，就是在人类社会中或互联网世界里，一个人拥有的连接点越多，影响力就越大。

先来思考一个问题：如果你是食品公司广告部的员工，当你们推出新产品时，你首先会把产品寄给谁试用？是忠实用户，还是目标用户，或是美食家？

答案是，把产品寄给意见领袖。

那么，什么是意见领袖？就是具备较大影响力的人，比如美食博主、知名主持人，甚至是学校老师、某个社区的管理员等。他们的共同点就是：拥有很强大的社交网络。通过媒体平台、社交软件、线下活动等方式与人进行连接，这些人就具备较大的影响力。

4. 前景理论

前景理论是风险决策的一个重要思维模型，由诺贝尔经济学奖心理学家卡尼曼提出，描述和预测人们在风险决策过程中的行为理论。

前景理论分析框架揭示大众的决策偏好：大多数人在面临获得时是风险规避的；大多数人在面临损失时是风险偏爱的；人们对损失比对获得更敏感。

具体来讲，有以下 5 种表现。

1）确定效应。"二鸟在林，不如一鸟在手"，在确定的收益和"赌一把"之间，多数人会选择确定的好处，也就是落袋为安心理。

2）反射效应。在确定的损失和"赌一把"之间，多数人会选择"赌一把"。

3）损失规避。白捡的 100 元所带来的快乐，难以抵消丢失 100 元所带来的痛苦。

4）迷恋小概率事件。很多人都买过彩票，虽然赢钱的可能微乎其微，买彩票的钱 99.99%的可能是支持福利事业和体育事业的，可还是有人心存侥幸，搏小概率事件。

5）参照依赖。多数人对得失的判断往往根据参照点决定，举例来说，在"其他人一年挣 6 万元，你年收入 7 万元"和"其他人年收入为 9 万元、你年收入 8 万元"的选择题中，大部分人会选择前者，即便从绝对收入来讲，明明是后者更多。

以上我们介绍了 4 种常见的模型思维，实际上各学科的经典模型思维还有很多，大家可根据自身的需要，进行学习和运用。

2.7　深度思考：职场高绩效的利器

电影《教父》里有句经典台词："在 1 秒内看到本质的人，和花半辈子也看不清一件事情的本质的人，自然不是一样的命运。"

看清事物本质的能力就是洞察力。

在职场中，职位越高就越要求具备洞察力。因为只有具备超强的洞察力，才能在快速变化的时代，比竞争对手更早发现问题和解决问题，牢牢抓住稍纵即逝的机会，在激烈的竞争中胜出。

那么，怎样才能具备洞察力呢？就是要训练一个人深度思考的能力，有学者提出过一个深度思考的公式：

$$事物的本质 = 思维模型 \times 动力机制$$

所谓的深度思考，就是找出本质和关键的思考。从这个公式可以看出，想要洞察事物本质，就需要通过适当的思维模型，去拆解事物发展的动力机制，掌握事物在主要变量作用下的发展规律，洞悉这些规律，并且为我所用。

公式看起来似乎很简单，但是想要洞察事物的本质，其实并没有想象得那么容易。首先来看一个问题，在实际工作和生活中，是什么阻碍了我们从本质去思考？

简单来说，就是惯性思维在阻止我们做真正的思考。我们都习惯于给别人贴标签、把结果当成原因、套公式，而不是探寻事情背后的真相。如果当年苹果掉到牛顿头上的时候，牛顿认为苹果就应该往下掉，不去深入研究，那么他就不可能收获科学史上伟大的发现——万有引力。

那么，我们究竟应该如何进行深度思考呢？

著名咨询顾问、作家平井孝志，在《麻省理工深度思考法》一书中，提出了深度思考的 4 个步骤，帮助人们逐步掌握深度思考的方法。

第 1 步，建立模型。

把问题的抽象结构画出来，包括事情的起因、结果、与问题相关的人或事，以及内外部的相关因素。

尝试对这个问题进行多层次的思考，比如跳出当前时间和空间看问题、从别的角度思考等。

我们来看一道面试题：

有一天，你开着一辆车经过一个车站。车站有 3 个人都非常着急要上车，一个是快要死的病人，他需要马上去医院；另一个是医生，他曾经救过你的命，你一直想找机会报答他；还有一个是你的梦中情人，你做梦都想娶她。

可是你的车上只剩下一个座位，请问你选择让谁上车？

有人选择让病人上车，因为不能见死不救；有人选择让医生上车，因为做人要知恩图报；还有人选择让梦中情人上车，因为不想错过一生的挚爱。

大家都从自己的价值观、人生观出发，做出了自己认为正确的选择。

这道面试题笔者曾经出给 200 个求职者，只有一个人答对，他并没有解释自己的理由，而是说了以下这句话："把车钥匙给医生，让他送病人去医院，我留下来跟梦中情人约会。"

这道题目是一个隐喻：是否我们从不曾想过放弃自己手中拥有的优势（车钥匙）？有时，如果放下一些固执、狭隘和优势，我们可能会得到更多。

第 2 步，解读动力机制。

每件事情发展的背后，都有一个明显的或隐含的动力机制，我们要做的就是找到这些动力机制，常见的事物发展动力机制有以下几种。

1）随着时间轴拉长，观察各因素变化。

比如你拿到两个"Offer"，一个是国企，一个是互联网公司，给的薪资待遇都差不多，你怎么选择？

这类问题，放在当下的环境确实不好决定，但是如果你把时间轴"拉长"10 年，也许就比较容易做出决定。

试着想一想，10 年后你会因为放弃哪个选择而感到遗憾？许多人会后悔自己在该拼搏的年纪选择了安逸，所以就应该趁年轻的时候出去闯一闯，这样就不难选择了。

2）线性与非线性关系。

比如银行存款，存款越多，利息收入越高，存款和利息收入是线性关系。如果换作股票投资，投入资金越多，收益不一定越高，也有可能亏得越多，股票的投入资金和收益就是典型的非线性关系。

我们在面对问题时，要区分是线性的还是非线性的问题，线性问题相对简单，套用一些物理公式或简单的方法就能够解决。如果是非线性问题，就相对复杂一些，需要使用的思维模型就会更多，需要我们更细致地分析。

3）作用与反作用。

笔者讲过许多团队管理的干货，有些读者在自己团队里实践，提升了团队效率；但是，有些读者引入这些方法却把团队搞砸了。为什么同样的方法在不同团队却有不一样的结果？

因为，他忽略了作用与反作用之间的关系，在实际管理工作中情况是非常复杂的，要对团队的各方面加以分析，盲目地引入新的管理方法，不仅不能解决问题，反而会搞砸团队。

比如，OKR 是非常好的目标管理工具，能够帮助公司从战略到执行层面对齐目标，但是如果你的公司根本就没有清晰的战略目标，就没办法实行 OKR，强行使用只会适得其反。

4）多角度寻找答案。

如果你苦想冥思也没能找到答案，那么你很可能陷入了思维定式，通俗地讲就是钻牛角尖了。

我们来看一个故事。

从前有个国王在乡间散步，因为路面崎岖不平，有很多碎石头，刺得他的脚很痛。他是个心系百姓的好国王，回到王宫后，他下令将国内所有的道路都铺上牛皮，让大家走路的时候脚不会再痛。

事实上，即便杀掉这个国家所有的牛，动用大量的人力，也根本没那么多牛皮可用。所有的大臣都知道这个命令相当愚蠢，但是也没什么其他好的办法，又害怕国王生气，就都不敢跟他讲。

这时候有个聪明的大臣向国王谏言：“大王，您不必劳师动众，杀那么多牛，为何不用两片牛皮包住您的脚呢？” 国王一听很惊讶，当下就领悟了，于是收回了命令。据说，这就是“皮鞋”的由来。

可以看出，多角度思考往往能够找到解决问题的好办法，避免钻牛角尖。

以上就是 4 种常见的事物发展动力机制，除了需要掌握这些动力机制，关注事物变化的分界点也能够帮助我们提升深度思考的能力。

首先，研究拐点、分界点。许多事物发生变化的过程是非常细微的，靠平时的观察不容易发现规律，研究拐点、分界点能够帮助我们发现规律。

例如，移动互联网发展速度是非常迅速的，但是许多人并没有意识到，包括笔者。真正让笔者感觉到移动时代来临的标志性事件，是淘宝宣布移动用户首次超过了 PC 用户，那一刻笔者才突然惊醒：移动时代真的来了。

其次，研究相变，观察表象。通常包括微观的观察，以及宏观的分析，通过平时的观察，研究第三方数据、行业分析报告，对变化趋势有所洞察。

再次，锁定本源动力，寻找深层次原因。不要满足于表象的分析结果，要继续深挖问题的本质，逐渐培养自己的职业敏感度。

当我们通过第 2 步，发现了问题的本源动力，接下来就可以寻找解决问题的办法了。

第 3 步，寻找改变模型的对策。

通过以上学习，我们知道要改变思维模型，才能找到真正解决问题的办法，归纳起来包括 5 个部分。

1）找到问题的前提条件。这通常是最接近问题本质，并且能够对问题起到直接作用的因素，因为问题的发生都是具备前提条件的，改变这个条件，也许就是解决问题最好的抓手。

2）扩大思考范围。把整个事件进行可视化整理，可以在一张白纸上画出逻辑图，以便更好地思考，研究表明视觉化更有助于思考。

3）提升视角。在职场中，很容易屁股决定脑袋，从而限制了自己思考的多面性，这时候就需要"揪头发"，把自己拔高到领导的位置再看问题，可能会有不一样的感悟。

4）想想应该如何思考。多想想思考本身，是否还存在思维盲区、认知谬误，对"底层操作系统"进行提升，将带来思考深度的飞跃。

第 4 步，行动，从实践中获得反馈。

思考再多不去行动，对于解决问题来说是毫无意义的，关于行动需要关注 3 个方面：

1）行动前，探索模型和动力机制。经过以上 3 步分析，我们掌握了问题的模型、动力机制，在行动中要遵循这些模型和规律，有针对性地采取行动，才能对问题进行有效改善。

2）向他人讲述以验证模型和动力机制。在解决问题时，获得相关人员的支持是非常重要的，在讲述过程中，有助于更好地获得他人的支持，以及多视角验证模型的有效性。

3）从行动中学习和迭代。在大部分情况下，我们的研究结论和行动策略都不是完美的，需要在行动中不断迭代、不断完善。

以上就是深度思考的 4 个步骤，希望你在日常工作和生活中多加练习，以下给出练习的 6 种方式。

1）标题联想法。看某一篇文章或一本书的标题，然后猜它的内容，再对照内容来看，对比自己与作者的思考方式有什么不同。

2）形成思考的雏形。尝试用可迁移的模型解决问题，慢慢积累，形成自己对于问题的直觉。

3）让思维可视化。人类更善于思考具象的东西，下次在思考的时候，先把思维导图画出来，它能够帮助你思考。

4）和其他人的观点多碰撞。增加看问题的角度，多与别人讨论，借鉴别人的观点。

5）磨炼历史观。从历史中学习怎么思考现在面对的问题，阅读历史书、人物传记都是很好的方式。

6）解决无解的问题。比如经常思考人生的意义、人类的未来、世界和平等，这些问题能让你的思维更深邃。

2.8　独立思考：避免成为乌合之众

先来看一个真实的故事。

一对年近 70 岁的老人露宿街头，以捡垃圾、吃泔水为生。记者采访了这对可怜的老人，了解到，老爷爷有一个儿子，老奶奶在 30 几岁的时候，二婚嫁给老爷爷，成为继母。他们含辛茹苦养大儿子，现在儿子侵吞了他们的退休金，还霸占了他们的房子，两位老人走投无路只能露宿街头。

听到这里，你是不是觉得这个儿子简直就是个畜生？记者找到了两位老人的儿子，然而又听到了不同的说法，儿子称，继母从小虐待他，不给他洗衣服，做好了饭菜藏起来不给他吃，动不动就对他大打出手，而父亲也并没有阻止她，这给他的童年生活带来极大的阴影。

儿子接着说，他并没有侵吞老人的退休金，他们的退休金被继母拿去给自己的亲生儿子了。这位儿子也没有霸占他们的房子，因为继母经常去捡垃圾，拿回房子里，搞得小区臭气熏天，邻居多次反映无果，居委会出面把房子锁了起来。而露宿街头也是两位老人自己的选择。

现在，你是不是觉得，这个儿子也不容易？老人虽然可怜，但毕竟是他们自己的选择，旁人也没什么好说的。

我们经常在互联网上"吃瓜"，总是经历事件不断"反转"。人类都有从众心理，法国社会心理学家勒庞，在他的著作《乌合之众》里提道："人一到群体中，智商就严重降低，为了获得认同，个体愿意抛弃是非，用智商去换取那份让人备感安全的归属感。"

那么，如何避免成为乌合之众呢？也就是在网络时代怎样才能具备独立思考的能力，不被人误导。

首先来了解，被误导的原因是什么。

1）误把信息当真相。

互联网时代信息爆炸，人们把自媒体、朋友圈的消息当成主要信息来源，以为"媒体都登出来了"，还会假吗？

殊不知，互联网时代的媒体在快速传播信息的同时，也失去了信息甄别的过程，缺乏传统媒体的严谨性。

2）比起事实，人们更看重情绪。

人是感性的动物，大多数时候都是感性比理性占上风，这是人性的弱点之一。自媒体时代就出现过一些煽动网民情绪的毒鸡汤作者，他们利用自己擅长的文字，操控人们的情绪，博取眼球。

3）片面的真相，更容易误导人。

片面的真相往往更具有戏剧冲突性，更有故事性，而人们天生爱听故事。有时候媒体报道并没有说谎，只需要从片面出发，强调对传播更有利的角度，就能轻而易举地误导人们。媒体人深深地明白，人们看到的只是他们希望看到的而已。

我们如何避免被误导呢？

最关键的一点就是：追求更加全面的视角。

比如一件事情发生之后，听听事件各方是如何说的，有没有破绽，有没有违背常理的地方，有没有逻辑冲突的地方，再经过自己的思考，就不难得出真相了。

以笔者为例，笔者很少刷朋友圈、看今日头条推送的文章，只看一些自己主动关注的公众号、课程、书籍等。通过优化获取信息渠道，能够过滤掉 80% 以上的噪声，让自己的注意力更聚焦，时间利用率更高。

2.9　成长型思维：终身学习，迎接BANI时代

我们所处的时代，被定义为 VUCA 时代，VUCA 是 Volatile（易变不稳定）、Uncertain（不确定性）、Complex（复杂）、Ambiguous（模糊）的缩写。现在又流行一种说法，叫 BANI 时代，取自 Brittle（脆弱的）、Anxious（焦虑的）、Nonlinear（非线性的）、Incomprehensible（费解的）首字母，BANI 体现了一种心理不稳定、持有怀疑和恐慌迷乱的心理特征。想要在这样一个时代更好地生存，就必须具备成长型思维。

什么是成长型思维？

这个概念来源于心理学家卡罗尔·德韦克的经典作品《终身成长》。通常来说，人有两种不同的思维模式：固定型思维（Fixed Mindset）和成长型思维

（Growth Mindset）。

固定型思维的人经受不了失败的打击，他们拒绝努力，他们畏惧失败，他们更担心即便付出努力仍然有可能得不到成功。而成长型思维的人认为，天赋只是起点，人的才智通过锻炼可以提高，只要努力就可以做得更好，所以他们并不害怕失败。

如何判断自己究竟是哪种思维模式的人呢？

我们来做个简单的测试，以下问题中选择一个最符合你个人意愿的答案：

1）当你得知自己擅长的科目考试不及格，你有什么反应？

A 非常沮丧，很长一段时间不能接受；

B 难过一会儿很快恢复，觉得自己要加倍努力了。

2）有人反对你的观点时，你做何感想？

A 觉得他愚蠢透了，愤怒地跟他辩论；

B 听听他怎么说，也许他的说法有可取之处。

3）有一个项目，成功率只有 50%，这时候你会怎么做？

A 全力拒绝这个项目，不当替罪羊；

B 会接手这个项目，尽自己的努力把它做好。

4）当领导让你负责一个从未接触过的新领域，你会做什么？

A 拒绝接受，害怕自己会搞砸；

B 充满好奇，会接受领导的安排，然后快速学习。

5）当你得知别人在新项目上取得成功，你会怎么想？

A 认为对方是真的聪明，天赋好；

B 认为天赋只是一方面，对方一定为这个项目付出了巨大的努力。

评测的方法很简单，如果你的答案中 A 多于 B，说明你是倾向于固定型思维的人；相反，你就是倾向于成长型思维的人。

成长型思维的人究竟有什么优势？

成长型思维的人，在工作和生活中，优势是非常明显的，下面我们分别来聊聊。

在职场中，具有成长型思维的领导更善于倾听他人的批判性建议，更重视员工的个人发展。具有成长型思维的公司和团队更具有包容性，能够更加开放自由地交流。而具有成长型思维的员工，在具有挑战性的合作谈判等任务中更有竞争力。

在人际关系中，具有成长型思维的人更具同理心，会主动经营关系，相信与他人的关系是可以培养的。在社交中也更多地关注他人，而非别人对自己的评价，因此也更容易突破害羞等性格方面的障碍，积极地与他人互动。

在教育中，拥有成长型思维的孩子，更能从做事的过程中享受到乐趣，他们更乐于寻求帮助，不易放弃，复原力更强。父母、老师、教练应作为成长型思维的传播者，言传身教，和孩子、学生一起成长。

具有成长型思维的父母，更善于称赞孩子的努力，教孩子拥抱挫折和挑战；具有成长型思维的老师，更乐于引导而不是评判学生；具有成长型思维的教练，会尊重每位球员，充分调动球员的积极性。

除了以上几个方面，成长型思维在体育竞技、艺术等领域也发挥着重要的作用。

在笔者将近 20 年的职场生涯中，接触过许多优秀的同事，他们未必都是名校毕业的，或者有名企背景的，但是他们都具备成长型思维，自我驱动不断成长，最终取得了职场上的成功。

需要注意的是，其实大部分人既有成长型思维，又有固定型思维，而且这两种思维在不同年龄阶段、不同场景下，占比也是不一样的。

那么，如何加强成长型思维呢？

首先来了解一下人类大脑的特点。简单来说，我们的大脑和肌肉一样，可塑性是很强的。大脑中神经元之间，负责传递信号的突触会根据环境的刺激和学习经验不断改变。每次获得新信息时，就会产生新的突触，而复习已有知识时，突触的连接会更加巩固。

科学研究表明，大脑的可塑性可以持续终生，也就是说，我们的思维模式、才智等，永远可以通过训练塑造和培养。

此外，在我们意识到犯错或遇到挑战时，大脑会异常活跃。也就是说，犯错可以促进大脑的发展，是塑造更好的自己的过程。我们应该改变对错误的态度，从害怕犯错到勇于试错。

在《终身成长》这本书中，作者提供了获得成长型思维的 4 步法，如图 2-3 所示。

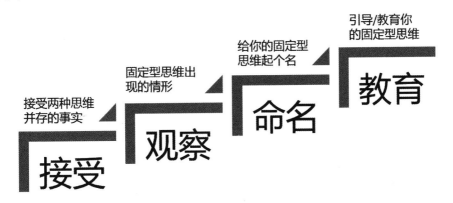

图 2-3　获得成长型思维的 4 步法

第 1 步：接受。

首先，要接受并拥抱自己的固定型思维模式。但接受它的存在，并不代表让它频繁出现和接受它带来的危害。

第 2 步：观察。

通过对自身的观察，明确是什么激发了自己的固定型思维模式。

观察它通常在什么时候出现？也许是在面对一个巨大挑战的时候，它开始出现并劝你退缩；也许是在遭遇失败时，它突然出现并泼你冷水。

观察自己在固定型思维模式下，是怎么对待他人的？是否经常会评判别人的才能？是否经常会给孩子压力？

想一想，最近一次激发固定型思维模式的是什么事？当时自己有什么感觉？先观察一下，不要急于评价。在心理学上，这也叫作自我察觉，可以让大脑从"自动驾驶"模式，转变到"手动驾驶"模式，让大脑真正地进入思考。

第 3 步：命名。

给自己的固定型思维模式人格起个名字。然后描述一下他是什么样的：什么时候出现，是什么性格，以及如何影响自己。

比如笔者给自己的固定型思维模式人格起名为杰克，当我遇到困境的时候，杰克就会出现。他让笔者变得对每个人都非常挑剔，变得蛮横、苛刻。

你可以让团队成员都按照这个做法，给他们的固定型思维模式人格起名，你会发现改变正在发生，大家都像笔者一样在有意识地控制自己的杰克，团队成员变得更包容、默契。

第 4 步：教育。

给固定型思维模式人格起名之后，我们就可以开始教育他。

具体做法是，在遇到可能激发自己固定型思维模式人格出现的事情时，首先要保持警惕。在他出现并阻止我们时，尝试让自己说服他，告诉他为什么不这样做的原因，并邀请他和你一起面对挑战："我知道这可能会失败，但是我愿意试一试。你能不能对我有耐心一些？"

从笔者的实践来讲，并不一定要走完这 4 步，但是当你察觉到自己的固定型思维时，神奇的事情就已经发生了。

你需要做的就是让成长型思维经常出现，让它快速进入一种"自动驾驶"模式，你只要跟着你的潜意识走，你会变得越来越开放和包容，用积极的心态看待失败，更乐于接受新事物，接受新挑战，你的人生将会渐入佳境。

/第 2 章内容小结/————————————————————

6 顶思考帽，它是一种平行思维方式，包括：白色思考帽，是中立而客观的；绿色思考帽，代表创造力和想象力；黄色思考帽，代表价值与肯定；黑色思考帽，代表否定、怀疑、质疑；红色思考帽，代表直觉、感受、预感等；蓝色思考帽，负责规划和管理整个思考过程，并做出结论。

系统性思维，是把物质系统当作一个整体加以思考的思维方式。与传统的先分析、后综合的思维方式不同，系统性思维的程序是：从整体出发，先综合、后分析，最后复归到更高阶段上的新的综合，具有整体性、综合性、定量化和精确化的特征。

归纳法：是逻辑推论最基本的形式之一，是指根据一个事物具有的某种特质，推导出这类事物的所有对象都具有这种性质的推理方法。它是人类最基础的认识世界的方式，在操作层面上包括：简单枚举归纳法、完全归纳法、科学归纳法、穆勒五法、赖特的消除归纳法、递推理法和数学归纳法。

揪头发思维，考察一个管理者的眼界，培养向上思考、全面思考和系统思考的能力，杜绝"屁股决定脑袋"，从更大的空间范围和更长的时间跨度来考虑组织中发生的问题。

舍得思维，人生只是一只空杯，妙处都在一舍一得中。你会自觉或不自觉地给这只空杯装进一些东西，如知识、经验、技能、价值观、个性、习惯等，它们融入你的思想，共同构成了你的思维模式。

模型思维，就是将经验抽象为集合，用来解决实际问题的思维方式。你平时听到的谚语、公式、定理，本质上都是一种模型思维。具备 3 个特点：（1）简化，去掉了某些细节；（2）具有逻辑；（3）模型都是不全面的。

深度思考，就是找出本质和关键的思考。深度思考的公式是，事物的本质 = 思维模型×动力机制。深度思考可分成 4 个步骤：第 1 步，建立模型；第 2 步，解读动力机制；第 3 步，寻找改变模型的对策；第 4 步，行动，从实践中获得反馈。

独立思考，是要具备洞察事物真相的能力。被误导的 3 个原因：误把信息当真相；比起事实，人们更看重情绪；片面的真相，更容易误导人。避免被误导的方法，最关键的一点就是：追求更加全面的视角。

成长型思维。人有两种不同的思维模式：固定型思维（Fixed Mindset）和成长型思维（Growth Mindset）。成长型思维的人，相信人的能力是可以成长的，只要努力就会做得更好；固定型思维的人，反之。怎样获得成长型思维呢？4 个步骤：接受、观察、命名、教育。

第3章

技术人的难"言"之痛

3.1 用工程师的方式分解沟通公式

沟通的重要性不言而喻，大多数职业和岗位对沟通能力都有要求，例如，产品经理要懂得挖掘用户行为背后的真实诉求，引导需求方思考得更全面，进而提出更高质量的需求。沟通，既要"沟"也要"通"，是双向的。

一直以来，有些工程师对沟通会有一种莫名的恐惧，也可以说是一种"职业病"。工程师的劳动工具是电脑，以软件开发为例，需要长时间的专注，思路一旦被打断，就需要花一些时间重新进入状态。所以，工程师做久了，有些人更愿意花时间和电脑打交道而害怕与人沟通，越害怕越躲避，沟通技能就越得不到发展，与人沟通起来就越难。

许多工程师都有一个误区，觉得自己走技术路线，不需要太强的沟通能力，甚至放弃了对沟通能力的锻炼。殊不知，在 BAT 这些一线互联网公司，高级工程师都很强调沟通、协调能力。一流的技术架构，也需要一流的宣导落地工作，才能让大家理解它的设计理念，以便更好地使用它。

本节尝试从理性、工程的角度来讲解沟通，帮助工程师更好地理解沟通的本质，用更有效率的方式与他人进行沟通。

沟通的整个过程包含以下 7 个要素。

- 说话者

信息发送者，也就是信息论模型中的信息源。说话者的文化背景、知识结构、经历经验、性别、职业、兴趣爱好、能力等方面的差异决定了其传递信息内容的差异。

- 听话者

听众，即接收信息的一方（信宿）。说话者的目的是将信息传递给听话者，并且希望获得某种回应。和说话者一样，听众和听众也是有差异的，包括语言、文化、知识结构、性别、年龄、职业、经验、兴趣爱好等差异。对于一个好的说话者来说，这些差异都是他在传递信息之前所必须考虑的，进而影响他对说话内容、方式的设计。

在具体的沟通过程中，听话者与说话者的角色不是绝对的，而是不断地变换的，他们都是沟通的主体。

- 信息

信息是说话者所要表达的思想感情，是沟通的客体。它是看不见、摸不着的，必须通过语言符号、态势语符号等传达。

- 媒介

传递任何信号，都必须有运载工具，即信道。在即时沟通中，最基本的传播媒介是声波和光波，随着传播媒介越来越丰富多样，认识其特性并学会熟练地运用它，对于说话者来说越来越重要了。

由于媒介对信号会产生影响，所以即使不考虑编码和解码，说话者发送的信号和听话者接收的信号也很难达到完全相同。

- 场景

场景又称背景，是沟通发生的时间和地点，任何沟通总是在一定的场景下发生的，包括某一具体的场景，也包括社会历史场景。场景会对沟通产生不同的影响，因此，说话者必须具有根据实际情况的变化而改变沟通策略的能力。

- 干扰

干扰可能来自外部的一些刺激物，如噪声、迟到者等，也可能来自沟通主体的内部，如身体某部位突然不适、思想开小差等。

干扰会影响说话者，也会影响听话者，从而阻碍信息的顺利传播。消除干扰是不可能的，成功的说话者能够很好地对付各种干扰，减少它们的影响。

- 反馈

反馈本来是电子工程学的概念，这里借指沟通过程中听话者对接收到的信息的反应。在沟通过程中，说话者把信息传递给听话者，听话者接收信息后就会产生一定的反应，这种反应信息又被传送给说话者，并对说话者的再输出产生影响，这就是沟通中的反馈。反馈的形式包括语言形式和非语言形式，如喝彩声、嘘声、鼓掌、摇头、起身离开会场的行为等。

我们学习了沟通的 7 个要素，再来看看高效沟通的 5 个原则。

1）说人话，用对方能接受的方式说。尤其在专业性比较强的领域，如计算机、金融、法律等，专业人员往往会忽略对方对专业知识的掌握程度，一开口沟通就满嘴专业词汇，弄得对方"一脸问号"，显然这是无效沟通。

正确的做法是用口语化的表达来解释专业领域的知识，例如，给非计算机专业的朋友解释区块链技术，千万别说共识算法、去中心化、加密算法等，可以用比喻的方式来解释，将区块链比作男女谈恋爱，晒朋友圈、秀恩爱、承诺相爱一生一世，并被其他所有适婚男女所知，这就是区块链的应用。如果有一天某一方违背诺言，不要以为删除照片就可以了，因为"桩桩件件"都被所有适婚男女记录在案，不可删除、不可更改，这就是区块链技术。

2）重要的事情当面说。在移动互联网时代，人与人沟通的方式丰富多样，有电子邮件、短信、电话、视频通话等，这些沟通方式都是线上化的，并非面对面的。实际上，最有效的沟通方式还是面对面沟通，就连微信发明人张小龙都曾给大家建议：放下手机，多跟人聊天。

因此，重要的事情不仅要说 3 遍，更重要的是当面说，如年轻人彼此表达爱慕之情、向别人借钱或还钱、商务谈判等。面对面沟通，除了语言表达，还能借助肢体语言、眼神等，帮助你更有效地传达信息。

3）找个安静的地方，平静地说。在沟通 7 要素中，我们知道了干扰因素对沟通效果的影响，选择在一个安静的、没有外人或噪声打扰的环境中沟通，可以减少干扰因素，有助于提高沟通效率。

同时，在沟通的过程中要尽量保持情绪平和，避免在情绪波动较大的时候进行重要事项的沟通。

4）通过丰富的媒介提高沟通质量。在一些重要的商务沟通场合，如项目方案演示会等，可以借助 PPT、图表、视频等多媒体方式帮助双方更高效地沟通。人类的思维是偏感性的，眼见为实，因此一些复杂的方案演示采用视频动画的方式可以更好地表达演示者的意图。

5）根据对方的反馈，调整沟通方式。沟通是双向的，说话者除了表达自己想要传达的信息，还需要借助听话者的反馈来验证听话者是否完整接收到了说话者想要表达的信息。当说话者接收到听话者的反馈后，要及时进行信息补充、纠正。这是非常重要但常常被忽略的环节。

以上，我们学习了沟通的 7 个要素及高效沟通的 5 个原则。在职场中，上级向下属布置工作任务是一个很常见的场景，在这样的一个场景里就可以将沟通容易出现的问题体现得淋漓尽致。

例如，一些管理者不会把任务说得很明白，更不管员工是否明确任务的细节，这些管理者通常会说："不要让我再说第 2 遍！""你悟性不够，不懂我！"然而，在日本的一些企业中，管理者在布置任务的时候会说 5 遍，他们是这样布置工作的：

第 1 遍，管理者说："渡边，麻烦你帮我做一件事。"渡边准备去做。

第 2 遍，管理者说："别着急，麻烦你重复一遍。"渡边重复了一遍。

第 3 遍，管理者说："你觉得做这件事的目的是什么？"渡边复述出目的。

第 4 遍，管理者说："你觉得做这件事会遇到什么意外？遇到什么情况你要向我汇报，遇到什么情况你可以自己做决定？"渡边说："如果遇到 A 情况我向您请示，如果遇到 B 情况我自己解决。"

第 5 遍，管理者说："你还有什么更好的想法和建议吗？"渡边谈谈自己的看法。

最后，需要强调的是，沟通不难，是可以学习和训练的。沟通是双向的、螺旋递进的、层层深入的。好的沟通，能够提高工作效率、事半功倍。良好的沟通能力，也是事业发展的基础，要成为一个职场达人，从培养你的沟通能力开始。

3.2　金字塔原理：让你的表达更有逻辑性

金字塔原理是由芭芭拉·明托提出的，她毕业于哈佛大学，是麦肯锡公司第一位女咨询顾问，传授金字塔原理 40 年，帮助政府、企业、高校等各界人士撰写商务文章、复杂报告和演示文稿，曾为美国、欧洲和亚洲众多企业及哈佛大学、斯坦福大学等讲授金字塔原理。

金字塔原理是一种重点突出、逻辑清晰、主次分明的逻辑思路、表达方式和规范动作，该原理可应用于商务写作、商务演示、表达与演说等。

金字塔原理的基本结构是：中心思想明确，结论先行，以上统下，归类分组，逻辑递进；先重要后次要，先全局后细节，先结论后原因，先结果后过程。

通过金字塔原理训练，表达者可以更多地关注和挖掘受众的意图、需求、利益点、关注点、兴趣点和兴奋点等，想清楚说什么、怎么说，掌握表达的标准结构、规范动作。

金字塔原理能够达到的沟通效果是：重点突出，思路清晰，主次分明，让受众有兴趣、能理解、能接受、记得住。

搭建金字塔的具体做法是：自上而下表达，自下而上思考，纵向疑问回答（总结概括），横向归类分组（演绎归纳），序言讲故事，标题提炼思想精华，如图 3-1 所示。

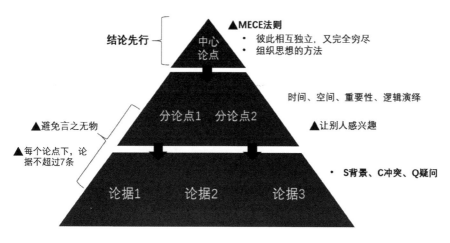

图 3-1　金字塔原理

用金字塔原理来组织思想的方法如下。

1. 论点先行，论据不超过7条

在表达一个观点时，应该先说出结论，原因就在于大脑的运作方式。如果大脑提前了解了一个结论，那么它就会自动地把接下来获得的信息归纳到这个结论下面来寻找联系，我们的大脑天生对有因果关系和连贯性的事情有更强的记忆和理解能力，这也是大脑的机制所决定的。

大脑不擅长同时完成 7 件以上事情的短期记忆，如果论据太多，很容易让听众忘记之前的论据，不能形成有效的说服力，所以我们要将不同的论据有结构地归纳起来，每个论点一定要言之有物。

论点要清晰并有明确的思想，要让别人一看就立刻知道你想要表达的内容。

2. 组织思想的4个逻辑

- 时间顺序：按照事件发生的先后顺序对问题进行分析，不建议倒叙，毕竟商务表达和文学创作的情境是不一样的。

- 空间顺序：也称为结构顺序，如按照地域、部门、属性等对问题进行分类，也是强化人脑记忆的方法。

- 重要性顺序：重要的事项先说，后面的事项是对前面事项的补充，例如，上车按照老弱病残优先顺序，就是一个典型的重要性顺序的应用。

- 逻辑演绎顺序：即"三大段"，大前提、小前提、结论。例如，大前提是所有人都会变老，小前提是孔夫子是人，所以结论就是孔夫子也会变老。

3. 自上而下表达、自下而上思考

组织思想的 4 个逻辑，既可以自上而下，先有上层的结论，再梳理下层的论据，也可以用自下而上的形式，先把下层各种想法汇总，再总结出上层的结论。

4. MECE法则

ME，指相互独立；CE，指完全穷尽。MECE 法则就是每一个论点下面支撑的论据都应当彼此相互独立、但是整合起来又是完全穷尽的，这样你的论证才是清晰有道理的。每条论据都必须符合 MECE 法则。

5. SCQ方法

大脑天生喜欢有因果关系和故事性的事情，所以最好以故事性的方法引出你的观点。而讲故事的方法就是 SCQ 方法。

- S 指背景：事情发生的时间和地点，在向对方介绍一个观点或者分析一个问题时，先介绍大家共同认可的背景信息。

- C 指冲突：中间发生了什么事情，一个问题能否引起别人的兴趣关键在于冲突设计。

- Q 指疑问：产生了疑问，才能让他们有兴趣听下去。

SCQ 的使用方法，举例如下：

- S：我们一直在进行 A 项目开发。

- C：目前我们已经完成 20%，遇到了问题。

- Q：这个问题如何解决？（领导产生了疑问。）

金字塔原理是职场中非常流行而且实用的框架和思维方法，在分析问题、沟通表达、商务写作等方面都有很好的实践指导意义。限于篇幅，本节只是将其关键要点进行了罗列，建议读者在这个知识点上多花些工夫，加以练习，把金字塔原理变成你的工具百宝箱中最称手的一件"兵器"，它一定能帮助你在职场拼杀中攻城略地，百战不殆。

3.3　电梯间汇报：改变你职场命运的"黑技能"

电梯间汇报来源于麦肯锡，麦肯锡曾经为一个重要的大客户做咨询，咨询结束的时候，麦肯锡的项目负责人在电梯间里遇见了对方的董事长，对方问麦肯锡的项目负责人："你能不能说一下现在的结果呢？"这位项目负责人没有准备，而且即使有准备，也无法在电梯从 30 层到 1 层的 30 秒内把事情说清楚。最终，麦肯锡失去了这个重要客户。

从此，麦肯锡要求员工要在最短的时间内把事情表达清楚，这就是如今在商界流传甚广的电梯演讲，也就是电梯间汇报。

职场中的大部分人都会碰到电梯间汇报的场景：

- 你一定经常遇到上司突然问你："上次交代你的事情，进展怎么样了？"

- 你精心准备了 20 页 PPT、30 分钟的汇报内容，但是你的老板临时有事，只给你几分钟时间做汇报，此刻你怎么办？

- 当你的工作发生了问题，需要跟上司快速汇报情况来寻求他的支持，或者帮助他做出决策。

职场畅销书《向上汇报》的作者弗雷德里克·吉伯特曾经说过："一生之中，你只有两次是最孤独的：一次是死的时候，另一次是向上汇报的时候。"这种情况下，哪怕再了解事情的进展，你也很难一下子说清楚。

下面我们就来学习电梯间汇报这项职场重要技能。

1. 电梯间汇报的本质：结构性思维

言为心声，核心内容的短时间、有效呈现，来源于清晰简明的思考方式——结构性思维。

只有思路一目了然，表述才会"刀刀见血"。下面我们来看一下电梯间汇报的诀窍所在——结构性思维。

结构性思维是什么？

结构性思维是"先总后分"的思考与表达方式，其理论基础是上一节学习过的金字塔原理，简单来说就是"先总结后具体、先框架后细节、先重要后次要"，是实现高效沟通和解决问题的好方法。

使用结构性思维的具体操作是怎样的？

要在 5 分钟之内陈述完毕将近 100 页的 PPT，并且要做到 3 点：重点突出、逻辑明晰、措辞简明，结构化思维可以一下子帮你搞定前两个。

下面来看一下结构性思维的 4 大原则，其实也就是电梯间汇报的具体方法论。

1）结论先行。一般来说，注意力有 4 种品质，即注意力的广度、注意力的稳定性、注意力的分配和注意力的转移。通常，人的注意力在开始和结束的时候最为集中，所以文艺演出节目排序的时候有"开门红"，也有"压轴戏"。

在刚刚开始的时候，汇报者一定要抓住听众注意力的黄金点，率先亮出最核心的内容和结论，让听众能够锁定方向、明确主题。

2）上下对应。表达内容体现出上下对应的特点，能够帮助强化的记忆点，提醒听众聚焦内容观点，达到高效传达的目的。上下对应，指任何一个层次上的思想都必须是其下一个层次的概括，即上位词与下位词之间构成包含与被包含的关系，如汽车对应轿车、跑车、卡车等，水果对应苹果、菠萝、杧果等。

3）分类清晰。在金字塔原理中讲解过，按空间、时间、地理位置等对表达内容进行组织编排，符合人类大脑对事物的接受习惯。每一分组中的思想必须属于同一个范畴，如布鞋、皮鞋、塑料鞋是按材质分类的，所以马丁靴不应归于此组。

4）排序逻辑。每一分组中的思想必须按照逻辑顺序排列，如时间顺序、因果顺序等，从重要到次要，从先到后，从主论点到分论点，体现排序和逻辑性，条理清晰，不可错乱。

一句话总结：先给结论，然后阐述 PPT 的层次和结构，通过一层层的理论和数据来证明最开始提到的中心思想，最后如果时间允许，可以适当点题，首尾呼应。

2. PREP汇报结构

前文提到电梯间汇报是一种结构化思维，接下来介绍常用的 PREP 汇报结构，PREP 即观点（Position）、理由（Reason）、证据（Evidence）、重复观点（Position）。PREP 汇报结构也是一种能够在短时间内把一件事情说清楚的表达框架。

1）观点（Position）。在开头就用一两句话，简明扼要地说清整个 PPT 的核心内容，例如，希望领导原则上同意预算、确定时间、确定下一步计划或者尽快审查汇报材料等。

2）理由（Reason）。在熟悉整个 PPT 内容和框架的基础上，把所有材料提炼成不超过 3 个理由，然后用简洁而有力的语言表达出来。

可以采用"论点——论据——强化论点"的结构，例如，"随着在线交易量的爆炸式增长，现有的传统 IT 架构已经难以支持业务未来的发展，因此建议启动核心交易系统重构项目，打造下一代的核心交易系统。"

3）证据（Evidence）。在理由部分，观点仍然是核心，所以理由的陈述要求简洁直接。但在证据部分，最重要的是细节，必须有打动力，包括具体现象、数据、效果评估等。

4）重复观点（Position）。结尾要求带有强烈的行动导向——更明确，更能让领导做出决策。

举例如下。

- 论点：公司第一季度营业额完全可以达到 30% 的增长率。

- 论据：第一季度涨幅已经达到 20%；公司热销产品的销量最起码可以再维持半年；"友商"的产品在短时间内不会对公司产品构成威胁。

- 强化论点：公司上半年业绩看好。

- 最后，重复观点：希望领导同意预算。

总之，人生是很奇妙的，有一种说法认为，人在一生中有两到三次改变人生轨迹的机会，把握住任意一次机会，你的人生将踏上新的旅程。但是并不能确保有什么方法能够帮助你牢牢抓住这些机会，你只能尽可能地拓宽视野、提升认知、提高能力，当机会来临的时候，你发挥了应有的水平，也就问心无愧了。

例如，明天在电梯间里，你碰上了公司董事长，就你们两人，他问你："你是哪个部门的？最近忙什么？"你有认真考虑过如何回答吗？也许你的回答，决定了整个部门的命运，以及你在公司未来的发展。现在是时候好好想想了。

3.4 技术演讲：如何做一场有趣有料的技术分享

一场好的技术分享，可以用"有趣有料"4 个字来形容，那么如何才能做到有趣有料呢？本节结合笔者的经历，做一些总结。

2015 年，笔者出版《技术管理之巅》以后，先后收到了 InfoQ、CSDN、IT168 等组织的业界知名技术大会的邀请，担任分享嘉宾，几年下来做了近百场技术及管理相关话题的分享，从紧张焦虑到侃侃而谈，一步步走来，感触颇多。

总结下来，准备一场技术分享可以分成选题准备、克服紧张情绪、精妙的开场、如何讲、如何演、问答环节 6 部分。

1）选题准备。选题的关键是角度，要诀就是"别人没有的我有，别人有的我新"。要结合自己所在的行业、公司的视角对主题进行分解。例如，在一场区块链的技术沙龙中，可以结合自己所在公司的业务特点来选题，如区块链结合电商、物流、金融就是很好的选题，可以讲区块链在电商行业的实践、区块链在农产品溯源方面的应用、区块链在金融征信领域的探索等。

技术分享的内容，以干货、案例、场景、探索为主，切忌空谈理念。技术人都很务实，1 个小时的分享，能够容忍"废话"的时间不会超过 15 分钟，如果内容空洞、理念浮夸，大家就会"用脚投票"，继续讲下去，恐怕台下的观众就会寥寥无几了。

演讲材料每一页只讲一个主题，配合音频、视频等多媒体资料，每一页讲1 ~ 3 分钟为宜。

2）克服紧张情绪。在公开场合演讲难免会紧张，即便是身经百战的演讲大师，也会产生紧张情绪，所以要正视紧张情绪，这并不是你个人的问题，是人都会紧张。在演讲之前我们要做好充足的准备，对所讲的内容了然于心，这样就会充满信心，大部分紧张都来源于准备不足。

演讲跟其他的技能一样，熟能生巧，所以要多讲，可以找个安静的地方对着空气讲，讲的过程可以录音，再反复听，检查自己的语速是否合适、表达是否流畅。如果讲的过程中容易忘词，可以把关键点列在 PPT 里作为提醒。

3）精妙的开场。有一句老话说：好的开始是成功的一半。那么，如何定义好的开场白呢？所谓好的开场白，就是合适的时间、合适的地点、合适的人，以及一句合适的话。说得再直白一些，就是这句开场白只适用于当下，换个场合就不适用了。举个例子，有一次笔者参加了一场技术沙龙，主办方颇具新意地将沙龙安排在一艘游艇上。笔者看着黄浦江两岸的美景，突然灵光一现想到了一句开场白："今天我们有幸来到这里，可以说是积累了百年的缘分啊，俗话说得好，百年修得同船渡。"话音刚落，就赢得了热烈的掌声。许多年过去后，笔者碰到一位当时在场的朋友，他说还记得当时笔者演讲的时候说的这一句开场白，而其他的分享内容却都记不得了。

可见，一句应景的开场白，可以成为一个长久的记忆点，留在人们的脑海里，让人们久久不能忘怀。历史上的经典演讲，也都有着很精彩的开场白，如乔布斯受邀参加斯坦福大学毕业典礼的演讲："今天，我很荣幸能参加你们的毕业典礼，斯坦福大学是世界上最好的大学之一。我没有从大学毕业，说真的，今天也许是我生命中离大学毕业最接近的一天了。"充满诚意、睿智的开场白，赢得了大家的阵阵掌声。

4）如何讲。演讲的语速要适中、平稳，不要忽快忽慢，吐词要清晰。技术人并非专业的播音员，演讲只要能够传达意图就可以了。另外，要注意克服自己平时讲话中的口头语，如"嗯""啊""那么"等，在演讲中过多出现口头语，会给人表达不顺畅的感觉。

在演讲的过程中，多讲一些平时总结的案例故事，通过故事场景帮助大家理解你要表达的理念。例如，讲运维工作的重要性，可以这样说："运维工作影响着千家万户的家庭和睦，为什么这么说呢？如果某电商网站的运维工程师不小心手一抖，网线掉了，用户就无法通过 App 下单，这时某个家庭里的妈妈心情就会很烦躁，拿爸爸出气，爸爸被说了之后心情不好就会骂小孩，小孩就会跑到奶奶那里告状，奶奶不高兴了，就会责骂媳妇只顾着刷手机买买买，不管小孩，一家人就乱了套了。"讲故事，在演讲中是非常重要的表述方式。

同时，可以讲些有趣的段子，幽默的表达方式也会给你的演讲增色不少。懂技术的人很多，但是懂技术又能讲的人很少，懂技术又能讲、还讲得有趣的人，少之又少。

5）如何演。肢体语言运用得当能够帮助我们更好地表达，而且能充分展现个人魅力。但要注意以下 3 点：

首先，尽量不要背对观众。背对观众在许多场合都被认为是不礼貌的，当然一些特殊的秀场除外。如果你不记得演讲的内容需要转过身看 PPT，也要尽量缩短时间。

其次，不要固定不动。演讲的时候，可适当在舞台上面向观众水平方向走动，通俗点说就是在观众面前来回晃，有助于吸引观众的注意力，拉近你与观众之间的距离。除非麦克风是固定的，否则建议你适当地走动。

最后，不要使用不礼貌的肢体语言。不论你的演讲风格如何，都不要在公开场合使用冒犯观众的肢体语言或手势，这不仅是个人素养的体现，也是一个人道德水准的体现。

6）问答环节。问答环节是最考验一个演讲者应变能力的环节，有的演讲者，演讲环节表现得非常出色，但问答环节表现得却有失水准，轻则被观众认为是个"水货"，重则会影响公司和大会的形象。

问答环节有如下应对技巧：

1）如何为自己争取时间。如果观众提的问题你需要一些时间来思考，可以让观众再复述一遍问题，或者自己复述一遍问题，同时在心里快速地打一遍草稿。例如，不知道我理解得对不对，你想问的问题是……

2）如何回答自己不会的问题。当遇到自己不会的问题时，可以直接说这个问题自己没有考虑过，同时问一下现场观众，有没有人想尝试回答这个问题，切忌不懂装懂。相信观众会被你诚实的品质打动。

3）如何回答自己不方便回答的问题。有一些问题，可能涉及公司商业敏感信息，不方便在公开场合讲，那么你可以告诉观众，这个问题涉及公司相关规定，你的立场不方便谈论，或者你可以让观众私下联系你进行交流。

以上从 6 个方面讲解了如何做一场有趣有料的技术分享，最后要说的是，演讲能力不是通过读书就可以提高的，需要通过实战演练不断提高。通过刻意练习，你也可以成为演讲高手。

3.5　如何挖掘事实真相：5why分析法

所谓 5why 分析法，又称"5 问法"，也就是对一个问题点连续以 5 个"为什么"来发问，以追究其根本原因。虽然是 5why 分析法，但使用时不限定只做 5 次为什么的探讨，可以问到找到根本原因为止，有时可能只要问 3 次，有时也许要问 10 次。

正如古话"打破砂锅问到底"，5why 分析法的关键在于：鼓励解决问题的人要努力避开主观猜测和逻辑陷阱，从结果着手，沿着因果关系链条，顺藤摸瓜，直至找出问题的根本原因。

这种方法最初是由日本人丰田佐吉提出的。后来，丰田汽车公司在发展完善其制造方法学的过程中也采用了这一方法。作为丰田生产系统（Toyota Production System）入门课程的组成部分，这种方法成为问题求解培训的一项关键内容。

丰田生产系统的设计师大野耐一曾经将 5why 分析法描述为"丰田科学方法的基础，重复 5 次，问题的本质及其解决办法随即显而易见"。目前，该方法已经被许多国家的各大企业广泛使用，并且在持续改善法（Kaizen）、精益生产法（Lean Manufacturing）及六西格玛法中也得到了采用。

5why 分析法可以从 3 个层面来实施：

1）为什么会发生？（从"制造"的角度。）

2）为什么没有发现？（从"检验"的角度。）

3）为什么没有从系统上预防事故？（从"体系"或"流程"的角度。）

每个层面连续进行 5 次或 N 次询问，得出最终结论。只有以上 3 个层面的问题都探寻出来，才能发现根本问题，并找到解决方案。

大野耐一曾举了一个例子来找出停机的真正原因，下面来看看这个经典的案例：

问题 1：为什么机器停了？

答案 1：因为机器超载，保险丝烧断了。

问题 2：为什么机器会超载？

答案 2：因为轴承的润滑不足。

问题 3：为什么轴承的润滑会不足？

答案 3：因为润滑泵失灵了。

问题 4：为什么润滑泵会失灵？

答案 4：因为它的轮轴损耗了。

问题 5：为什么润滑泵的轮轴会损耗？

答案 5：因为杂质跑到里面去了。

经过连续 5 次不停地问"为什么"，才找到问题的真正原因和解决方法，即在润滑泵上加装滤网。

如果员工没有以这种追根究底的精神来发掘问题，他们很可能只是换根保险丝草草了事，真正的问题还是没有解决。

5why 分析法本身并不难，难的是营造团队氛围，要在团队中形成实事求是、刨根问底、不断追求进步的文化，否则团队成员之间就会出现矛盾，认为这是在找碴儿、故意挑刺。因此，首先要明确，对一件事情的分析和讨论，是对事不对人的，不是为了追究责任，目的是找到改进工作的方法，让大家把工作做得更好。

许多互联网公司都有试错文化，这是一种鼓励创新、允许失败的文化，在这种文化之下，5why 分析法就很容易推广，如 BAT、今日头条、京东等企业，都鼓励"挑战"、追求卓越。不妨在你的团队中尝试引入这个方法，相信它带来的改变会让你惊喜。

/第 3 章内容小结/

用工程师的方式分解沟通公式。掌握沟通的 7 个要素，包括说话者、听话者、信息、媒介、场景、干扰、反馈，以及高效沟通的 5 个原则：说人话、当面说、平静地说、借助多媒体、反馈式沟通。

金字塔原理：让你的表达更有逻辑性。金字塔原理是一种重点突出、逻辑清晰、主次分明的逻辑思路、表达方式和规范动作，该原理可应用于商务写作、商务演示、表达与演说等。金字塔原理的基本结构是：中心思想明确，结论先行，以上统下，归类分组，逻辑递进；先重要后次要，先全局后细节，先结论后原因，先结果后过程。

电梯间汇报：改变你职场命运的"黑技能"。电梯间汇报的本质是结构性思维。还介绍了常用的 PREP 汇报结构，PREP 即观点（Position）、理由（Reason）、证据（Evidence）、重复观点（Position）。

技术演讲：如何做一场有趣有料的技术分享。一场技术分享可以分成选题准备、克服紧张情绪、精妙的开场、如何讲、如何演、问答环节 6 部分。

如何挖掘事实真相：5why 分析法。所谓 5why 分析法，又称"5 问法"，也就是对一个问题点连续以 5 个"为什么"来发问，以追究其根本原因。

沟通表达，作为一项基本的职场技能，值得大家高度重视。沟通能力是可以通过练习加以提高的，只要掌握了沟通的要素、基本原则、不同场合的技巧，加以练习，相信你也能成为一位演讲达人。

说要说得让人愿意听、听要听得让人愿意说，这是沟通的至高境界。

第4章

个人高效行动力

4.1　目标管理：WOOP思维，让你说到做到

经常听到有读者说："听过很多道理，却依然过不好这一生。"

为什么会这样呢？笔者经常说，认知决定"地平线"，行动决定"天花板"，只有知行合一，才能立足于天地之间。所以，从知道到做到，缺乏的就是对目标的有效管理。

本节给大家讲一种目标管理思维 WOOP，帮助你更好地实现人生理想。

WOOP 中的 4 个字母分别如下。

- W（Wish，愿望）：明确愿望；

- O（Outcome，结果）：想象结果；

- O（Obstacle，障碍）：思考障碍；

- P（Plan，计划）：制订计划。

它拆解了实现目标的 4 个阶段。

1. 明确愿望

首先写下你的愿望，并且经过慎重思考，排列出优先级。

需要注意的是，当你有了一个目标后，不要到处说，不要只是沉浸在幻想里，不要让自己的大脑误以为已经完成了这个目标，反而阻碍了行动。

这就解释了，为什么每年我们"立下 Flag"总是完不成。因为许多人总喜欢把"Flag"到处晒，这就让大脑提前兴奋，觉得"晒 Flag 等于做到了"。有了这个心理暗示，在行动中积极性就会受到影响。

所以，确定目标以后，请先默默执行一段时间，有了小小的成果，再将成果分享到朋友圈。

2. 想象结果

尽可能去想象目标实现后，会有哪些结果？越具体生动越好！如果你想减肥，那就想象瘦下来的身材会多么健美，穿上衣服会多么好看……如果你想升职加薪，那就想象一下：有钱后可以去高档餐厅享受美食，来一趟惦记很久的旅行……

这样做的目的是，让你对目标的达成结果有了更生动具体的认识，以此加强你想要实现目标的决心和渴望。

校园民谣时代，高晓松决定要成立自己的唱片公司，但是自己对公司经营并不擅长，自己的兴趣在词曲创作方面。正巧这时候，同为清华校友的师兄宋柯，学成归国，他在商业上的才华是高晓松所认可的，并且宋柯也非常热爱音乐，是非常适合的事业合伙人。

于是，高晓松找宋柯喝酒叙旧，聊到了清华校园生活，聊到人生理想，最后聊到他们热爱的音乐，高晓松借机向宋柯和盘托出成立唱片公司的想法，并且描绘出那幅理想的美好画卷。宋柯被打动了，因为那也是他想要的人生，人不就是要趁着大好青春年华，做一点跟理想相关的事情吗？

随后，他们成立了"麦田音乐"，成功推出了朴树、叶蓓、小柯等人，为华语乐坛的繁荣贡献了一份力量。

这就是愿望的力量，即便实现梦想的路途再坎坷，只要想起心中那幅理想的美好画卷，就立刻充满源源不断的动力，足以克服一切困难。

3. 思考障碍

想明白你可能遇到的那个真正的障碍是什么，即有了目标后就要多想想实现这个目标可能会遇到的困难，抛弃一切不切实际的幻想。

也就是说，你在为目标感到兴奋的同时，也要多想想困难，好的方面、坏的方面都要考虑到。

笔者遇到过不少早期创业团队，通常三四个人讨论商业模式、讨论团队、讨论融资，一聊五六个小时，但却没有任何落地的举措，几个月后连最初的想法都变了。后来，遇到这样的早期创业团队，笔者都会提两个要求：

1）设想最坏的情况下，我们如何做？比如融不到资金，比如找不到完美的团队，然后大家就务实了。

2）每个会议至少落实一件事情，比如商业计划、联系几个候选人等。

不要陷入盲目的乐观，而是要冷静地分析即将面对的困难是什么。

在这个过程中，你也许会发现障碍比预期的大，自己无法克服，这时你可以考虑放弃这个愿望，选择其他愿望，重新练习 WOOP 思维。

4. 制订计划

如果你认为这些障碍可以克服，那么针对想到的障碍，你要考虑对应的"执行意图"，并重复一遍给自己听。比如你想坚持跑步锻炼，但每天下班都觉得累，就可以说：如果我回家感觉到累，就先听 10 分钟音乐，放松一下，然后去跑步。

充分考虑各种情况下应该采取什么样的对策，可使用"如果……我就……"的思考模式。

虽然有时候遇到的障碍很大，但我们预先准备的对策能够有效解决问题。我们并不害怕困难，我们只是害怕突如其来的挑战打破原本的计划，所以凡事尽可能提前做好准备。

世界著名游泳健将菲尔普斯，在一次游泳比赛中游泳镜漏水了，却丝毫没有影响他的比赛成绩，这次比赛成绩反而还比平时训练稍好一些，最终他拿到了金牌。

也许你会说，这是他心理素质好，比赛出现状况也不影响心态。然而事实究竟是怎样的呢？菲尔普斯的教练在接受采访的时候说，这种情况早就在他的平时训练中预演过无数遍了，因此丝毫不会影响正常发挥。

原来，在平时训练中，菲尔普斯跟教练一起反复预演"如果……我就……"，他们提前假设过几乎所有在比赛中可能遇到的突发情况，以及如何应对，比如游泳镜坏了、突然停电、泳衣破损、对手干扰等。因此在后来的比赛中菲尔普斯就能够沉着冷静地应对各种突发情况。

在练习 WOOP 思维的时候，需要注意以下几点：

1）如果你刚开始练习 WOOP 思维，建议先选一天之内的短期愿望，比如今天慢跑半小时，这样你能更容易看到 WOOP 思维的效果，也能更好地建立信心。

2）虽然任何时候都可以练习 WOOP 思维，但对新手来说，最推荐在早上做，因为早上练习 WOOP 思维，会让你提前对一天的生活做好准备。晚上睡觉时，我们可以回忆一下早上的 WOOP 思维是如何影响一天的工作的。

3）对于愿望和障碍，我们不能停留在表面，要深挖内心，找到最渴望的愿望和最关键的障碍，这才能让 WOOP 思维的效果发挥到最佳。

4）要对愿望及时进行调整。随着时间的推移，情况可能发生变化，所以我们要不断调整，找到当下适合自己的愿望。

5）WOOP 思维练习非常简单灵活，找到安静的场所，关键是让自己静下来、集中注意力，无论是在家中、公司，或是其他任何地方，你都可以练习 WOOP 思维。练习次数越多，愿望和障碍、情况和行动之间的联系就越紧密，你的行动力也会越强。

6）根据每个人的熟练程度不同，一次 WOOP 思维练习的时间可能是几分钟，也可能是十几分钟。

以上就是帮助你更好地实现目标的 WOOP 思维。

4.2　精力管理：高手都在节省"认知能量"

苹果的创始人乔布斯，衣着风格非常有特色，常年都穿着一件黑色高领衫和一条蓝色牛仔裤。

乔布斯本身是不缺钱的，他之所以选择常年穿着同一款衣服，除了他自己非常喜欢这一款黑色高领衫，还有一个很重要的原因就是，他要节省"认知能量"。乔布斯这种节省"认知能量"的行为在心理学上叫作"认知吝啬"。

什么是"认知能量"呢？

当人们注意到一件事情，对这件事情进行分析、判断，乃至记忆的时候，都是需要花费精力的，心理学上叫作"认知能量"，通俗来讲，就是"心力"。

因为人的心力是有限的，所以人体会本能地节省心力，就像手机的"省电模式"一样。比如你坐火车的时候，车窗外不断闪过的风景，你通常是没有印象的，会被下意识地忽略掉，除非你在认真地计算车窗外有多少棵树木、多少座山峰、多少条河流。

高手则会主动管理自己的"认知能量"，从而更大限度地节省心力。比如乔布斯选择常年穿同一款衣服，他的衣柜里有几十套一模一样的衣服，他每天醒来的时候，不会把心力浪费在思考今天穿什么衣服上，而是将心力集中在更重要的事情上，比如怎样创造出改变世界的伟大产品。

乔布斯是从哪里学来这套方法的呢？这要追溯到他大学时期的印度之行。

乔布斯在自传中说过："在印度的村庄里待了 7 个月之后，我再次回到美国。我看到了西方世界的疯狂和理性思维的局限。当你平静下来后，你会聆听到更加美妙的声音，这时候你的直觉就开始发展，你看事情就会更加透彻，也更能感受到现实的环境。你的心灵逐渐平静下来，你的世界会极大地延伸，你能看到之前看不到的东西。"

乔布斯说，这是一种修行，必须要练习，不断地练习。所以，乔布斯多年来一直坚持禅修，以此来提高自己的心力。

乔布斯之所以选择这种黑色的高领衫，还有一个有趣的小故事：

因为他看到日本的著名设计师三宅一生，曾经穿过这样一件衣服。三宅一生是乔布斯的好朋友，所以乔布斯请三宅一生给他也做一些这样的衣服。乔布斯当时说"give me some"，翻译过来就是"送我一些"，三宅一生心想，some是多少？于是"一些"就变成了 100 件。当乔布斯拿到这 100 件衣服以后，他说："够了，可以穿一辈子了。"

那么，如何有效提升"认知能量"呢？

冥想，就是一种很好的方式。

一提到冥想，许多人马上想到宗教。实际上，冥想在医学界又被称为"正念"。

冥想，是一种通过训练，改善和提升脑力、心力的方法。它不是封建迷信，而是一种经过科学验证的治疗手段。

冥想的直接作用就是训练你和各种感觉的剥离，从而达到训练心灵的目的，让你拥有冷静、清明的大脑并滋养智慧。

谷歌及许多硅谷互联网公司，都设有专门的冥想课程。谷歌的冥想课叫作"探索内在的自己"（Search Inside Yourself，后简称 SIY），一经推出就成为最受欢迎的课程之一。谷歌曾经发布过一组数据，数据表明：通过冥想训练，员工的注意力提升了 13.8%、创造力提升了 12%、幸福感提升了 9%、人际关系提升了 7%。

近几年，冥想被引入中国，受到越来越多的职场白领、高管的推崇，一项调查表明，80%的企业高管都有冥想的习惯。实际上，笔者也有冥想的习惯，并且从冥想中获益颇多。

如何进行冥想？

冥想是一项比较专业的练习，下面对冥想做一个入门级的介绍，帮助你建立初步认识，如果想深入学习，建议你到视频网站寻找这方面的教程。

1. 冥想前的准备工作

1）做深呼吸：闭眼，深呼吸 5 次，鼻吸嘴吐，过程中全神贯注地专注于自己的呼吸；

2）感受身体：用意识从脚趾尖开始扫描，一点点感受躯体的触感，并且放松每一处扫描点，慢慢地一步步从脚掌到臀部、背部、肩膀、面部，直至扫描到头顶。

重复如上这两步，从而让心灵变得"宁静"，达到稳定自己的心神的目的，只有当你的心完全静下来后，才是正式冥想的开始。

2. 开始正式冥想

准备工作完成后，全神贯注地专注于呼吸，默数呼吸的次数，重复从 1

数到 10。

为什么要努力地专注于呼吸？因为大脑需要某种关注的对象，以摆脱思绪的游荡。只要能达到这个目的，你可以专注于任何东西，比如一幅画、一种声音等，只是呼吸对于我们来说是最本能、最便捷的一种。

1）冥想过程中，注意让呼吸趋于本能，不要试图控制它，顺其自然就好；

2）感受呼吸的深浅、长短，胸腔的起伏等，一直专注地重复，直到闹钟响铃；

3）专注躯体的感觉或者回到准备工作第 2）步，任由思绪游荡，睁眼结束冥想。

这就是一次完整的冥想，关于冥想还有一些进阶的练习方式，这里就不展开了。

在碎片化时代，每个人的心力被琐碎的事情大量耗费，以至于对那些真正重要的事情都无暇顾及。虽然你不太可能像乔布斯那样，每天穿一样的衣服，但是，请尽可能最大限度地节省你的"认知能量"，少刷短视频、少刷朋友圈、减少无效社交，把"认知能量"投入到真正重要的事情上面，比如自我提升、深度思考、跟高人交流、发展一门副业等。也许，短时间内看不出明显变化，但是如果你像优秀的人那样，做好精力管理，坚持长期主义，你的人生必将越来越好。

4.3 时间管理：提升每分钟的含金量

先来思考一个问题，一个人的一生究竟能有多大成就？

有这样一位专家，他是昆虫学、哲学、数学等多个领域的专家，一生发表了 70 余部学术著作，还写了各个领域的专业论文，12500 多张打字稿，即使对于专业作家来说，这也是一个庞大的数字。

他就是苏联昆虫学家、哲学家、数学家，柳比歇夫。

柳比歇夫，成就斐然的原因就在于，他对自己一生的时间进行了极为高效的管理。他在 26 岁时独创了一种"时间统计法"，记录每个事件的花销时间，通过统计和分析，进行月小结和年终总结，以此来改进工作方法、计划未来事务，从而提高时间利用效率。

他的一生都在不断完善这个统计方法，并沿用了 56 年，直到他离世的时候，人们惊叹于他卓越贡献的同时，发现了这个神奇的时间统计法。

这个方法本身并不复杂，主要分成 3 个步骤。

第 1 步，记录时间。

首先，对时间的使用进行极简记录。内容只包含什么事情用了多久。比如，运动健身用了 10 分钟，拍照/发朋友圈用了 50 分钟。不加任何评论，就是简单记录下来。

而且，全天候地记录时间，让时间变得可视化。这时，你会有惊人的发现，比如，笔者刚开始记录的时候，发现自己一天花在无关紧要的事情及通勤上的时间在 3 小时左右。

第 2 步，统计分析。

1）对统计的数据进行分类：本职工作、辅助工作、社会工作、休息。比如：开项目规划会，这是本职工作；当晋升评委，这是辅助工作；担任专家评委，参与行业标准制定，这是社会工作。

2）统计花在正事上的时间。正事包括本职工作、辅助工作，这是跟自己的职业理想紧密相关的时间。另外，也要提醒自己不要过度勤奋，要适当休息。

3）统计单项工作所花的时间。也许其他的专家只能够笼统地说出写一篇专业论文需要多少天，但是柳比歇夫使用时间统计法之后，他能够精确到小时。这就意味着他能够比别人更精确地做时间计划。

4）做时间使用情况年度报告。让自己对于一年中的时间使用情况有总体认识，并且据此调整明年的时间计划方法与原则。通过使用时间统计法，你能够非常清晰地知道自己花在正事上的时间有多少，相对精确地知道每个专项花费多少时间，从而就能够更合理地安排自己的时间，让你的人生过得更充实、更有质量。

柳比歇夫在某一年的时间报告里写道：这一年他读了 57 本不同语言写的书，全年游泳 43 次，看戏、看电影等娱乐活动 65 次。不得不惊叹，很多普通人，连娱乐的时间都比不上他，更何况他还读书、写书、写论文、做科研工作。

第 3 步，提炼时间使用原则。

经过对时间使用的分析，我们就可以总结并提炼出适合自己的时间使用原则，以下是柳比歇夫总结的时间使用原则，我们可以借鉴。

1）不承担必须完成的任务。

在必须完成的任务与自己喜欢做的事情之间，柳比歇夫选择自己的兴趣。很多时候，柳比歇夫的本职工作是要为兴趣让路的，他也花了很多时间在研究跟自己没什么关系的事情上。

2）不接受紧急的任务。

人们往往认为紧急的任务最重要，这是错误的。当你接受了紧急任务后，也意味着你要放弃原有的计划去完成紧急任务，最后却打乱了原有计划的节奏，浪费了时间。

3）一累马上停止工作去休息。

柳比歇夫虽然认为工作重要，但他更主张劳逸结合。比如，他记下的所有工作时间，都是刨除了其中所有间歇的"纯时间"。而且，他还会给自己安排散步、游泳等放松的事情。

4）每天保持 10 小时左右睡眠时间。

好的休息，是保证高效工作的前提。柳比歇夫更看重这一点，他认为没有良好的状态，是无法坚持完成大量的工作任务的。

我们每每觉得时间不够用，除了工作、学习、生活，能用于睡眠的时间少之又少，能保证每天睡 6~7 小时，就已经算是不错的了。而柳比歇夫不但每天要完成大量的工作，而且还能保证每天睡 10 小时，这个就是笔者特别佩服他的地方，工作、休息两不误。

5）把累人的工作同愉快的工作结合在一起。

柳比歇夫把工作分为三大类，精力最充沛的时间段用于完成需要较强创造力的工作，在他这里休息就是两项工作之间的切换。

比如：早上头脑清醒时，阅读哲学、数学方面的严肃作品；钻研一个半或两个小时后，阅读比较轻松的历史或生物学著作；脑子累了，就看文字作品休息。通过合理安排时间，柳比歇夫真正做到了不虚度每一分钟。

这 5 点时间使用原则，是柳比歇夫根据自己的生活和身体量身定做的。他热爱时间，珍惜时间，不把它当作工具，而是看成进行创造的条件。

通常，我们提到时间管理，总是想着更多地利用时间，起得越早越好。但柳比歇夫却不这么认为，他觉得对于时间的高效利用，并不在早起，而是在工作时，保持高度专注，以及对时间极致的使用。

柳比歇夫认为，时间可以分为进行创造的时间、认识事物的时间、享受生活乐趣的时间。时间的价值不在于寿命的长短，也不在于排得满满当当的工作。而是要充分利用一天中的每个小时，一小时中的每一分钟，不论是用于研究，还是休息。

把时间充分利用起来，你也可以做出一番成就。可以阅读大量的书籍，可以学好几种语言，可以出门旅游，也可以拥有充足的睡眠……

我们总抱怨时间不够用，其实是我们没有学会如何更好地利用时间。

很多时间管理达人，会利用通勤的时间进行阅读。而有的人却能找各种理由——我无法专注，看不进去书——养成了浪费碎片化学习时间的习惯。

所以，有的时候不是时间不够用，而是你没有充分利用时间。学习柳比歇夫的时间守则，你也能做得到充分利用时间。

通常时间管理工具会教你把事情进行分类，比如紧急重要、重要不紧急等，然后优先处理要事。此外，还会教你"番茄工作法"，让你劳逸结合，保持高效。

柳比歇夫的时间统计法，跟以往的时间管理工具不一样的地方在于，它帮助你形成一整套时间使用的原则、方法，通过数据统计、分析，洞察自己在时间管理上有改进空间的地方，不断完善自己的时间使用原则和方法。

总的来说，柳比歇夫的时间统计法是一套时间管理的体系，而不只是一个工具，通过这个体系你能够总结出自己的原则、形成自己的方法、发展出适合自己的时间管理工具。

4.4 习惯养成：超好用的微习惯法

村上春树，每天早起，跑 10 公里，写作 10 张纸，然后午休、听爵士音乐、阅读……生活非常有规律，这个习惯坚持了 30 年。这样的生活让他成为一名高产而且保持高质量的作家。

你是不是也非常羡慕那些能够长期坚持做一件事情的人？羡慕那些意志力顽强的人？又常常会自责为什么自己就做不到？

好的习惯养成，从来都不是容易的事，不必自责与失落，其实每个人都是有潜力的，你可能只是没有找到好的方法而已。

本节介绍一种让你轻松养成好习惯的方法，这个方法是由美国著名的习惯养成教练斯蒂芬·盖斯提出来的，他把这种习惯养成方法叫作微习惯。

从 2012 年年末开始，斯蒂芬·盖斯每天至少做一个俯卧撑，这成了他培养的第一个微习惯。两年后，他拥有了梦想中的体格，写的文章是过去的 4 倍，读的书是过去的 10 倍。微习惯策略比他用过的一切习惯策略都有效，后来他出版了自己的著作《微习惯》，专门讲述自己发明的这个习惯养成方法，这本书迅速成为畅销书。

这个方法很简单，就是把你要养成的习惯大幅缩减，先设置一个零门槛的目标，然后自由超越。比如你想养成写作的习惯，每年写 100 万字，那么对于大多数人来说，这个目标太宏大了，很难完成。

微习惯的做法是什么呢？就是要大幅缩减目标，改成每天写 20 个字。这个目标总是能完成的，然后在每天写 20 个字的基础上自由超越，没有特定的目标，哪怕写 21 个字，也算超额完成目标了，都值得高兴。

是不是非常简单？也许你会问，微习惯法为什么会管用？

首先，大脑不抗拒，因为目标设定太简单了，简单到不花费太多力气就能完成。

其次，这个方法可以消除意外，因为外部变化太快了，你可能真的忙到没有时间写作，但是每天写 20 个字，无论在什么情况下，都能轻易完成。

此外，微习惯能够提升自我效能，前面我们讲过，自我效能就是相信自己能够做成一件事情的信心。很多时候，我们懂得很多道理，却过不好这一生，原因是什么？就是缺乏自我效能。

微习惯，使得我们坚持这一习惯没有任何怀疑、恐惧、胆怯，让我们更自由、开心、积极。

微习惯法，巧妙地运用了大脑的工作原理，通过重复性动作建立神经通路，并不需要你有强大的动力、坚强的意志力。所以，这个方法适合大多数人使用。

微习惯法很好，那么具体要如何操作呢？

很简单，主要分成 4 步。

1）选择适合你的行动和计划。比如，你的目标是出版一本自己的著作，这是很宏大的目标，我们来进一步拆解。出书分两种，一种是自费，另一种是出版社主动找你。假设你不想自费，那么就需要你具备一定的影响力，出版社才有可能主动找你。怎样才能有影响力？就是一篇一篇地写，持续输出内容。那么，接下来你给自己定一个目标：每周写一篇 1000 字的干货文章。拆解到每一天，也就是 100 字，周末多写一点。

好了，你的微计划有了：每天写 100 字。

2）开始行动，记录和追踪。每天写 100 字，对于大多数人来说，是没有任何难度的。你每天写的微信消息就不只 100 字吧，邮件更是洋洋洒洒几百字。哪怕你确实忘记了，在睡觉之前，花 5 分钟就可以轻易完成。

最开始的时候，不要设定任何质量方面的要求，完成 100 字就好，哪怕写得不太好也没关系，至少完成目标了，值得高兴。

3）超额完成，持续获得激励。微习惯最大的价值就是，在做的过程中能够持续产生正向激励，不断提升自我效能，你做得越来越多，越来越好，很容易跟时间做朋友，不知不觉中，就坚持一两年，不断超额完成计划，即便

第 4 章

只是完成了计划，也是开心的，没有负罪感。整个习惯养成的过程都非常愉快。

4）留意习惯养成的标志。经过一段时间以后，你发现自己对每天写 100字一点抵触都没有，很自然地就想去写；你慢慢接受自己是一个能够写作的人，因为你已经写了十几万字了；当你想开始写作的时候，自然而然就开始了；你不再担心，今天有没有坚持写作这件事，因为你每天都在写，而且越写越多，就算再忙也可以轻松完成 100 字；你把写作当成了常态，当成像呼吸一样自然的事情。

祝贺你，这个时候你已经养成了写作的习惯。

怎么样？这是不是非常简单的习惯养成方法？希望你立刻行动起来，找一个你最想培养的习惯，用微习惯法把它变成你每一天的日常。你会发现，养成一个好的习惯，也没有那么难。

4.5　可迁移技能：成为跨界高手的秘密

来看两位"牛人"的故事：

一位是微信创始人张小龙，他是编程高手，先后创造了 Foxmail、QQ 邮箱、微信等伟大的产品，此外他还是高尔夫球高手，曾获得世界非职业赛的冠军，据说他还爱好网球、卡丁车，而且都达到了很高水平。

另一位是日本著名管理大师大前研一，他以前是一个核物理学博士，他把物理学的研究方法应用到企业管理中，他的管理学理念和洞察力让业界耳目一新，同时他也是一名单簧管演奏员，达到了专业水准，他还出版了 10 多本专著。

因为张小龙把编程和做产品过程中较为底层的能力迁移到了高尔夫球、网球、卡丁车等领域，所以他很快就掌握了做好这些领域的诀窍。大前研一的例子也是同样的道理。

什么是可迁移技能？

所谓可迁移技能，就是你从一个岗位转到另一个岗位，或从一个行业跨到另一个行业后，可以被复用的能力。

比如，笔者有一位同事刚毕业的时候是做设计的，后来由于公司需要调整业务结构，他就转型做了产品，他把在设计工作中所萃取的能力迁移到做产品上面，就能够很快掌握如何做产品。

再后来，公司需要提拔一个人做运营，他就把设计工作和产品工作中的能力迁移到运营岗位中，结果把运营工作也做得非常好。

其实，人类现有的所有工作中，很多核心能力是相通的。这些核心能力就是可迁移技能，也是我们从任何一份工作中，都可以萃取出来的。

比如很多互联网公司的设计、产品、运营、市场岗位，虽然岗位之间的技能差异度很大，一旦转岗几乎都要重新学习，但所需的核心技能却有很大程度上的重叠。

虽然说隔行如隔山，其实真正相隔的，只是每个行业最粗浅的工作形式和方法，而越往深处钻研，就会发现运用的底层能力、才干，都越来越接近、越来越熟悉。

本质上，职场中人与人之间的比拼，更多的是可迁移技能的比拼。

你所拥有的技能越简单，你就越容易被人支配。而你掌握的技能越高超，你的可迁移技能也越高，工作也越自由。

可以说，你的可迁移技能，才真正决定了你的未来。

职场中常见的可迁移技能有哪些？

权威的职业规划大师鲍利斯，在他的著作《你的降落伞是什么颜色的》一书中，将可迁移技能总结为 3 大类：数据处理能力、人际能力、事务处理能力，简单表示如图 4-1 所示。

数据处理能力，是指对数据的比较、复制、收集、分析、综合等能力。

人际能力，是指服从他人、与人合作、管理人、谈判等能力。

事务处理能力，是指具体的体力劳动、脑力劳动，如搬运、操作、运营、管控、规划等能力。

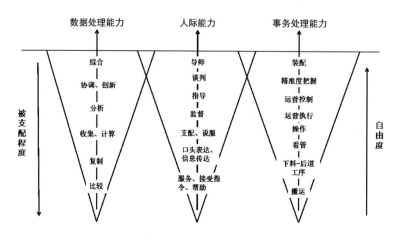

图 4-1　可迁移技能总结

这样描述可能有些笼统，为了便于大家理解，笔者把职场中的通用技能进行了梳理，分为 5 大类别，共 27 项能力。

- 工作效能：高效执行、精力管理、时间管理、抗挫折。

- 学习与思考：快速学习、知识管理、结构化思考、独立思考、创新。

- 沟通：情商、商务谈判、高难度沟通、高效会议、人际交往礼仪。

- 影响力：演讲、写作、个人品牌。

- 自我认知：优势管理、职业兴趣、性格心理、职业定位、跨界迁移能力。

- 管理：团队协作、横向管理、领导力、教练技术、变革管理、决策力。

需要注意的是，每个人的可迁移技能并不相同，你可以做一个简单的测评：

首先，找一张白纸，自己给上述的能力项打分，1 ~ 5 分，分越高代表能力越强。同时，再找熟悉你的同事、朋友，一起给你打分。通过简单的 360 度反馈，就可以识别出你有哪些核心能力，以及当前的岗位需要哪些能力，最后根据自己的实际情况取舍，提炼出你的可迁移技能。

以笔者自己来举例，笔者有将近 20 年的职场经验，从程序员做起，现在是上市公司技术高管。综合考量下来，笔者的可迁移能就是：高效执行、精力管理、时间管理、抗挫折、快速学习、知识管理、结构化思考、情商、高难度沟通、演讲、写作、个人品牌、团队协作、领导力、变革管理等。

怎么培养你的可迁移技能？

可迁移技能的培养大致可以分为 3 步。

第 1 步，不断提升认知。

很多人在工作后，容易陷入一种困境：因为自己的工作用不到太多新知识、技能，只靠"吃老本"就足以应付，所以主动变懒了，越来越不想学习，最后变成"一年工作经验用了十几年"。

等到裁员来袭，才发现自己早就失去竞争力了。

在更新迭代极快的今天，如果你还幻想着，靠大学的知识储备，找一份工作，干一辈子，几乎是不可能的事情。

就像有人说的："时代抛弃你时，连一声再见都不会说。"

一个工作后就停止学习，停止接触新知识，在自己的"一亩三分地"得过且过的人，可以预见的是，他的抗风险能力很差，不具备"反脆弱性"。

所以，无论在什么行业，永远都不要停止学习。努力提升自己的认知，就是提升抗风险能力最有效的方法之一。

第 2 步，多跟高手交流。

除了自己下苦功夫学习，还要多跟高手交流，这是"两条腿走路"。

因为高手也曾经遇到过你遇到的那些问题，他们当时是通过什么样的方式去突破的，对你来说是一个非常好的"借鉴"。有时候你可能读许多本书都不一定能解决，但是高手的建议是实打实地被证明过的有效的经验，他给你讲解一下，把你的问题拆解一下，你的问题可能瞬间被解决，这就是效率。

此外，跟高手交流能够相互触发很多思考，高手的"磁场"很强，你看不见，但能感受到，而且还能在潜移默化中受到这种"磁场"的影响。

这也就是巴菲特午餐这么受欢迎的原因。

再有就是，高手的脑袋里面的信息都是他们思想的精华，思维层次高，几句话就能开阔你的眼界。

多跟高手交流，最有价值的一个地方就是，高手身经百战之后产生的这种榜样的力量，能够印证你对某事的判断，从而加快你的决策速度和提高你的决策质量，提高你的执行力，以及迭代升级的速度。

第 3 步，实践与复盘。

在对可迁移技能不断实践的过程中，需要采用刻意练习的方法，对这些技能进行反复练习，比如沟通力，提升你的沟通力最好的办法就是多找人沟通、多给大家做分享，并且把每一次沟通的过程记录下来，事后复盘。

以笔者自己为例，在担任某互联网公司 CTO 的时候，因为要代表公司去做产品宣导，笔者就先把自己关在会议室里对着 PPT 演讲几遍，每一遍都会录音，讲完一遍后就停下来听录音。

笔者会把讲错的地方、讲得不流畅的地方找出来，在下一次演讲的时候改正过来，就这样一遍又一遍地练习，不到半年的时间笔者从一个内向的"张江技术男"，变成了别人眼中的演讲高手，还能够脱稿演讲，经常讲出一些金句。

/第 4 章内容小结/

WOOP 思维，是一种实现目标的方法，W（Wish，愿望）：明确愿望；O（Outcome，结果）：想象结果；O（Obstacle，障碍）：思考障碍；P（Plan，计划）：制订计划。

认知能量，当人们对一件事情进行分析、判断、记忆的时候，是需要花费精力的，心理学上叫作认知能量。有效提升认知能量的方法之一是"冥想"。

时间统计法，柳比歇夫发明了时间统计法，用于管理自己的时间，提升做事情的效率，提高时间利用率。包括 3 个步骤：记录时间、统计分析、提炼时间使用原则。

微习惯，一种简单好用的习惯养成法。分成 4 个步骤：1）选择适合你的行动和计划；2）开始行动，记录和追踪；3）超额完成，持续获得激励；4）留意习惯养成的标志。

可迁移技能，就是你从一个岗位转到另一个岗位，或从一个行业跨到另一个行业后，可以被复用的能力，如时间管理、抗挫折、快速学习、独立思考、商务谈判、团队协作、决策力等。

第5章

学习力与创新力

5.1 幸存者偏差：需求分析、线上事故分析的误区

IT 行业的变化非常快，正如《爱丽丝梦游仙境》中红桃皇后说过的一句话："在我们这个地方，你必须不停地奔跑，才能留在原地。如果你要抵达另一个地方，你必须以双倍于现在的速度奔跑。"这不是童话，而是如今的现实生活——每个人都在让自己变得更优秀。

如何应对快速变化的世界呢？这就是本章的主题：快速学习的能力、创新的能力。快速学习有许多方法，在探讨具体方法之前，首先来了解一下幸存者偏差现象，它是阻碍人们正确认知这个世界的一道屏障。

幸存者偏差，最早来源于第二次世界大战（简称二战）时期一个飞机防护的案例。在 1941 年二战期间，应军方要求，美国哥伦比亚大学统计学教授沃德通过其精深的专业知识，写了一篇名为《飞机应该怎样加强防护，才能降低被炮火击落的概率》的文章，其中提出了种种建议，最重要的一条是，沃德教授对飞机遭受攻击后的数据进行分析后发现：飞机的机翼是最容易被击中的位置，机尾相对来说则最少被击中，如图 5-1 所示。据此，沃德教授建议"应该重点强化对机尾的防护"，军方对此大为不解，认为既然机翼最容易被击中，那么就应该加强对机翼的防护。

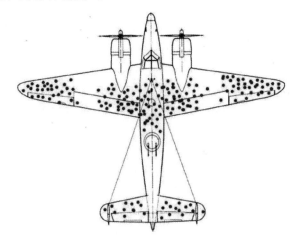

图 5-1　二战期间的飞机中弹图

沃德教授则坚持自己的看法，其根据有三点：第一，他所统计的样本只是那些平安返回的飞机；第二，被炮火多次击中机翼的飞机，似乎还能够安全返回；第三，飞机机尾很少被击中并不是真相，而是万一机尾中弹，其安全返航的概率就非常低。

军方被沃德教授说服，采用了他的建议，而后来的事实也表明，该决策是无比正确的，那些看不见的"伤痕"才是最致命的。

这个案例有两个启示：一是那些战死或被俘的飞行员无法发表意见，因此数据的来源本身就存在严重偏差；二是那些作战经验丰富甚至经历过血战的飞行员的专业意见也不一定能提高决策的准确率，因为他们中大多数是机翼中弹、机尾未中弹的幸存者。

说到这里，要理解幸存者偏差就很容易了，不过还是要给出专业的定义：

幸存者偏差（Survivor Bias），是一种常见的逻辑谬误，指的是只能看到经过某种筛选而产生的结果，而没有关注筛选的过程，因此忽略了被筛选掉的关键信息，日常表达为"沉默的数据""死人不会说话"等。

幸存者偏差在生活中比比皆是，例如"比尔·盖茨辍学，所以成为世界首富""考大学没有用，因为北大毕业的人还不是去卖猪肉"等。

在软件开发和运维工作中，这样的案例也不少，"直播带货能成功，是因为主播有人气"，殊不知，李佳琦背后的工厂、仓储、直销体系非常完备，价格及服务承诺也是较好的，用专业的词汇来形容，就是"网红直播卖货模式是一次供应链全生命周期的升级"。所以，当业务方提出了要做直播带货系统的需求时，必须用以上业务认知去引导业务方，思考整体供应链是否具备升级的可能，否则就是伪需求。

再比如，运维人员一次白天线上维护的误操作导致数据库被删除，在做事故分析的时候，很容易得出结论：禁止白天做线上操作。而有经验的运维经理会引导大家做更全面的事故分析，把事故过程列出来，在什么时间发生了什么，谁做了什么，根据整个过程发现的问题，制定一系列改进措施，这样全面收集数据、全局性思考，就不容易导致幸存者偏差问题。

下面来聊一聊避免幸存者偏差问题的 3 个方法。

1）贝叶斯公式。可以用贝叶斯公式来分析一下沃德和众人的分歧出在什么地方，谁的假设更为合理。设 X 表示飞机被击中的部位，$Y=1$ 或 0，表示飞机是否返航。设空战中飞机被击中的部位 X 的分布为 $P(X)$，而返航飞机的 X 分布为条件分布 $P(X|Y=1)$。于是有：

$$P(X|Y)=P(X) \times P(Y|X)/P(Y)$$

众人认为幸存飞机被击中的部位分布 $P(X|Y=1)$ 反映了空战中被击中部位的分布 $P(X)$，因此哪里弹痕多就要在哪里加强防护。但沃德认为"炮弹不长眼睛"，空战中的 $P(X)$ 应该是接近于均匀分布的，因此 $P(X|Y=1)$ 恰恰是正比于 $P(Y=1|X)$ 的，即击中该部位 X 以后的返航概率。所以幸存飞机哪里中弹多就表明相应部位不是要害部位，而应该在返航概率较小，即 $P(X|Y=1)$ 较小的地方加强防护——这正是幸存飞机弹痕少的部位。

2）双盲试验。在双盲试验过程中，测验者与被测者都不知道被测者所属的组别（实验组或对照组），分析者在分析资料时通常也不知道正在分析的资料属于哪一组，旨在消除可能出现在实验者和被测者意识中的主观偏差和个人偏好。在大多数情况下，双盲实验要求达到非常高的科学严谨程度。

双盲试验可以延伸到互联网产品的 A/B 测试中，产品经理可以设计一组试验方案，让数据分析师根据测试的数据进行结果分析，再与产品经理一起比对验证，这样可以得到更客观的分析结论，而不是选择性地去看数据、去证明自己的猜想。

3）系统性思维。前面已经学习过系统性思维，这里再回顾一下，系统性思维是把物质系统当作一个整体加以思考的思维方式。与传统的先分析、后综合的思维方式不同，系统性思维从整体出发，先综合、后分析，最后复归到更高阶段上的新的综合，具有整体性、综合性、定量化和精确化的特征。

在对事物的认知上，单一性思维和系统性思维也存在不少差别，通常来说，对事物的认知分为 3 个层面。

- 事件感知：只看到事件的导火索；

- 模式感知：看到事件的多个影响因素；

- 系统感知：结合时间的维度和外部环境一并思考。

使用系统性思维对事件做整体性思考，就不容易被一些片面的数据、特例左右自己的思考和判断。

5.2 库伯学习圈和费曼学习法：10倍速学习能力的秘密

库伯学习圈，是大卫·库伯在总结了约翰·杜威、库尔特·勒温和皮亚杰经验学习模式的基础上，提出的经验学习模式，即经验学习（Experiential Learning）圈理论。

他认为经验学习过程是由 4 个适应性学习阶段构成的环形结构，包括具体经验、反思观察、抽象概念和积极实验，如图 5-2 所示。

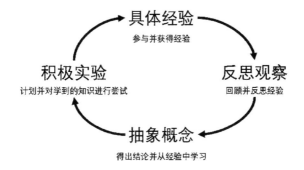

图 5-2 库伯学习圈

- 具体经验，让学习者完全投入一种新的体验。

- 反思观察，学习者在停下的时候对已经历的体验加以思考。

- 抽象概念，学习者必须达到能理解所观察的内容的程度，并且吸收它们使之成为合乎逻辑的概念。

- 积极实验，学习者要验证这些概念并将它们运用到制定策略、解决问题中。

学习过程有两个基本维度。

1）领悟维度。包括两种对立的掌握经验的模式：一种是直接领悟具体经验；另一种是间接理解符号代表的经验。

2）改造维度。包括两种对立的经验改造模式：一种是内在的反思；另一种是外在的行动。在学习过程中两者缺一不可。经验学习过程是不断的经验领悟和改造的过程。

库伯学习圈的基本观点有 3 个。

1）任何学习过程都应遵循学习圈。

首先，学习的起点来自前人的经验，获取的渠道可以是看书、查阅资料、听别人口述等。

其次，学习的下一步便是对已获经验进行反思（Reflection），对经验过程中的"知识碎片"进行回忆、清理、整合、分享等，把"有限的经验"进行归类、条理化和复制。

然后，进行理论化（Theorization），学习者要做的工作很多，包括要将过去的分析框架（类似于某种应用程序）从大脑"存储器"中暂时"打开"，对反思的结论进行处理，得到人们所希望得到的结果。

最后，进行行动（Action），可以说它是对已获知识的应用和巩固阶段，可以检验学习者是否真正能够学以致用。

人们的知识就在这种不断地学习循环中得以增长。

2）学习圈理论强调重视每一个学习者的学习风格的差异。

库伯认为，由于每个人的内在性格、气质的差异，以及生活、工作阅历、教育背景的差异，从而导致每个学习者的学习风格是不一致的。根据学习圈理论，可以将学习者的学习风格大致分为 4 类：经验型学习者、反思型学习者、理论型学习者和应用型学习者。

3）集体学习比个体学习的效率高。

集体学习者崇尚开放式的学习氛围，反对把学习看作孤立和封闭的行为，倡导学习者之间的交流、沟通，重视相互启发、分享知识。正因为学习者的不同学习风格，才有了对某种事物看法的不同，在思想碰撞中知识得以增长，不同思想的"交换"使得每个学习者可以得到更多的知识。

库伯学习圈的指导意义就是，当你在思考如何打造学习型组织、提高团队认知和能力的时候，必须遵循这个方法论，它可以使培训达到事半功倍的效果。

下面来看本节的第二个重要知识点：费曼学习法。

费曼学习法，是一种"以教为学"的学习方式，它能够帮助学习者提高知识的吸收效率，真正理解并学会运用知识。这种学习方式其实很简单，就是验证学习者是否真正掌握了知识，要看他能否用直白浅显的语言把复杂深奥的问题和知识讲清楚。

掌握费曼学习法，可以高效学习。那么费曼学习法如何操作呢？

第 1 步，选择要学习的概念。也就是首先要设定一个目标，拿出一张白纸，在上面写下需要深入学习的概念。

第 2 步，把自己当成老师，正在试图教会学生这个概念。这一步是至关重要的，要想象着自己正在给一名对这个概念一窍不通的学生讲解，我们绞尽脑汁、费劲口舌地自我解释，并且需要把过程记录下来，在不断的自我解释中能够更好地掌握这个概念，而且原先不明白的地方经过不断的自我解释也能够理清。

这就相当于在看一个故事，试图将它讲给周围的人听，这时候需要反复去解释、反复去理解才能够把故事讲好。

第 3 步，碰到难题时，返回去学习。当遇到难题、感到困惑时，可以返回去，重新翻阅资料、上网查找、咨询老师等，想尽一切办法，直到把问题解决，然后记录下来。学习不是单行道，适当地返回也是可以排忧解难的。

第 4 步，简单化和比喻。当看到很啰唆或很艰涩的句子时，要试着用简单直白的语言描述出来，或者找一个比喻，更好地、更恰当地理解它。

举个例子，有人问爱因斯坦："相对论是什么？"爱因斯坦回答："你坐在美女旁边 1 小时感觉只是 1 分钟，而夏天坐在火炉旁 1 分钟，你感觉是 1 个小时，这就是相对论。"

有的时候，用费曼学习法是容易的，因为有些事物并不难理解。但是，当面对一些结构复杂的概念、违反直觉的知识时，解释是非常困难的，这也是费曼学习法能够促进深度学习的原因。通过教别人来反思自己的学习，有的时候你以为自己懂了，其实并没有懂。

有趣的是，从职业的角度来看，教师是费曼学习法的最大实践者。当学生们提出自己没有听懂的问题时，恰恰是促使教师深度学习的时机。

关于费曼学习法，总结如下：

1）主题，选择一个可以一辈子专注的细分领域；

2）教授，发自内心地付出，才可能得到真诚的回馈；

3）卡壳，查漏补缺，只有输出式的教授，才会发现欠缺；

4）简化，做完这一步，知识点能留存 90%，毫不夸张。

5.3 硅谷创新的秘密：设计思维

设计思维（Design Thinking），是一种基于解决方案的解决问题的设计方法，该方法对解决未定义或未知的复杂问题极其有用。

来看一个经典案例，思考一个问题：怎样让更多乘客愿意乘坐火车呢？是把车厢变大？把座位变得更舒适？还是设置更多的车次呢？

1997 年，一家设计咨询公司 IDEO 接到了来自 Acela 公司改造火车车厢以提高乘客搭乘率的项目。IDEO 没有一上来就研究车厢，而是做了大量的用户行为研究，经过研究发现，火车搭乘率低的根本原因是订票、取票和搭乘整个过程过于繁杂，影响了乘客的乘车意愿。于是 IDEO 重新设计了购票系统，真正改善了用户的乘坐体验。

什么是设计思维呢？乘客不愿意乘坐火车，一般人会想是不是火车出了问题，而拥有设计思维的人则一定会先考虑乘客的需求是什么。

设计思维的核心就是以人为本，也就是以用户为中心进行设计（User-

Centered Design）。设计思维，就是一套以人为本的解决问题的方法论。解决问题，要从人的需求出发，多角度地寻求创新解决方案，并创造更多的可能性。

下面来学习应用设计思维的 5 个步骤。

第 1 步，同理思考（Empathy）。同理思考是指要获得对试图解决的问题的共鸣，简单来说，就是换位思考。例如希望改善线下门店的环境，那么就可以像顾客一样，到门店去待一整天。这个步骤的目标是收集大量信息，深入解读用户。

第 2 步，需求定义（Define）。在收集到的调查信息的基础上，需要更精确地定义需求。"让顾客对我们的服务更满意"，这就不是一个精确的需求定义，而"提高顾客的复购率"则是更精确的需求定义。只有精确定义需求，才能开始着手解决问题。

第 3 步，创意构思（Ideate）。这个步骤可以看作头脑风暴的阶段。围绕上一步定义的需求，可以跳出局限、打破惯性思维、脑洞大开地提出各种各样的点子。不要担心想法会被人取笑，如"顾客不满意我们的服务，可以花钱请他去别的店"，也许这就是一个全新的解决方案的开始。

第 4 步，原型实现（Prototype）。这个步骤要做出产品或产品中的特定功能的原始模型，用于测试上一步提出的解决方案。原型可以是一个具体的产品模型，也可以是一个小规模的环境或过程的简单模拟，如需改良火车订票系统，就可以模拟一个微型的购票厅，让测试者来模拟购票。

第 5 步，实际测试（Test）。这个步骤会使用实现的产品原型或模拟环境来严格测试问题是否得到了解决、需求是否得到了满足。这个步骤非常重要，一些想法可能会在这个过程中被重新定义，甚至发现新的问题。

从本质上讲，设计思维过程是迭代的、灵活的，它专注于设计师和用户之间的协作，重点在于根据真实用户的思维、感受和行为来将想法变为现实。

以上，就是实施设计思维的 5 个步骤。我们需要多应用才能不断加深理解，所以，找到合适的机会就试一试自己是否掌握了设计思维吧。

5.4 如何快速掌握一门编程语言

学习任何一门编程语言，都可以分成 3 个步骤。

第 1 步，通过书和视频课掌握基本语法。

掌握编程语言基本语法的途径比较多，如书、视频课、线下课等，可以结合自己的实际情况进行选择。笔者总结了学习编程语言必须掌握的 10 个要点。

1）学习编程语言的基础知识。

编程语言的基础知识包括基本数据类型、基本语法和流程控制（判断、分支、循环等）、主要数学运算符、打印输出函数的使用等。

2）掌握数组和其他集合类的使用。

数组和其他集合类的使用包括了解数据的类型和特性，数组和其他集合类能否为空，集合是否线程安全，主健是否重复等。

3）简单字符串处理。

所谓简单，就是 Regex 和 Parser 的内容，查找替换、截取字符串等，另外要注意字符编码问题。

4）掌握基本面向对象或函数式编程的特征。

对继承、多态、Lambda 函数等内容，概念要吃透，并掌握用法。

5）掌握代码调试的技能。

代码调试的技能包括异常、错误处理，断言、日志和调试等。

6）了解程序代码和可执行代码。

了解程序代码和可执行代码，包括组织机制、运行时模块加载、符号查找机制。例如，Java 的 JVM 原理和调优，结合编译原理理解 Java 和 PHP 等编译、运行的异同。

7）掌握基本输入输出和文件处理、输入输出流类等内容。

例如，Java 编程中文件读写的常用类和方法，如何防止读取量太多"撑爆"内存，以及读写的效率问题等。

8）掌握编程语言如何进行 callback 方法调用，如何支持事件驱动编程模型。

在现代编程环境下，这个问题是涉及开发思想的核心问题，几乎每种语言在这里都会下足功夫，如.NET 的 delegate、Java 的 anonymous inner class、Java 7 的 closure 和 C++ OX 的 tr1::function/bind 等，要深入掌握其设计模式的运用。

9）序列化和反序列化。

掌握序列化和反序列化的机制，以及它们在框架中的运用。

10）掌握一些编程语言特性。

掌握动态编程、反射和元数据编程、数据和程序之间的相互转化机制、运行时编译和执行的机制。

以上就是学习编程语言需要掌握的基础知识，在啃书本、掌握原理的基础上，要动手做一些"Demo"，掌握基本语法。

第 2 步，通过调试简单项目掌握开发框架的用法。

这个方法是根据笔者的个人经验总结出来的，笔者在刚参加工作的时候，虽然已经看了不少编程书籍，也跟着书中的案例写了一些代码，但在实际工作中总感觉力不从心，现在回想起来就是因为缺乏项目经验。恰好当时的主管要求搭建一个内网门户，内网门户里要有 BBS、Wiki、聊天室、会员中心、下载中心等十多个子系统，笔者当时的思路就是去网上下载多套系统进行整合。

经过两个多月，十多个系统的整合、搭建、数据打通，不懂的地方问"Google"、问同事，笔者的项目经验得到了快速积累，常见的系统架构方式都能说出个所以然，笔者至今仍非常庆幸，那段工作经历大大拓宽了自己的技术视野。

对于刚开始学习编程的同学来说，从 0 开始搭建一个系统是比较困难的，一个快速提高编程能力的方法就是从 GitHub 上下载一些简单的项目，在本地计算机上"跑"起来，这些项目一般都会有"step by step"的说明，教你如何搭建开发运行环境，让"Demo"能够运行在自己的计算机上，然后试着在这个项目中改变布局、增加字段、调试，把代码通读一遍，不明白的地方可以问"Google"或有经验的同学。

通过调试几个项目可以掌握开发框架的基本用法，对语法、开始框架、中间件、数据库的使用方法有基本的认识。

第 3 步，从 0 开始做一个项目，提高编程综合能力。

工程师的本质是什么呢？用工程的方法解决实际问题，所以我们非常强调动手能力。笔者曾经读过一个故事，一位华人理工科教授 Li 去他的朋友 Dived 家做客，Dived 是硅谷的技术高管，为了照顾 Li 的口味，Dived 准备了中餐，当饭菜准备好，大家围着桌子坐下后，发现少了一副筷子，由于不常吃中餐，Dived 家里没备那么多筷子。这时，Dived 站了起来说："稍等一会。"大约过了 10 分钟，Dived 带回一副崭新的筷子，原来他用家里的木头材料动手制作了一副筷子。Li 非常惊讶和感慨，虽然 Dived 身为技术高管，较少做一线的技术工作，但血液里流淌着的却是"工匠精神"。

这个故事告诉我们，作为工程师，动手解决问题的精神是我们的"底层操作系统"，好的工程师必须具备工匠精神。

编程的技巧全在细节，不从 0 开始做一个项目，就无法体会每一个技术点的运用。从 0 开始做一个项目，便于形成自己的工具箱。从开发效率来说，优秀程序员和普通程序员的差别就在于工具箱使用得熟练与否，当然还有算法、设计模式、代码结构等。

以 Java 开发为例，需要整合 Spring Boot、Dubbo、MyBatis、ZooKeeper、Redis 等，还需要熟悉数据库、缓存的用法、Linux 系统的安装和使用、数据库的安装和使用、数据库表的设计、数据模型的设计等。

经过以上 3 个步骤，就可以成为一名工业级编程水平的初级开发工程师了。如果想要进一步提高，就需要下苦功夫，深入掌握编译原理、架构背后的设计理念、算法、优秀项目的源码等。

5.5　如何快速成为一个领域的专家

许多咨询行业的顾问都能够在短时间内快速成为一个领域的专家，哪怕对他来说这是一个全新的领域。除了咨询公司有丰富的专业资料外，还有一个重要的原因是咨询顾问都掌握了主题阅读的方法。

1. 什么是主题阅读

主题阅读是为了在极短时间内系统地、全面地了解并掌握一个领域（如学习、阅读、写作等）的知识而进行的专业行为，或者是为了解决某个问题而进行的信息收集、整理、处理（构建模型），进而得出结论的一个过程。

主题阅读可谓阅读的最高境界，也是阅读中最为复杂的。主题阅读是获得见识、知识和解决问题的关键性工具。有了这个工具之后，几乎可以在任何时候、在最短的时间里快速地成为任何领域的专家。

这就好像一个帝王要做出某个重大决策，他不能只听一个大臣的意见，那样的话容易造成决策片面或失误。他要把所有的臣子召集起来，然后让他们一一表述见解、缘由，最后再收集整理，得到全面的认识和解决方案后，通过综合分析比较才做出决策。

主题阅读会用到一些工具，如笔记本电脑、平板电脑、手机等，软件方面主要是各类阅读 App、知识付费 App 等。

2. 如何进行主题阅读

1）明确目的和主题。

（1）要研究什么、要解决什么问题，先按照自己的理解简单地思考一下，并记录下来。

（2）目的是什么、为什么要研究，同样先简单地思考一下，并记录下来。

2）建立感性认知。

（1）通过信息搜索工具，进行广泛搜索并快速阅读。扫读序言、目录、标题、粗体字、图片表格、开头结尾内容等，勾画出关键词、结构、核心问题、重要的段落语句，通过笔记本记录下来。

（2）通过"5w2h"来进行框架的构建，这个框架最好的表达形式就是"问题"，这样才能将认知转化为行动。在最开始的时候一定要使用笔记本来进行记录，其好处在于便于建立结构化的框架，到了后期必须电子化，便于提取、整理、修改、分享。

3）列出筛选出的（精选的）参考资料清单。

可以通过豆瓣等书评网站搜索相关书籍、领域专家的推荐书单等，这些书籍是经过筛选的，非常有参考价值。

最关键的还是靠自己选择，主要通过泛读。5 分钟看自序，5 分钟看目录，作者一般会在自序中梳理框架逻辑，在目录中提炼核心观点。15 分钟泛读的要点为：略过故事、略过证明；标注概念、标注模型、标注公式、标注核心观点。最后 5 分钟简单回顾，记录困惑、问题、想法。

精选的参考资料不应该太多，但要保证质量。

4）制订阅读计划。

为清单里面的资料安排时间和场地。

（1）最大化时间的价值，充分利用现有的所有时间。

（2）一定要有时间的约定，时间计划安排松紧适中，便于执行。

（3）计划要充分考虑可行性。最好在执行之前做一些测试，检测计划的可行性。

5）集中阅读。

先完整地读一遍，将重要的概念、关键词、结构、问题、语句、模型、公式等在书中进行标注和记录，目的在于准确地理解作者所说的观点。

第二遍审视标注内容、记录下来的信息，开始按自己的语言和逻辑来整理框架，之后根据框架在所有的资料里面寻找答案。如针对问题 1，A 是怎么说的、B 是怎么说的、C 又是怎么说的，可以做出一个清单来。

6）分析对比。

他们谁说的对呢？我认为的呢？形成自己的认知，建立并完善模型。找一张纸，把标注及记录下来的概念、关键词、结构、语句、模型、公式等写出来，利用思维导图把这些都罗列出来，建立和修正它们之间的关联，形成系统模型。

7）建立模型并不断检验、更新。

整理为电子化的文件并进行分享。分享的一个好处就在于可以与读者互动，从而优化自己的模型，然后在以后的生活、工作中不断地进行实践，在实践中不断更新。

如果需要在 20 小时内成为一个领域的专家，时间安排是 5 小时泛读、3小时建模、2 小时求教、8 小时复述。用你的语言，把你的模型讲给别人听。这里就要用到费曼学习法了，用外行人都能听懂的语言，把自己的学习成果讲出来。

/第 5 章内容小结/

幸存者偏差（Survivor Bias），是一种常见的逻辑谬误，指的是只能看到经过某种筛选而产生的结果，而没有关注筛选的过程，因此忽略了被筛选掉的关键信息。

库伯学习圈，也称为经验学习（Experiential Learning）圈理论。经验学习过程是由 4 个适应性学习阶段构成的环形结构，包括具体经验、反思观察、抽象概念和积极实验。

费曼学习法，是一种"以教为学"的学习方式，它能够帮助学习者提高知识的吸收效率，真正理解并学会运用知识。这个学习方法其实很简单，就是验证学习者是否真正掌握了知识，要看他能否用直白浅显的语言把复杂深奥的问题和知识讲清楚。

设计思维（Design Thinking），是一种基于解决方案的解决问题的设计方法，该方法对解决未定义或未知的复杂问题极其有用。应用设计思维的 5 个步骤包括同理思考、需求定义、创意构思、原型实现、实际测试。

如何快速掌握一门编程语言。第 1 步，通过书和视频掌握基本语法；第 2 步，通过调试简单项目掌握开发框架的用法；第 3 步，从 0 开始做一个项目，提高编程综合能力。

如何快速成为一个领域的专家。主题阅读可以让你快速成为一个领域的专家。主题阅读是为了能够在极短时间内系统地、全面地了解并掌握一个领域的知识而采取的行为，或者是为了解决某个问题而进行的信息的收集、整理、处理，进而得出结论的一个过程。

第6章

管理中常见的"坑"

6.1 技术转管理，必须迈过的9道坎

"职场 35 岁现象"大家讨论得比较多，再加上当前互联网寒冬，有些做技术的人很担心互联网公司"杀死"中年人的现象会发生在自己身上。

其实，年龄跟职场竞争力是没有直接关系的，许多 35 岁以上的"技术+管理"人仍然是各大互联网公司的中流砥柱。有职场竞争力的人，发展空间都不会受限。

笔者也是在做了 10 多年 Java 开发之后开始负责技术团队的管理工作的，在 1 号店的时候，负责平台研发和运维两个部门，将近 200 人的团队，这个时候基本就不编写代码了，但仍然会坚持学习一些新技术以保持技术敏锐度。当然除技术外，业务知识、团队管理、运维、项目管理等方面的能力也要持续不断地提高。

笔者从技术转管理一路走来，也踩了不少"坑"，如果说有什么资格跟大家谈管理，大概是因为犯的错多一些而已。下面总结了从技术转管理必须迈过的 9 道坎。

1. "菜鸟"心态，对管理者的"技术能力"认知不足

初做管理，容易出现"菜鸟"心态，其外在表现是：

1）不写代码觉得不踏实，感觉失去了核心能力，心里发虚；

2）管理太花精力了，没时间学习新技术，对职业发展很担忧；

3）做管理就要放弃技术，该怎么取舍；

4）技术越来越差，却要做很多架构评审、方案规划，感觉没有底气。

"菜鸟"心态的根源是没有搞清楚技术人员与管理者的区别，二者的区别如图 6-1 所示。

从能力定义上看，技术人员的技术能力是技术实现的能力，即写代码、

做技术实现类工作；而管理者的技术能力是技术判断力，即这个新技术要不要引入、这个架构合不合理、这个项目落地有哪些方面的风险等，要做出判断。

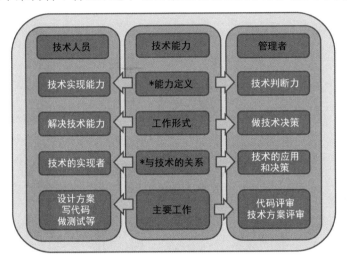

图 6-1　技术人员与管理者的区别

　　越是高级别的技术管理者，越不要跟技术人员比谁的代码写得好，因为技术管理者和技术人员的"技术能力"有不一样的定义。

　　技术判断力，听起来有点虚。举个例子，阿里巴巴的王坚博士，2009 年春节后带着一群年轻人在北京上地汇众大厦一间快要废弃的办公室里，写下了阿里云操作系统"飞天"的第一行代码。阿里云的提前布局，帮助阿里巴巴在云计算市场占有了 28.5% 的份额（2019 年），比第二名高出了一倍，为阿里巴巴日后的发展立下了汗马功劳。在大家都不看好阿里云的时候，王坚一路坚持，这就是技术判断力。

2. 缺乏管理思维，仍是技术思维

初为管理者，也普遍缺乏管理思维，其外在表现为：

1）等着领导安排活干，不主动规划下一个阶段的工作；

2）充当传话筒，发邮件喜欢直接转发，没有思考；

3）用战术的勤劳掩盖战略的懒惰；

4）不替领导分忧，希望领导直接给出指令。

那么，什么是管理思维呢？管理思维其实是一种复杂性思维，包括舍得思维、揪头发思维、系统性思维、最优解思维、用户思维、利他思维，如图 6-2 所示。

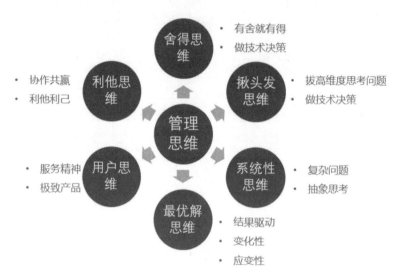

图 6-2　管理思维

舍得思维：一舍一得之间，构成了一种新的思维模式，人生的轨迹也随之改变，改变思维模式，从一舍一得开始。

揪头发思维：揪头发思维考察一个管理者的眼界，要培养向上思考、全面思考的能力，杜绝"屁股决定脑袋"。

系统性思维：是指从整体出发，先综合、后分析，最后复归到更高阶段上的新的综合，具有整体性、综合性、定量化和精确化的特征。

最优解思维：所谓最优解，就是在规定时间、预算、资源下，多方对比，给出最佳方案。

用户思维：顾名思义，就是"站在用户的角度来思考问题"，或者更广泛地说，就是站在对方的角度思考问题，也就是换位思考。

利他思维：是指从利他的角度，从有利于客户和员工的角度出发思考问题，利他就是最大的利己。

3. 替下属干活，让下属无活可干

替下属干活的管理者，管不住自己的手，其外在表现是：

1）给你讲了半天还搞不懂，我自己做一小时就做好了，我自己来吧；

2）你在想什么？我都替你想好了，你照着做就行了；

3）这个项目的成功，主要是因为我的设计、我的项目管理、我的……

替下属干活会导致下属没有机会锻炼，不能快速成长。

管理者要学会培养下属，结合如图 6-3 所示的职业能力发展模型，具体方法如下：

1）跟员工一起制定学习计划。在"员工发展计划"中制定学习计划；每个月检查计划执行情况；建立学习小组，形成学习氛围。

2）指导员工学习。建立导师和教练机制，共同成长；建立知识技能图谱，指导大家学习。

职业能力发展模型				
能力项目	Level 1		Level 2	
	关键词	行为标准	关键词	行为标准
学习能力（基本素质）	指导下进行学习	*有学习愿望，能够在指导或者要求下进行学习 *能够通过指定的学习资源，掌握好自身岗位工作所需要的知识、技能、工具和信息等	寻找学习机会学以致用	*积极和善于寻找学习机会，关注培训机会、结合成长规划，适时地为自己安排培训和学习，保持专业知识技能的更新 *积极地学习并且注意学以致用，不断探索，提高自身的工作效率 *在工作中和平时的学习积累过程中寻找有价值的信息
执行力（基本素质）	按要求行事	*能遵循上级或计划关于时间、步骤、方法、途径等的工作布置 *按计划或指示的要求要点完成工作	领会意图主动汇报	*领会任务的目的、意图、决策原因、适用情形等 *当情况变化时，能及时向上级汇报 *能够及时反馈与沟通任务进展情况
	表述自己的要点	*有主动沟通的意愿，掌握基本沟通技巧，完成一般的目标单一、内容简单的沟通任务 *能够清楚地表达工作内容和个人观点	把握他人论述要点	*具有良好的沟通意愿，多数情况下能够有效倾听和理解对方 *能准确无误、简练地表达自己的观点，能够进行简单的协调 *能够主动跟产品团队内成员进行有效沟通，确保产品目标的顺利达成

图 6-3　职业能力发展模型

3）创造机会让员工在干中学。创造机会让员工实战，并加以指导；在可控范围内，允许员工犯错。

4. 讲"义气"的大哥，无法公正客观

有的管理者，觉得"手下有人"了，走路就带风了，有了"当大哥"的感觉，要么工作完全甩手给下属，做甩手掌柜，要么开始讲"江湖义气"，不能够公正客观地面对下属的问题。

这类管理者要清楚，管理者主要有两项工作：完成任务、培养下属，即完成组织布置的目标，在此过程中，借事修人，培养下属。

管理者的角色定位有 3 层含义：教练、裁判、领队。

- 教练：帮助下属建立觉察力、责任感、自信；
- 裁判：技术判断，规则制定；
- 领队：建立目标，引领方向。

在培养下属方面，大部分技术管理者有天然的障碍，因为大部分技术管理者是由于技术能力强才做管理的，特别容易出现"不放心""不放权"等现象，所以下属总是培养不起来。这类例子在中国历史上比比皆是。

> 诸葛亮，能力强，"卧龙凤雏，得一人者得天下"，出山之后帮助刘备建立蜀汉政权，与曹操、孙权形成三足鼎立之势。
>
> 刘备，好像没有什么特别强的能力。但是论管理能力，诸葛亮很难追上刘备。刘备在位时，蜀国忠臣良将云集，达到巅峰。
>
> 刘备去世后，诸葛亮全盘管理，兢兢业业、如履薄冰、鞠躬尽瘁、死而后已，但仍然导致"蜀中无大将，廖化作先锋"，将军每次出征诸葛亮都授予锦囊，将军的能力很难得到锻炼。

因此，管理者要清楚自己的角色定位：教练、裁判、领队。要给团队指方向、指出团队的弱点和错误、帮助下属成长。

5. 不做"坏"人，纵容下属犯错

管理者最忌讳做"老好人"，如果不指出团队和下属的问题，就不能及时

纠正偏差。管理者的"心慈手软"最终会毁了团队。

培养下属的最高境界是"菩萨心肠,雷霆手段",凶狠的狮子,在幼狮很小的时候就把它们赶出狮群,让它们独自面对敌人,在搏斗中成长,雄狮则远远地站在一旁看着,幼狮没有生命危险的时候,它们通常绝不出手。管理者在锻炼下属方面,应该向雄狮学习。

6. 不敢扛事,明哲保身

管理者必须要有担当,这是最起码的职业素养,凡事拿流程、规范做挡箭牌的领导者多半是没有担当的。

阿里巴巴十八罗汉之一彭蕾曾经说过,无论马云的决定是什么,她的任务都只有一个——让这个决定成为最正确的决定。这不仅体现了执行力,还体现了担当。试想,马云的想法天马行空,并非每件事都具备可落地的条件,而反观彭蕾多年来的表现,临危受命掌管支付宝、打造蚂蚁金服、出任 Lazada CEO,无一不是硬骨头,如若她缺乏担当,必定是无法坚持下去的,更别提成功了。

7. 树立部门墙,建立"独立王国"

对于管理者来说,共赢、整体是非常重要的,万万不可树立部门墙。树立部门墙的外在表现是:

1)我们的接口测试都通过了,你调不通是你的问题;

2)这次项目延期,主要是产品的问题、测试的问题,还有运维的问题等;

3)我查过了,不是我们的问题,这件事我们不管。

管理者要经常"揪头发",看看上级领导、公司的战略方向,在确保公司大利益的前提下,有时候要牺牲小我。

8. 七分做,三分讲

作为理工科出身的技术人员,内心总是有一种根深蒂固的想法,"Talk is cheap, show me the code",这种想法没错,但也不完全对,尤其是作为一名管理者,如何将团队的成绩让领导知道、让公司知道,是非常重要的。

"秀",在一定程度上,能够帮助公司、领导、同事了解团队的情况,给团队争取到更多的资源,避免不必要的误会。

如何汇报，是非常讲究的，如图 6-4 所示。一般社区的演讲，通常以演绎、故事为主，辅以情感交流。公司内部的汇报演讲，通常一半情感一半逻辑，偶尔有一些幽默。高层汇报通常以数字、逻辑为主，慎用幽默，通常时间都很短。

图 6-4　如何汇报

9. "纯"管理，丢掉技术和业务

技术管理者并非"纯"管理，主要工作还包括技术选型、代码评审、项目管理、产品规划、团队士气提升等，这些工作对于技术管理者来说，是不能放松的。

不同级别的管理者，角色定位是不一样的，如图 6-5 所示。

管理者的角色定位

- **基层管理者：是强有力的执行者**
- **中层管理者：是"八面玲珑"的大管家**
- **高层领导：是精神领袖**

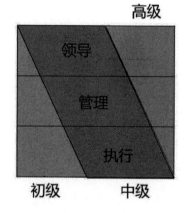

图 6-5　不同级别管理者的角色定位

- 基层管理者，是强有力的执行者，主要是执行上级交代的工作，自己仍然承担一些一线技术实现类工作。

- 中层管理者，是"八面玲珑"的大管家，公司的夹心层，向上承接高层的指令，对下负责指导基层管理者进行项目落地工作，兼顾管理和执行。

- 高层领导，是精神领袖，在大公司通常是创始人或高管，对于基层员工来说，通常只有在年会上才有机会碰到高层领导，他们是"神"一样的存在，他们负责制定最高级别的战略，较少参与一线项目的落地执行，是企业精神的象征。

6.2 定位与角色认知：管理者到底管什么

笔者常常会被问到这样的问题，CTO、架构师、技术经理和高级程序员到底有什么区别呢？多大规模的技术团队应该配备什么级别的技术负责人呢？

为了便于理解，下面以一个电商公司为例，讲解在初创期、发展期、成熟期都需要什么样的技术负责人。

第 1 阶段，高级程序员：实现复杂功能，解决技术难题。

一个刚刚起步的创业公司，通常只有几个程序员，甚至连产品经理、项目经理都没有，创始人自己就是产品经理，把想法跟程序员一说，就快速地做出了原型。

如果这个阶段对程序员的能力不满，那么大概需要的只是一个高级程序员，他能解决一般的技术难题，能实现复杂功能，思路清晰，干活利索。

所以，高级程序员的职责是：

1）实现复杂功能，编写核心代码；

2）处理线上 Bug，解决技术难题。

第 2 阶段，技术经理：交付效率提高、质量提升。

当公司的业务发展起来后，就需要一支相对完善的技术团队了，有专职产品经理、测试人员等，团队规模在 15 人左右，专注于一条产品线。

复杂功能、技术难题，高级程序员可以解决，但是如果要解决开发团队效率、技术人员能力、代码质量和编码规范等问题，就需要技术经理了。

这就是许多创业公司 A 轮融资前的情况，由技术经理总体负责技术团队，产品经理对接业务需求，做产品规划、竞品分析，而不是抄袭哪个 App。

所以，技术经理的职责是：

1）分派开发任务，包括开发工作量评估、分派，使资源利用率最大化；

2）提高代码质量，包括代码评审、编码规范、线上 Bug 分析等；

3）项目管理，确保项目按时交付，建立管理机制；

4）团队管理，包括团队搭建、人员招聘、人员培养等。

第 3 阶段，技术总监：技术规划，多产品线、项目群管理。

当技术团队发展到 30 人左右，有了多条核心产品线、多个技术经理后，就需要一个技术总监了。

技术总监，作为领域专家，会站在更高的层面思考技术如何建立壁垒，构建技术竞争力，逐步建立公共技术平台，协调多条产品线在统一的技术平台上快速迭代。

技术总监，一般在领域内有多年沉淀，来自知名互联网企业，能够把技术团队带上一个新的台阶。

技术总监的职责是：

1）搭建公司的技术平台部，统一技术栈；

2）建立产品研发体系，让技术团队可以持续地快速交付；

3）管理和协调多条产品线，打造明星产品；

4）建立技术壁垒，形成技术竞争力。

第 4 阶段，架构师：架构设计、架构实现、架构评审。

公司如果"跑到"了 B 轮，技术团队应该接近百人了，此时的技术团队跟初创时期相比，已经很不错了。

有技术总监协调着各条产品线，有开发经理带领技术团队快速迭代产品。代码规范化、最佳实践的总结和推广也在逐步开展。

此时，需要把架构规划和架构评审的职能从技术总监和开发经理身上剥离，即分离专业岗位和管理岗位，让专业的人做专业的事。

这时候就需要设立架构师岗位了，架构师专注于技术架构分析、架构设计、架构实现、推动重构、推行架构原则等工作，能让技术总监和技术经理侧重在项目管理和团队管理上。

架构师的职责是：

1）业务架构设计和实现，根据业务规划和应用场景，设计切合当前业务要求并且具备一定前瞻性的应用架构、类、接口，进行业务抽象及业务建模等；

2）架构设计和实现，识别非功能性需求，如性能、可扩展性、安全性、高可用及易部署等；

3）重构计划及执行，关注全链路监控数据、线上 Bug、系统预警等信息，识别架构缺陷，提出重构建议并推动执行。

第 5 阶段，CTO：技术产品战略规划，提高技术竞争力。

当技术团队有了几名技术总监、架构师，人数达到几百人之后，就是时候引入真正意义上的 CTO 了。除非 CTO 是联合创始人，否则 CTO 很可能会有"虎落平阳"的感觉，公司里的人也会觉得这个人"满嘴跑火车，却落不了地"。

国内的中大型互联网公司一般都有产品 VP 和技术 VP，有的技术 VP 就是 CTO。如果 CTO 统管技术和产品，那么产品 VP 就向 CTO 汇报，否则他们是平级的。

在国外，CTO 主要研究未来 3～5 年的技术发展趋势，为公司做中长期的技术规划，是具有行业影响力的技术大咖，是公司技术领域的精神领袖。CTO 较少关注当下的具体事务，这类工作主要由工程 VP 处理。

以国内互联网公司的 CTO 为例，总结一下 CTO 的主要职责：

1）技术赋能商业，具有敏锐的商业洞察、深入理解产业，参与公司战略规划，推动技术引领业务增长，通过技术和产品实现战略落地；

2）技术趋势研究，思考未来 3～5 年的技术发展趋势，以及新技术的发展给企业带来的机遇和风险，为企业提前布局；

3）技术治理体系，形成持续的过程改进、高效的研发流程、稳定的交付质量、高可用的系统；

4）组织与文化，建设学习型组织、自我完善型组织，形成符合企业特色的文化氛围。

6.3　性格心理：哪种性格的人适合做管理

许多刚走上管理岗位的朋友，都有这样的困惑：

1）我比较内向，不适合做管理；

2）我不擅长演讲，没有领导才能；

3）我太谨小慎微，做不好领导；

4）我太喜欢出风头，静不下心来做管理；

5）我太强势，团队很难配合我，我不适合做管理。

这些困惑，实际上是一个问题：究竟哪种性格的人更适合做管理呢？

在回答这个问题之前，先来看两个案例。

案例一：大众汽车前 CEO 性格内向，甚至很少面对媒体发表演讲，仅有的几次当众演讲也讲得磕磕绊绊，毫无激情可言，是一个糟糕的演讲者。然而，就是这样一位有演讲障碍的企业管理者，带领大众公司取得了业绩的大幅增长，成了公司有史以来业绩最优秀的 CEO。

案例二：微软前 CEO 鲍尔默充满激情，极富号召力，他的热情感染着身边的每一个人。可是他的业绩如何呢？在他的领导下，微软错失搜索、移动互联网、云计算等领域的发展机会，一度出现疲态。在董事会的强烈建议下，他离开了 CEO 的岗位，消息一经公布，微软的股票迎来了少有的上涨，可见资本市场对他的管理失望透顶。

以上案例表明，人的性格因素对管理工作的影响是微乎其微的，也就是说，无论性格是内向的还是外向的、是急性子还是慢性子、是佛系的还是强势的，都不会影响你成为一位优秀的管理者。

优秀的管理者，首先要了解自己的性格，善用自己的性格特点来开展管理工作。下面介绍两种性格测评工具：DISC 和 MBTI。

1. DISC

DISC 测评将人的性格分成支配型、影响型、稳健型和谨慎型。

4 种性格在领导工作中的行为倾向如下。

- 支配型，老板型，是团队里的实际指挥者。
- 影响型，互动型/社交者，擅长通过互动沟通施加影响。
- 稳健型，支持型/支持者，为团队提供必要的资源，是员工的坚强后盾。
- 谨慎型，修正型/思考者，遵循逻辑、重视数据分析，谨慎地做出相应的决策。

2. MBTI

MBTI 职业性格测试是国际上最流行的职业人格评估工具，作为一种对个性的判断和分析模型，它从纷繁复杂的个性特征中，归纳提炼出 4 个关键要素——动力、信息收集方式、决策方式和生活方式，然后进行分析判断，从而把不同个性的人区别开来。

MBTI 性格类型系统中的 4 种性格倾向组合，与古老智慧所归纳的 4 种性情正好吻合。这 4 种组合是：

- 直觉（N）+思考（T）= 概念主义者；
- 触觉（S）+知觉（P）= 经验主义者；
- 直觉（N）+情感（F）= 理想主义者；
- 触觉（S）+判断（J）= 传统主义者。

领导者在了解了自己的性格特点后，顺应自己的性格，找到适合自己的风格，发挥特长，就能成为一位卓越的领导者。

下面来聊聊领导风格，领导风格按关注人和关注事这两个维度两两组合，可以分成 4 种类型，如图 6-6 所示。

- 指令式：重事不重人，关注目标和结果，喜欢发号施令，但不亲力亲为；
- 支持式：重人不重事，希望带头冲锋、亲力亲为，特别在意团队成员的感受，并替他们分担工作；
- 教练式：重人也重事，关注全局和方向，并在做事上给予教练式辅导和启发；
- 授权式：不重人也不重事，关注目标和结果，不关心过程和人员发展。

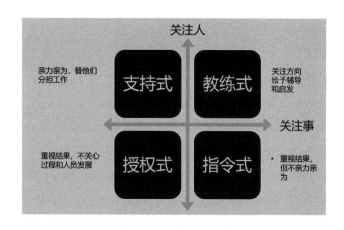

图 6-6　4 种领导风格

为了更好地理解这 4 种领导风格的差异，举例说明如下。

Facebook 的 CEO 马克·扎克伯格决定全力以赴投入 AI 领域，他找来了当时的 CTO 麦克·施罗普弗，下面尝试用 4 种风格看一看他如何给 CTO 布置工作：

- 指令式——"麦克，我们必须全力以赴投入 AI 领域，Google、Amazon 都已经把 AI 提升到战略高度了，我们坚决不能落后啊！"

- 支持式——"麦克，我后面会跟你一起投入 AI 中，你对 AI 有兴趣吗？如果你愿意，可以把其他工作交给工程 VP 负责，以减轻你的负担。"
- 教练式——"麦克，AI 是我们未来 5 年的重点，我需要你全力投入，你觉得语言识别、图像识别和自动驾驶，哪一块是我们的机会点呢？"
- 授权式——"麦克，5 年之内我要看到 Facebook 在 AI 技术方面做到全球领先，你去操办吧。"

不同的风格，对于同一件事情的做法差别是很大的。但是，无论是佛系领导，还是强势领导，能够带领团队取得更高绩效的领导就是好领导。

那么，你是哪种风格的呢？在不同的场景下可以使用不同的风格吗？这个问题留给读者去思考。

6.4　技术管理者，是否要丢掉技术

许多技术管理者都有这样的困惑，我们做技术管理的，写代码的时间越来越少，"手越来越生"，但是却参与了更多的技术评审和技术决策，这似乎是一件很矛盾的事情。

因此，他们时常感到很焦虑，认为自己技术能力越来越差，日常管理工作又非常琐碎，没有时间提高技术水平，会不会有一天年龄大了，失去了价值或性价比，就被行业淘汰了。

其实，这里面有两个问题：第 1 个问题，技术管理者的核心能力是什么；第 2 个问题，技术工程师和技术管理者的技术能力有什么差别。

先说第 1 个问题，技术管理者的核心能力是什么。说实话这也是曾经困扰笔者的问题，直到有一次上 MBA 课程的时候，教授的一句话让笔者一下子"通透"了。

1. 管理者的核心能力是职业判断力

2013 年，阿里巴巴的张勇看到了移动互联网的未来，提出"All in 移动"，帮助淘宝顺利拿到了移动互联网头等舱的门票，这就是职业判断力。

海尔的张瑞敏，在互联网时代来临时，提出了"人单合一"模式，"革自己的命"，企业获得了重生；在万众创业的时代，他又提出"创客模式"，把企业变成了创客平台，释放了企业的创新力。这也是职业判断力。

同样的道理，技术管理者的核心能力就是技术判断力。技术判断力，简单地说，就是某个技术项目"要不要做"，要做的话"能不能实现"，是否适合现在做，还要考虑技术风险、项目管理复杂度、成本等，已经远远超出了写代码的范畴。

第 2 个问题，技术工程师和技术管理者的技术能力有什么差别呢？简单来说，技术工程师的技术能力是写代码，做具体的技术实现；技术管理者的技术能力是技术判断力，是通过在技术领域和非技术领域的长期积累培养起来的技术决策能力。

许多朋友一直把技术工程师的技术能力与技术管理者的技术能力混为一谈，其实讨论技术总监应不应该写代码是非常可笑的。

还要分场景来看，例如，创业团队缺乏资源，技术管理者必然事必躬亲，动手写代码，但当团队慢慢壮大时，技术管理者就要把重点放在做技术决策上了。

也就是说要看团队所处的阶段和团队规模，以及技术管理者的角色定位，来决定他的工作内容究竟是做技术实现，还是做技术决策，还是两者兼而有之。离开具体场景讨论技术总监或 CTO 是否写代码，是没有任何意义的。

2. 技术判断力判断的事情

技术判断力主要体现在 3 个方面。

1）对结果的判断。即这件事情做还是不做，用什么样的指标来衡量它的好与坏。例如，技术人员提出要用 Flutter 对现有 App 进行重构，技术管理者就要给出一个判断，做还是不做。技术人员这个提案的出发点也许是想"玩一玩"新技术，给自己的简历加分，而作为技术管理者，考虑的是现阶段公司 App 的关键问题是什么，假如关键问题是 App 的稳定性、开发速度不够快，那么 Flutter 作为一种新技术框架，能不能解决现有的问题呢？如果不能，那么现在引入它也许还不是最好的时候，可以安排一两个技术人员做预研，开始关注这项技术。

不难发现，技术工程师跟技术管理者对同一个问题的思考角度和维度差别很大。

2）对技术方案的判断。即对技术可行性、可维护性、成本收益等方面进行判断，通常在技术方案评审环节给团队进行指导。如方案是否具备技术可扩展性、能不能为公司建立起技术壁垒、技术框架里有没有详细的日志记录、出现线上故障时是否有预警、选择这项技术的机会成本如何等。所谓机会成本，即选择这项技术就会放弃另一项技术，有没有可能另一项技术的收益更大。

技术管理者对技术方案的判断也比技术工程师思考得更深、更全面，技术工程师或许只考虑好不好实现，而技术管理者要确保在方向上不出现大的偏差。

3）对风险的判断。包括技术风险、项目执行风险、团队风险等。技术管理者要利用自己的经验、团队讨论等手段，识别出主要的风险，并采取措施进行规避。

技术管理者平时做的技术评审、项目回顾、技术方案规划等工作就是在做技术判断，技术能力并没有变差，因为作为技术管理者，技术判断力在日常工作中得到了持续的锻炼和提升。

3. 如何提升技术判断力

新的技术管理者的技术判断力，主要来源于之前写代码和做项目的经验积累，这时候要做好知识迁移，将技术工程师的经验认知转换成技术管理者的技术判断认知。

技术判断力的提升，重点要做好如下 4 个方面：

1）团队日常技术和产品工作汇报。这是获取信息反馈、验证技术判断力的大好时机，借此可以检查自己之前的技术决策产生了哪些影响，有无需要调整的地方，也可以学到下属们的思考和经验，及时更新自己的技术和产品认知。

2）参与技术方案评审。小到每次代码评审，大到系统整体方案评审，都要尽量参与，尤其是大型系统整体架构评审，这是系统化提升技术判断力最好的机会，通过架构师的讲解，包括架构设计的逻辑、每种技术的特性等，再结合自己的理解和经验给团队提供反馈，架构判断能力也可以得到提升。

3）**主持系统顶层设计和规划工作**。技术管理者可以直接担任或主持系统顶层设计规划、业务架构规划、系统各层的划分、子系统之间的数据交互协议、技术框架选型、系统容量规划等工作，从整体技术架构上进行把控，再由团队进一步展开做更细的规划。

4）**持续学习新技术**。从事技术管理工作，并不是说完全丢弃技术，只是放弃了大部分的编码工作，但是新技术的学习是不能停止的，如人工智能的技术框架、机器学习的几种模式及其擅长解决哪些问题等，再比如区块链的几种共识算法的特点、实现原理、加密算法、记账方式差异等。技术管理者关注的是这项技术解决什么问题、实现的原理和机制，而不是如何熟练使用这项新技术写"Hello World"，当然写一些"Demo"对于加深理解是有必要的。

6.5 实践案例："我30岁了还没有转管理，慌得很！"

常有读者在微信上给笔者留言，探讨从技术转管理方面的问题，例如：

> "黄老师，我最近很焦虑，女朋友说我都30岁了，还没有转管理岗位，这辈子恐怕就这样了。"

笔者跟他说："30 岁还很年轻，女朋友这样说你很正常啊，人家要找的是可以托付终身的人，数落你几句怎么了，小不忍则乱大谋，古人说齐家治国平天下，当务之急是先把婚结了。"

还有读者问：

> "我今年35岁，在某团购网担任架构师，做分布式存储，也带两三个高级程序员跟着我一起做。领导最近找我谈话，想让我做部门经理，可是我就喜欢编程、做架构，不喜欢管人，也管不好，我该怎么办呢？"

笔者回答他："这是非常典型的'技而优则仕'，首先，你没做过管理，你怎么知道自己不擅长呢？说不定做着做着就喜欢了。再说了，公司给你机会不妨去尝试一下，做不好管理，大不了再回来做架构师，技术管理并不是完全丢掉技术，只是较少做编码而已。技术管理工作对技术规划、架构评审、团队管理等方面的能力要求更高。"

稍微整理一下这类问题：30 岁没有做转管理，是不是代表着失败呢？不做管理，后面的职场道路又该怎么走呢？

30 岁没做技术管理十分正常，并不是一件值得焦虑的事情。

根据某招聘网站 2019 年的数据，30 岁从事技术开发工作的人员占比为 67.4%，从事技术管理工作的人员占比为 32.6%，可见接近 7 成的技术人员到了 30 岁还从事一线技术开发工作。

同样来自该网站的数据，30 岁没从事技术管理工作的人在人才市场上获得"Offer"的机会比所有 IT 从业者高出 30%左右，这些 30 岁的一线技术人员"活好""不贵"，无论是大公司还是小公司都非常欢迎他们。

大多数技术人员转做管理是比较难的，因为"坑少"、流动性低、要求高。

一个不可否认的事实是大多数技术人员转做管理是比较难的，技术管理的"坑"本来就少。以 20 人的垂直业务线小部门为例，技术经理也就只有 1 人，后备经理即小组长为 2 人左右，"备胎"想要转正，要等经理升迁或经理离职。

技术管理人员的流动性会相对低一些，试想，如果从 0 开始负责一个团队到做出成绩，至少也要两三年，技术管理人员是不会轻易离开的，除非确实搞不定了。而对于公司来说，也不会随便更换技术负责人，毕竟这个人影响着一二十人，除非确实做得很"烂"。

技术管理岗位本身对技术能力、架构能力、沟通能力和协同能力都有较高的要求，一般技术人员在短时间内难以达到。

30 岁还没走上技术管理岗位，后面的职业道路有哪些选择。

除了技术管理岗位，职业道路还有许多选择，下面列出 4 种常见的选择。

1）觉得自己没有准备好，先沉淀技术再升级做技术管理。

对程序员而言，从技术转管理是一件水到渠成的事情，先把技术基础夯实，再去做管理，管理之路才能走得更长远，揠苗助长式的升迁，将使未来的职业发展受到限制。

> 小张就是这样一个活生生的例子，小张是推荐引擎方面的专家，帮助公司从 0 到 1 建立起了推荐引擎技术平台，与产品、开发、测试人员协作得非常顺畅。这时，公司打算晋升他为技术经理，负责推荐引擎平台的产品研发。
>
> 小张经过慎重的思考，婉拒了这个机会，他认为自己的技术实力和各方面的沉淀还不足以承担起技术管理工作，他决定在当前岗位上继续精进一段时间。
>
> 换句话说，即便小张没有成为技术经理，公司也已经把他列为重点培养对象了，他的上升空间是不可限量的。

2）在技术上继续精进，成为某领域的专家或架构师。

成为管理者还是技术专家，在很大程度上取决于你的工作价值观。工作适应理论（Work Adjustment Theory）把工作价值观细分成如下 6 个维度。

- 成就：你如何看待工作成就感；

- 舒适：你是否看重工作的稳定性和舒适性；

- 地位：你是否追求晋升成为管理者；

- 利他主义：你是否想做一份帮助他人的工作；

- 安全感：你是否希望公司更透明、更一视同仁；

- 自主权：你是否希望获得更多自由发挥的空间。

对这些因素的关注程度，决定了职业发展的方向，例如：

- 你如何看待成就感呢？是以一己之力解决技术难题更"爽"？还是看着自己提拔的年轻人一起打造伟大的产品更"爽"呢？

- 你是否追求晋升，是否喜欢管理人？

- 你是否希望得到更大的自主权？一般来说，作为专家更有自主权，而不是作为领导更有自主权。因为很多公司领导被上级的任务压得喘不过气来，下属也需要自己带，自主决策的空间并没有想象中大。

大家不妨用工作适应理论作为思考框架，重新思考一下自己的职业发展方向，不要盲目地跟随大众的价值判断，认为只有做技术管理才能走上人生巅峰。

3）选择转行，不再跟技术死磕。

技术人员通常可以转产品人员、转商务人员。在腾讯内部，产品经理大多数都是有技术背景的人，一般人毕业后进入腾讯，先做两三年开发工作，对产品感兴趣的人会转岗做产品经理。

陈晓菲就是技术人员转产品人员的例子，毕业后她一直从事前端开发工作，工作一年以后，她的产品敏感度渐渐显露出来，经常跟产品经理探讨产品背后的设计逻辑、应用场景和用户痛点等。

产品经理跟她开玩笑：你很有产品思维，要不要考虑转岗做产品经理呢？

一句看似玩笑的话，却被陈晓菲记在了心里，"念念不忘，必有回响"，经过自己的努力，陈晓菲最终通过了转岗面试，成为一名产品经理。

关于转行，"三界之外无量天"，笔者身边就有技术人员转行玩摇滚的、成为网红编剧的、写自媒体成为大 V 的、去大理开旅店的。总之一句话：做什么不重要，追随内心吧。

4）技术创业，开辟一番新天地。

如果在某个技术领域积累得足够深，并有机会接触一些潜在客户，技术创业是很好的选择，笔者身边也不乏这样的例子。

云平台技术专家刘航，在技术圈小有名气，经常在各大技术论坛上分享自己的技术经验，还利用周末的时间到其他企业去解决技术难题。经过慎重的思考，刘航决定辞职创业，成立一家云技术服务公司，帮助企业解决上云的问题，提供技术云套件产品，公司经营得有声有色。

从事技术管理工作，成为技术总监或 CTO，无非名头响一点、钱挣得多一点，但这并不是技术职场成功的唯一标准。

虽然，人没有了梦想跟咸鱼没有分别，但是并不等于 30 岁不做管理就是咸鱼一条，每个人的职业发展路径不一样，决定因素也是多方面的，在硅谷写程序写到 60 岁的技术专家依然有很高的地位，同样受人尊重。

6.6 管理本质：激发"全员领导力"

记得，笔者刚开始做管理的那两年经常会感到非常痛苦。总有一些员工工作不主动，不催促，项目进度就不能保证。有些员工总是不愿承担责任，遇到问题就开始扯皮。还有的员工属于"不见兔子不撒鹰"，没有激励根本不愿意多干活。

笔者当时就在想，这样的管理方式太累了，团队如果全靠 Leader 一个人驱动，并不是长久之计，有没有办法让员工积极主动地干活呢？于是笔者开始寻求激发员工自驱力的办法，也读了许多国内外管理方面的著作，渐渐形成了自己对管理的认知和方法论。

在笔者看来，团队管理要做的只有一件事，就是激发"全员领导力"。

什么是"全员领导力"呢？许多人认为，只有管理者才需要领导力，员工只要服从就好，这种管理模式叫"领导者-执行者"模式，这种模式就会导致领导者越来越累，执行效果越来越差。

"全员领导力"就是要改变这种管理模式，实现"领导者-领导者"模式，这种模式下，员工也要具备领导力，而不再是被动地接受指令。这是一种"自上而下"与"自下而上"领导模式的结合，使领导和员工形成一个有生命力的组织，为企业做出卓越的贡献。

那么，如何打造"全员领导力"模式呢？

1. 尽可能权力下放

为什么要权力下放？因为员工是最了解一线需求的人，他们完全有能力在自己负责的领域做出正确的判断。你看海底捞，每个服务员都有权力给顾客送小菜、小礼品，依据现场的情形、客户的情绪，自行判断就好了。

通过权力下放，就能够把部分决策权还给员工，让他们发挥主观能动性，提升企业整体运作效率，具体的举措有以下几点。

1）让员工有归属感。

一个没有归属感的团队是毫无战斗力的。电影《长津湖》里有一个片段令人印象深刻，第 7 穿插连，每一位队员都有一个编号、一个花名，而且这个编号和花名会永远伴随这名队员，不论是生是死。

所以，团队里多做一些增加归属感的事情，比如设计团队的 Logo、口号、专属花名，定期举办团队成员一起参加的活动，如团建、拓展、读书会等。

笔者的团队曾经组织过一次很特别的团建，就是去参加某位员工的妻子的毕业音乐会，即便经过了许多年，很多老同事仍然记得那次团建。

2）让信息流动。

许多"Leader"喜欢借助"信息差"来管理团队，认为"我懂你不懂"就能树立权威。恰恰相反，这样做的结果就是，员工不再去思考，反正自己掌握的信息不足，让领导拍板最好了，自己就不用担责任了。

字节跳动是一家最在意信息透明化的公司，除了一些商业秘密、财务敏感信息，他们尽可能让员工掌握更多的信息，借此让员工快速依据当下的情况做出判断。正是先进的管理理念，让字节跳动在几年的时间里快速崛起成为"巨无霸"公司。

3）把请示工作，变成主动规划。

要让员工主动规划自己的工作，而不再是领导都规划好了，安排给下属去执行。让员工参与规划甚至主导规划，是进一步权力下放的举措。领导只要在关键的地方对员工加以提示，避免大的偏差就可以了。

许多大厂都在使用 OKR 工具，这是非常好的管理工具。员工会很清楚领导的 OKR，自下而上思考如何更好地支撑领导。

4）高层领导，管住手。

让员工开启思考模式，遇到问题不是直接去请教领导怎么解决，而是在条件允许的情况下尽可能尝试。

越是高层的领导，越要管住自己的手，最忌讳就是跟员工抢活干，让员工没活可干。

5）取消监督机制。

许多企业都有专职 QA，专门负责督促员工有没有违规。也会有专职的项目经理，去帮着盯项目进度。笔者就非常纳闷，难道员工自己不能学会遵守规范？"Leader"不能保证项目的进展？

就是这种看似闭环的"监督-执行"机制，导致了团队的低效。解决的办法很简单，奥卡姆剃刀定律告诉我们：如非必要，勿增实体。要想办法帮助员工解决无法按时完成工作的问题，而不是找个人来督促他完成。

不要培养职场巨婴，要相信每一个员工都有能力把事情做好，尽可能取消一切监督机制。

6）鼓励员工反馈问题。

有一些领导，喜欢听好话，于是下属就投其所好，报喜不报忧。据说希特勒直到柏林被攻占，依然不相信自己会输掉整个战争，因为士兵们从来不敢跟他说真话，一旦说真话他就会生气杀掉士兵。所以，他完全不知道真实的战况到底有多么糟糕。

组织里要允许员工跨级汇报，领导要尽可能地多到一线走动，主动询问员工在工作中有什么困难，以此了解企业的真实运营情况。

2. 建立高效行为准则

想要获得"全员领导力"，就要建立高效的行为准则，把这些行为进行固化，变成每个员工的日常，让高效成为一种习惯。

1）高危工种，谨慎行事。

一些高危岗位，要建立"Double Check"的机制，比如运维、DBA、财务等岗位。

空姐在打开飞机舱门的时候，通常都是两个人，一个负责读操作规范，另一个负责执行。这么一个小小的举措，就能将错误率降低到 0.001 以下。

2）让听见炮声的人做决定。

比如一些技术问题，就让一线员工提出解决方案，避免外行指导内行。

尤其一些技术出身的领导，总是对技术有某种偏好，也总是想在下属面前显摆一下。作为管理者要摆脱这种"能力陷阱"。

3）高效会议。

总的原则是：能不开会，尽量不开会；不开没有准备的会；每个会必须有结论；取消时长超过 1 小时的会。

像 Amazon、Netflix 这样的公司，提倡去 PPT 化，用 Word 格式的会议材料来同步信息。因为一旦用 PPT 来呈现工作，就会陷入一场视觉游戏，而这些对于决策是没有任何帮助的。

4）强调愿景。

企业的使命、愿景、价值观是要反复强调宣贯的，而且要把抽象的理念形象化，比如有文化大使、企业文化小故事，采用视频、图片、文字的方式不停宣贯，才能够让每个员工感同身受。

5）对齐目标。

高效的企业，不是由领导直接给解决方法，而是通过员工跟领导对齐目标，让员工自发地去调动资源完成组织的目标。领导和员工不断修正各自的 OKR，使得企业越来越接近战略目标。

3. 激发员工"自我效能"

以上笔者从权力、行为准则两方面，聊了如何提升"全员领导力"，这些都是从外因出发的。激发员工"自我效能"，是从内因出发的。

什么是"自我效能"？心理学大师班杜拉提出了"自我效能"的概念，是指人们对自己实现特定领域行为目标所需能力的信心或信念。简单地说，就是在某一个领域里的自信。

班杜拉研究发现，"自我效能"主要来源于 4 个方面：

1）自己的经验。自己有过做某事的成功经验。

2）替代性经验。就是"没吃过猪肉，也见过猪跑"。

3）社会说服。别人说你行的时候，你也会有自信。

4）情绪和生理的影响。人在疲惫的时候会缺乏自信心。

总结下来，在职场中提升员工"自我效能"的方法如下。

1）建立信任，并且照顾你的员工。

员工只有在相互信任的环境中，才会获得归属感，才能够为企业做出最大的贡献。

领导者要像照顾亲人那样带领员工，让他们通过工作上的修炼成为更好的人。

2）用你丰富的经历去激励员工。

领导就是员工的榜样，在员工看来，你就是他若干年后的样子。员工内心是非常愿意从你这里获得成长经验的，这时候你要用自己的经历去激励员工，让他相信努力终将有所回报。

笔者曾经给团队讲过自己是如何学技术，如何转做管理，如何应对 35 岁中年危机的。笔者发现大家都听得特别认真，他们其实是在从笔者的人生经历中学习，思考自己的职场道路该怎么走。

3）及时反馈。

当下属取得了阶段性的成果，要及时、具体地表扬他，这样会强化这种成功的感觉，让员工的"自我效能"提升。其实，失败从来不是成功之母，成功才是成功之母。小的成功会带来大的成功，让成功也成为一种习惯，持续性胜利才会成为强者。

4）着眼于更长远的目标。

坚持做难且正确的事，虽然见效慢，但是慢就是快，这就是企业实现基业长青的重要途径。

坚持长期主义，心态放平稳，就不会因为短期利益而去做动摇企业根基的事情，这往往才是最好的策略。

最后，引用王兴说过的一句话作为结尾："好的管理者就是引导身边的人，见天地、见众生、见自己。"

/第 6 章内容小结/

技术转管理，必须迈过的 9 道坎。"菜鸟"心态，对管理者的"技术能力"认知不足；缺乏管理思维，仍是技术思维；替下属干活，让下属无活可干；讲"义气"的大哥，无法公正客观；不做"坏"人，纵容下属犯错；不敢扛事，明哲保身；树立部门墙，建立"独立王国"；七分做，三分讲；"纯"管理，丢掉技术和业务。

定位与角色认知：管理者，到底管什么。第 1 阶段，高级程序员：实现复杂功能，解决技术难题；第 2 阶段，技术经理：交付效率提高、质量提升；第 3 阶段，技术总监：技术规划、多产品线、项目群管理；第 4 阶段，架构师：架构设计、架构实现、架构评审；第 5 阶段，CTO：技术产品战略规划，提高技术竞争力。

性格心理：哪种性格的人适合做管理。人的性格因素对管理工作的影响是微乎其微的。在领导工作中的 4 种性格行为倾向：支配型、影响型、稳健型、谨慎型。4 种领导风格：指令式、支持式、教练式、授权式。

技术管理者，是否要丢掉技术。技术人员的核心能力是技术实现能力，技术管理者的核心能力是技术判断力。

实践案例："我 30 岁了还没有转管理，慌得很！"不妨用"工作适应理论"作为思考框架，重新思考一下自己的职业发展方向，不要盲目地跟随大众的价值判断。

管理本质激发"全员领导力"：要实现"领导者-领导者"的模式，这种模式下，员工也要具备领导力，这是一种"自上而下"与"自下而上"领导模式的结合。打造"全员领导力"的方法：尽可能权力下放、建立高效行为准则、激发员工"自我效能"。

第 **7** 章

有效管理的原则

7.1 稻盛和夫：管理者的成功方程式

一个领导者，如果能够为了集体成员的幸福，不断付出超于常人的努力，那么他就必然能够赢得所有集体成员的拥戴和追随。

——稻盛和夫

日本"经营之圣"稻盛和夫创办了京瓷和 KDDI 两家世界 500 强企业。稻盛和夫总结出了自己的经营哲学，他建议对于领导者的选拔，要坚持思维方式第一、努力第二、能力第三的原则。他将自己的这一原则，总结成了稻盛和夫成功方程式：

成功 = 能力（0~100）× 努力（0~100）× 思维方式（-100~100）

能力，即智力、体力等天赋条件，这种能力有个体差异，用 0~100 分来表示。

努力，也因人而异，从无所事事的懒汉到忘我工作的模范，也用 0~100 分来表示。

思维方式，即人生态度与哲学认知，稻盛和夫认为思维方式是领导者的首要素质，他曾经回忆过自己年轻时候的故事。

稻盛和夫大学毕业之后在一家快要倒闭的公司工作，感觉在这里看不到前途，便与几个同事报考了国民卫队并被录取。

办手续的时候，哥哥却不给他寄身份证，并严厉地批评他说："你在别人都不干活的地方都干不出点名堂，还能做什么呢？"一句话点醒了稻盛和夫。

此后他调整情绪，把铺盖和锅碗瓢盆都搬进了实验室，没日没夜地做实验。最终，他研究出了超越电器巨头通用公司的精密陶瓷产品，给公司带来了源源不断的订单。

很多人抱怨公司这里不好、那里不好，其实回过头想一想，这就是机会，在大家都抱怨的时候，你采取了行动把问题解决了，你就将得到更多的机会，老板不是傻子，一切他都看在眼里。

稻盛和夫曾在《领导者的资质》一书中，总结过优秀领导者应该具备的要素，笔者从适合技术管理实践的角度摘取了其中 7 项。

1. 付出不亚于任何人的努力

领导者是一个部门的代表，也是企业的代表。领导者的一个重要职责就是成为表率，向全体组织成员展示自身勤奋的工作姿态，并以此带领员工，统率整个团队。

每当笔者向大家询问"你对于工作是否努力"时，回答都是"我已经尽了全力在努力工作"。然而，这里所指的是超出常人的那种努力。在现实中，即便认为自己已经非常努力了，但是如果竞争对手付出的努力比我们多，那么最终还是会在竞争中失败，自己之前已经付出的努力也将全部化为"泡影"。

所以，领导者必须在工作中付出无人能及的努力才行。也许这意味着难以承受的辛劳，但是要想获得成功，领导者就只有这一种选择。

京瓷哲学中有一条是"成为漩涡的中心"，领导者在工作时必须把周围的人卷进工作的"漩涡"。

2. 取得下属的认同感

企业的领导者作为经营首脑，首先必须明确自身所领导事业的目的和意义，并且向下属明示，尽一切可能地取得他们的认同，从而获取众人的鼎力协助。这对中小企业的员工而言，可以起到很大的激励作用。

领导者中或许有些人把创办企业的目的和意义看作"赚钱"。企业要想获得发展，利润的获取的确必不可少，但是在兴办企业时，还要兼顾社会意义，以及注意发挥人的主观能动性。

一项事业的目的和意义，必须能够让不管是领导者还是下属员工，都感受到自身是在"为了一个崇高目的而工作"，这是一种超越一般层次的存在。

在京瓷还是一家小企业时，稻盛和夫就一直向员工们诉说自己的梦想："我们生产的特殊陶瓷，对于全世界电子产业的发展必不可缺，让我们向全世界供货吧！"他对员工说："如果能做到这一点，那么，虽然我们只是一个毫不起眼的街道工厂，但我想把它变成街道第一，之后成为中京区第一，进而成为京都第一、日本第一、世界第一。"

虽然那时的京瓷还只是租借他人厂房一角、几十个员工、年销售不足一亿日元的小企业。但从那时起，他就不断向员工讲要成为日本第一、世界第一的企业，并向员工提出"让我们共同实现这个理念"的号召，所以才得以与京瓷的全体员工团结一心，共同奋斗至今。

也正是因为企业的目的成功赢得了京瓷员工们的一致认同，并让他们愿意为此而勤奋工作，才有了京瓷的今天。因此，当作为一名领导者率领一个组织时，明确自身事业的目的和意义，并赢得组织成员对此的认同，就显得极其重要。

3. 与下属共同制订计划

领导者在明确企业的目的和意义并且与下属取得共识之后，就需要确立具体目标，制订相应的计划。

在确立目标和制订计划的过程中，领导者必须居于核心地位，广泛听取下属的意见，做到集思广益。这样做的目的是让组织成员在目标和计划的制订阶段就参与其中，从而让他们拥有"这是我们大家共同制订的计划"的意识。

然而，当需要开创一项新的事业或者捕捉到一个巨大商机时，领导者又有必要迅速果断地担负起责任，主导确定新的目标。

这时领导者不仅要确定未来目标，同时必须找出实现这个目标的有效方法和途径。与此同时，必须向下属说明确定这个目标的理由、领导者对于这个目标的认识和想法，以及具体的实施方法和途径。

领导者在这个过程中，必须与下属展开彻底的沟通，以期获得他们的真心认同。只有当下属的工作热情上升到与领导者相同的层次时，才真正有可能做到团结一切力量实现企业的最终目标。

4. 心怀"爱情"与下属交往

许多企业的最初形态就是创始人单枪匹马，或者与夫人一起创业，开个家庭作坊或个人商店，但靠这种形式，不管个人多么勤奋，拓展空间仍然有限。想要扩大规模，不能不雇佣员工。因此，经营者必须把身边的几位员工当作共同经营伙伴，让他们与自己的想法一致、同甘共苦，共同支撑事业的发展。

通过建立心心相通的关系，具备"一体感"、想法一致，致力于构建这样的组织是企业运营的第一步。首先要有"我要依靠你"这样一句话，接着要有把员工当作共同经营伙伴这样一种姿态。

管理者要心怀"爱情"与下属交往，与员工建立发自内心的、心心相连的人际关系。所谓"爱情"，就是指关爱、体贴、利他之心。用自我牺牲打动员工的心，让员工发自内心地爱戴你，换句话说，就是让员工"迷恋"你，因你的魅力而倾倒。

5. 不断激励下属的士气

稻盛和夫经营实践的根基是建立在"愿则成"这个信念之上的。之所以会意识到这一点，完全源自他在许多年前的一次亲身体验。

创建京瓷之初，他有幸在京都出席了一场松下幸之助的演讲会，在会上松下幸之助介绍了著名的水库式经营的理念，也就是说"企业应该在经营状态良好的时候像在水库中蓄满水一样保证充裕的内部资金留存，以备不时之需"。

在演讲结束后有一名听众提问："水库式经营的理念虽然完美，但是那些根本就无法确保充足资金的企业又该如何是好呢？"这个问题让松下幸之助稍微一愣，然后他回答说："你自己首先要有企业必须保证充裕资金的想法才成。"这个回答等于什么都没有说，于是引发了会场听众的爆笑，然而松下幸之助的这一番话却让稻盛和夫心头为之一震，"经营者首先得具备确保企业资金充裕的强烈愿望，然后才谈得上其他。"

领导者必须首先确保自身有强烈的意愿，然后将这种强烈的意愿传递给所有下属成员，这才有助于既定目标的实现。要想创造一个充满激情、不断进取的集体，就需要让所有成员都能够对工作怀有高度的热情，不断鼓舞下属员工的士气。为此，稻盛和夫会召开恳谈会、酒话会，敞开胸襟，向下属彻底地阐述实现目标的意义。

6. 提升和拥有高尚的人格

日本有句格言："恃才者，败于才。"这就是说，越是才华出众、越是热情高涨的人，他们的能量就越大，就越需要有一种东西控制他们的能量。笔者认为这就是人格，只有人格才能驾驭才华和努力发挥的方向。

先天的人格千差万别，任何人的先天性格都不可能完美无缺。领导者必须具备杰出的人格，或者能够充分认识到具备杰出人格的重要性，并不懈地去提升自身的人格。稻盛和夫认为提升人格有两条准则十分重要：一条是反复学习优秀哲学，另一条是要天天自我反省。两条原则必不可少，这样做就能够弥补自身性格中的原有缺陷，塑造第二人格。

此外，高尚的人格并非仅仅指拥有高尚的哲学观，而是必须同时能够坚持诸如"诚实待人""不说谎""正直""不贪婪"等最基本的伦理观。如果一个人能够随时随地以此警示自己，并努力付之于实际行动，自然就能够实现自我人格的升华。

7. 拥有角斗士般的坚韧意志和好胜心

领导者必须由不管遭遇任何困难都不会投降、将"永不放弃"作为自身信条的人来担当。

稻盛和夫经常用"燃烧的斗魂"来表达这层意思。在激烈的商业竞争中，领导者需要具备像角斗士一样的坚韧意志和好胜心，才能率领团队，促使企业繁荣。领导者必须具备坚强的意志，如果一个组织的领导者缺乏坚强的意志，则会给这个组织带来灾难性的后果。

尽管同时要做到以上几点存在着一定的难度，但是作为领导者，重要的是要时刻把这些牢记心头，并努力付诸实现，因为努力成为一名杰出领导者的姿态本身就是对下属员工最好的教育。

7.2　高效管理的6个原则

德鲁克总结了高效管理的 6 个原则，他站在企业 CEO 的角度，概括了以"自我管理、自我经营、自我领导"为指导的管理原则，详细的论述可参考《管理未来——卓有成效的德鲁克》一书，下面结合技术管理实践，学习每一个原则的内容和观点。

原则 1：需要做什么，而不是我想要做什么

许多企业的 CEO 想完成伟大的梦想，实现极高的愿景，打造一家了不起

的集团，跻身于全球 500 强的行列，成为某一领域的霸主。

他们存在的问题不是局限于这些目标，而是局限于自己的想法。由于他们未曾考虑过企业的立场、状况、条件、需求，以及产业的动态、结构、机会等，没有对市场、客户、竞争对手进行过综合的分析，也就没有在此基础上采取明智而正确的策略的思维。

德鲁克本来可以坐领工资或成为经济学家并开一家银行，但他婉拒了，虽然这是他的长处。

当时是经济萧条时期，德鲁克并不为金钱所迷惑，只因为他对"人"有着炽热的心，知道自己需要做什么，而不是自己想要做什么。他专注地投入毕生的心血，坚持做"对的事情"，怀有"对人类终极的关怀"，以实现"自由而有功能的社会"。

原则 2：集中力量做需要做的事

在需要做什么这个问题上，正确的答案有很多。然而，身为企业的 CEO 只能冒险，排除异议，勇于负责，把力量集中在"一件事"上，否则，凡事浅尝辄止，终将一事无成。

原则 3：别将宝押在自认为有把握的事情上

人往往容易高估自己的能力，尤其是在做对、做好一件事情之后紧接着又做另一件事情的时候，仿佛成功已经成了自己的招牌，幸运之神已降落在自己的身上，俨然一副不败之身，却忘了每一件事情都是一个动态的过程，不管是成功还是失败，都已经成为历史。

> 德鲁克回忆过 1933 年发生的一件事，当时，他在一家快速成长的私人小银行担任三位资深合伙人的执行秘书和经济分析员。在他任职 3 个月后，一位年长的合伙人把他叫进办公室说："你刚进公司时，我不太看重你，现在还是一样。不过你比我想象得还要笨，而且距离你的职位所需要的能力水平还差得很远。"
>
> 由于另外两位年轻的合伙人每天都把德鲁克捧上天，当听到这位年长的合伙人这样说时，德鲁克如获当头棒喝。

后来这位年长的创始人说："我知道你在保险公司证券分析做得很好，如果要让你做证券分析，那你待在原公司就好了。你现在是合伙人的执行秘书，但你却还在做证券分析的工作，你有没有想过，现在做什么才能在新工作中提高效能呢？"

当时德鲁克十分生气，但也知道这位年长的合伙人说的话没错。之后，德鲁克非但没有丧气，反而完全改变了自己的行为与工作方式。从那时起，每当接手全新的职务时，他就会问自己："现在我有了新职务，该怎样做才能让自己提高效能呢？"每次他得到的答案都不一样。

别将宝押在自以为有把握的事情上，犹如在告诫自己："我以为我什么都知道，但事实上，我知道的少得可怜！"德鲁克庆幸这位长者点醒了他，否则他是醒不过来的。

原则 4：有效的 CEO 从不进行微观管理

早在一千多年前，罗马的律法就规定"长官不过问细节"。

身为企业的 CEO 不能事必躬亲，大小一把抓，即使自己的能力很强、条件很好、时间似乎用不完，也不能这样做。

因为这样一方面阻碍了下属能力的发挥，限制了企业的发展；另一方面，自己也成为一颗不定时的"炸弹"，会失去员工的信任，得不偿失。

值得注意的是，是否进行微观管理要视企业的情况而定，如果是一家初创企业，那么 CEO 作为创始人是必须亲力亲为的，因为这个时候缺少资源，需要创始团队先奠定一个基础，这个时期也是形成企业文化最关键的时期。

原则 5：一旦成为企业 CEO 就要停止公关

身为领导者就需要做相应的工作，面对挑战，做出决策，为企业的明天做出明智的战略决定，并且整合内外资源，贯彻力行、追求成效、创造成果，而不是一味地讨好董事、同事等，忘了自己的重大责任。

德鲁克之所以有如此大成就、大成功、大贡献，关键就在于他的"卓有成效"。他之所以能"卓有成效"，是因为"自我成长、有效心智、着眼贡献、发挥长处、投入创业、善用知识型员工，以创业精神进行自我更新，让别人知道他的价值，通过目标管理、自我控制和自我对话，来自我管理、自我经营及自我领导"。

他为自己的一生立下"愿景"，并且安排优先级，善用时间，最终踏上了人生的第二春，完美地走完了人生的下半场，回馈了社会。

原则 6：一个 CEO 在企业里没有朋友

美国总统林肯对这句话奉行不渝，并不是林肯不想结交政府内的朋友，更不是他不想在同事之间建立情谊，而是他十分清楚，如果他在政府内结交朋友，易造成派系，也容易受到别人的猜疑，最终导致团队出现裂痕，导致士气低迷，这个影响是很大的。

林肯更明白，如果有了政府内的朋友，也会给自己带来做事的包袱、人情的压力，导致在做决策的时候贻误良机。

德鲁克专注于任务，全心投入，加上他不擅长结交朋友，又单枪匹马，因此，他既有高效能，又有高效率，最后才会有如此丰硕的收获。

7.3　5位世界管理大师谈管理

彼得·德鲁克：当代管理学之父

作为一种实践和一个思考与研究的领域，管理有很长的历史，但管理学作为一个学科，其开创的时间应该是 1954 年，彼得·德鲁克所著《管理的实践》的问世，标志着管理学的诞生。彼得·德鲁克创建了管理学这门学科，并精辟地阐述了管理的本质："管理是一种实践，其本质不在于'知'而在于'行'；其验证不在于逻辑，而在于成果；其唯一权威就是成就。"

德鲁克对"责任"、管理人员的"责任"、员工的"责任"及企业的"责任"谈得很多。1973 年，德鲁克将自己几十年的知识经验与思考浓缩到一本书中，这本 839 页的浩瀚巨著以其简洁而浓缩的书名道出了管理学的真谛——《管理：任务、责任、实践》。据此，可以把管理诠释为：管理任务、承担责任、勇于实践。

"权力（power）和职权（authority）是两回事。管理当局并没有权力，而只有责任。它需要而且必须有职权来完成其责任——但除此之外，决不能再多要一点。"在德鲁克看来，管理当局只有在它进行工作时才有职权，而并没有所谓的权力。

德鲁克反复强调，认真负责的员工确实会对经理人提出很高的要求，要求他们真正能胜任工作、要求他们认真地对待自己的工作、要求他们对自己的任务和成绩负责。

迈克尔·波特：五力模型

迈克尔·波特对于管理理论的主要贡献是在产业经济学与管理学之间架起了一座桥梁。在其经典著作《竞争战略》中，他提出了行业结构分析模型，即五力模型，他认为行业现有的竞争状况、供应商的议价能力、客户的议价能力、替代产品或服务的威胁和新进入者的威胁，这五大竞争驱动力决定了企业的赢利能力，并指出公司战略的核心在于选择正确的行业，以及处于行业中最具有吸引力的竞争位置。

相应地，波特也提出了"三种通用战略"，包括成本领先、差异化和专注化，并说明由于企业资源的限制，往往难以同时追求一个以上的战略目标。

中国企业已经非常善于以低成本的方式进行竞争。按照经济学家谢国忠的说法，中国企业在成本方面的固有优势和以低成本方式为主的竞争手段，已使得在某些行业中国的产品价格决定了其在全球的价格。正如波特指出的那样，成本领先战略的主要风险之一就是后来者的模仿。而出于种种原因，中国企业目前很多处在全球产业价值链中附加价值比较低的制造环节，企业的模仿者过多，产品与服务过于同质化，从而形成无奈的竞争格局。

克莱顿·克里斯坦森：突破性创新原则的提出者

克莱顿·克里斯坦森是哈佛商学院的工商管理教授，他不仅是杰出的管理学学者，而且是身体力行的管理实践者。

克里斯坦森在研究中发现，许多优秀的企业曾经被人们崇拜并竭力效仿，最终却在市场和技术发生突破性变化时，丧失了行业领先地位，如柯达、诺基亚等。而导致这些领先企业衰败的决策，都是在它们被普遍视为世界上最好的企业的时候做出的。

克里斯坦森指出，良好的管理是导致这些企业衰败的原因。这一结论出人意料，但却非常合理。这些企业被顾客的意志所左右，勇于投资新技术，用新技术向其顾客提供更多他们所想要的那种更好的产品；它们认真研究市场的趋势，系统地将资本投向可以保证最佳回报的创新上。在这样的原则下，积极投资于突破性创新不是这些企业理智的财务决策，所以绩优企业反而难以应对突破性创新。

克里斯坦森提出了一套突破性创新原则，主要内容是：创建一个围绕突破性技术的新的独立事业部门，不受主流顾客的左右，而把自己融入那些需要突破性技术的产品的顾客中。

把实现突破性技术商业化的责任，下放给规模恰好与目标市场相匹配的一个小一点的组织，从而更容易对小型市场上出现的成长机会做出反应。既定的思维模式和已有的知识不足以支持对突破性变化进行判断，因此要有计划地学习所需要了解的东西。

国内的字节跳动公司就是很好的例子，通过打造企业内部的中台组织，向前台小型创新团队提供支撑，前台小型创新团队快速试错，因此能抓住一个个市场爆发的机会，创造出今日头条、抖音等多个现象级的产品。

吉姆·柯林斯：管理者要造钟，而不是报时

吉姆·柯林斯曾获得斯坦福大学商学院杰出教学奖，先后任职于麦肯锡公司和惠普公司。与杰里.I.波勒斯合著了《基业长青》一书，他在书中提出了主要管理思想——造钟，而不是报时。

柯林斯指出，"伟大的公司的创办人通常都是制造时钟的人，而不是报时的人。他们主要致力于建立一个时钟，而不只是找对时机，用一种高瞻远瞩的产品打入市场；他们并非致力于高瞻远瞩领袖的人格特质，而是致力于构建高瞻远瞩公司的组织特质，他们最大的创造物是公司本身及其代表的一切。"

很多中国企业的领导人在"造钟"上都不成功。"造钟"就是建立一种机制，使得公司能靠组织的力量在市场中生存与发展，而不必依靠某个人、产品

或机会等偶然的东西。随着市场的进一步完善与规范，企业必须越来越依靠一个好的机制，包括好的组织结构、好的战略管理、好的评价考核体系等。

"利润之上的追求"与"教派般的文化"：所有伟大的企业都是"务实的理想主义者"，《基业长青》中讲到，"利润是生存的必要条件，而且是完成更重要的目标的手段，但对很多高瞻远瞩的公司而言，利润不是目的，就像人体需要的氧气、食物、水和血液不是生命的目的，但是没有它们，就没有生命。"伟大的企业更是被"教派般的文化"灌输的。对于有些中国企业来说，"利润之上的追求"不明确、不具体，动辄就是空洞的大口号。有些中国企业没有意识到企业文化的重要作用。"教派般的文化"指的是伟大公司必须有很强的共同价值观。

"自家长成的经理人"：柯林斯经过研究后发现，"18 家伟大的企业在总共长达 1700 年的历史中，只有 4 位 CEO 来自外部"。"自家长成的经理人"熟悉、了解企业文化，更容易带领企业进行变革。从国内一些企业的经验来看，内部经理人更容易接班，相反"空降兵"即外部经理人接班一般都不顺畅。中国企业应在如何建立内部晋升机制、如何进行人员培养等方面投入更多的精力，使得"自家的经理人"能成长起来。

约翰·科特：领导和管理是两个截然不同的概念

约翰·科特是世界领导与变革领域的权威，哈佛商学院终身教授。他最重要的思想有下列两个。

1）领导和管理是两个截然不同的概念，管理者的工作是计划与预算、组织及配置人员、控制并解决问题，其目的是建立秩序；领导者的工作是确定方向、整合相关者、激励和鼓舞员工，其目的是产生变革。

2）企业文化与长期经营绩效有巨大的正相关性，文化变革是耗时且极端复杂的，包括：A.建立更强的紧迫感；B.成立指导联盟；C.形成愿景和战略；D.传播变革愿景；E.授权员工行动；F.创造近期成果；G.巩固成果并推行更多的变革；H.深植变革于文化中。这 8 个步骤必须按顺序执行，否则成功的概率非常小。

以上简述了 5 位世界管理大师的主要理念和价值主张，不难发现，在这些管理理念中，许多仍然是当今职场中普适的真理，可见经典的理论和实践是跨越时间和空间的。希望读者能够从这些管理巨匠的智慧光芒中，领悟精髓，为己所用。

7.4 实践案例：阿里巴巴的管理"三板斧"剖析

阿里巴巴经过了多年的发展，逐渐沉淀出"三板斧"的管理方法。本案例内容来自阿里巴巴原 CMO 线大政委、布道教育总经理陈亮的分享。

"三板斧"典故，相传源自程咬金，他在梦中遇到贵人，只学到了三招，三招的说法很多，无非下劈、横抹、斜挑及击刺等关键动作，简单而实用，威力无比。

在阿里巴巴，"三板斧"的延伸含义是：解决问题的方法不需要太多，把最简单的招式练到极致，每一招都是绝招。

阿里巴巴"三板斧"背后的逻辑是：

1）聚焦，在管理中找到最核心、最重要的事，并能够达到效果；

2）落地，把事情落到可执行、可操作、可监控的层面。

管理的核心就在于"人性"二字。用分配解决人性的自私、用考核解决人性的懒惰、用晋升解决人性的虚荣、用激励解决人性的恐惧。

不同年龄层次的员工所追求的是不同的，传统的马斯洛需求层次中的需求在企业实际中是同时存在的，企业可针对不同的员工需求来应用马斯洛需求层次理论。

阿里巴巴的管理者分为三大类，分别是初级管理者、中级管理者、高级管理者。

初级管理者通常只负责某一模块的工作，推动任务的落地执行；中级管理者是资源的整合者，需要考虑多个模块如何组合，负责将公司的战略转化为执行层面的东西；高级管理者需要建立完善的体系，定方向和做决断。

针对三个层级，阿里巴巴又制定出了管理"九板斧"：

- "腿部三板斧"——招聘与解雇、建团队、拿结果；
- "腰部三板斧"——懂战略、搭班子、做导演；
- "头部三板斧"——定战略、造土壤、断事用人。

1. "腿部三板斧"：腿好才能站得稳、踢得准、踢得狠

1）招聘与解雇

招聘是管理者的事情。传统的招人逻辑是，业务部门提出招聘需求给 HR，HR 根据需求寻找相应人员。那么，如果一个岗位一年都没招到合适的人，是谁的责任呢？很可能是业务部门没有确定一个真实的招聘需求，提供了一个根本不存在的人才画像。而招不到人，业务部门一定最痛苦，那么，谁痛苦谁就要改变。

因此招聘一定是一线管理者的事情，这并不是让他自己去找简历，而是要反复与 HR 确定到底需要什么样的人，所描述的人才画像市场上存不存在，并最终为招人这件事情负责。

解雇也是管理者的事情。在阿里巴巴有严格的绩效考核制度，称为"271"：所有的员工，每季度、每年度都要参加业绩、价值观的双重考核，各部门主管按"271"对员工的工作表现进行评估——20%超出期望、70%符合期望、10%低于期望。其中，10%被评为低于期望的员工是没有年终奖也没有加薪的，这个决定是管理者必须做出的。

"心要仁慈，刀要快。"一个企业一般有两条线：业绩线和价值观线。价值观好、业绩不好的员工叫"小白兔"，可以给机会，但是如果给机会了还改不了，就要解雇。价值观不好、业绩好的员工叫"野狗"，也一定是要解雇的。

在阿里巴巴做了三年管理者，如果没有开除过人，这个管理者基本上是不称职的；没有做过"271"考核，则不具备管理能力，但是一定要注意："不教而杀谓之虐"。阿里巴巴在开始时实行"271"考核，后来改成了"361"考核，其实就是为了提高优秀员工的考核比例。

2）建团队

在工作中经常会遇到这种情况，优秀的业务骨干不一定是优秀的业务管理者。管理是一条"不归路"，每上一个台阶，要做的不是原有层级的提升，而是脱胎换骨。因此管理者要学会断事用人，荣誉归团队、责任归自己。

阿里巴巴有两套人才发展体系：一套是专家路线，即 P 序列的技术岗；另一套是管理路线，即 M 序列的管理岗。同时对应 P 序列有一套管理层机制，P6=M1 为主管、M2=P7 为经理、M3=P8 为资深经理……

相应的 M 序列和 P 序列的人员的收入与地位一致。这就使得如果一个 M2 被发现其实他并不适合做管理而被调到 P7，没有人会认为他被降级，只会认为他调换了一个工作岗位而已。

另外要在用人的过程中养人，在养人的过程中用人。人才都是在实战中得来的，只有经得起真正的业务、真正的战斗考验的人才，才具有真正的价值。

很多公司认为，今年业绩增长了 100%，一年下来大家都很累了，明年希望歇一歇，明年增长 10%就够了。实际上越是高速增长后，越要考虑怎样占领下一个制高点，这称为业务的推动。

3）拿结果

第一，当你要去做某些事情时，要把规则告诉别人，丑话当先；第二，"No surprise"，即员工拿到自己的考核结果时，不是惊吓也不是惊喜。这就要求管理者要及时反馈，不能简单地告诉他好与不好，更要告诉他你的期望值是什么、他在团队中的位置、怎样做才能改变现有位置等。

为什么要有过程、要有监管？因为只有好的过程，结果才是可以被复制的。为什么对于基层管理者来说，拿结果是很重要的呢？基层管理者有一个很重要的能力：可能我还不知道为什么要这么做，但是我能够把这件事儿做好。这对基层管理者来说是很重要的一点，如果在这个过程中，突然能领悟到为什么要这么做了，那就证明有"往前走"的能力或潜力了。

2. "腰部三板斧"：腰好，头脑才能清楚

1）懂战略：先懂 Why，再说 How。

在腰部的时候，从做到理解为什么要做、做这个对于企业的未来有什么作用、未来的价值是什么，要知其然，且知其所以然。

2）搭班子：资源的最佳配置者。

做到企业中层管理者时，开始接触不同的部门，会涉及许多平行部门，在这一过程中需要管理者眼光更加高远。许多企业中层管理者的困惑是觉得自己的价值感缺失，一方面要听老板的话，另一方面要传递给一线，开始有隔层汇报。在这个过程中，如果没有自己的转化，就会完全变成一个传声筒，失去自我的价值。

沟通不是一个人的事情。作为中层管理者，对于上下级的要求与诉求，需要有自己的消化和理解，用对方能够听得明白的话去告诉对方。每一个层级都有自己的理解能力，所以要学会用能让对方理解的方式来传递信息。

3）做导演：产品和服务的拥有者。

中层管理者最容易犯的错误是离客户越来越远。在阿里巴巴只有副总裁级别的人才有办公室，其他管理者都是和员工一起办公的。这背后，一方面传递的是一种开放的文化，另一方面也是为了更好地接触客户。客户是解决企业很多内部矛盾和问题的终极武器。

每个业务管理者都应该问自己三个问题：客户是谁？客户的价值是什么？这个客户为什么由你来服务？

3. "头部三板斧"：做决策要用脑，脑子要冷静

1）定战略。企业的成功 = 战略×组织能力。一家企业的产品一般分为三大类：第一类是主营产品，能够保证企业有营收、活下去；第二类是战略业务，就是从未来看现在，为未来 3~5 年的发展而制定的战略性的业务；第三类是种子业务，就是不知道未来的发展前景会不会好，可能会花掉一小部分钱，先做一个种子业务。

好的战略一定是熬出来的，所以阿里巴巴有一句话：选择错误比不选择要

来得更好。如果做出了选择，"跑"一段时间后发现错了，就及时停下来，还有可以改正的空间，但如果犹豫不决，往往就会失去了先机。

2）造土壤。透明的天、有安全感的地、流动的海、氧气充足的森林，融洽而有归属感的工作社区，是高级管理人员需要给员工的。这背后包括公开透明的制度、稳步的增长空间、人才的流动、良好的团队氛围和人与人之间的连接等。

3）断事用人。做正确的事，而不只是正确地做事。找对人，知人善用，用人所长，用人要疑，疑人要用。但在你用人的过程中，不能完全放手，需要进行一些监管或辅导。

在创业过程中，很多时候一块业务的成功就是因为用对了一个人。这也说明了管理者平时做好"蓄水养鱼"工作的重要性，当组织、团队、公司有了一些好成绩之后，要放一些好的信息出去，为未来的人才做一些储备。

许多企业跟风学习阿里巴巴"三板斧"的管理方法，殊不知，任何管理方法都有它背后的管理哲学和要解决的问题。换句话说，任何方法也都有它不能解决的问题。如果一个企业遇到了问题，不去深挖团队内部的原因，妄想从外部引入一套管理方法就"药到病除"，这是不现实的。管理者要抛弃幻想、脚踏实地，研究和分析团队遇到的问题，找到适合团队的管理方法——"对症下药"。

|第 7 章内容小结|

　　稻盛和夫：管理者的成功方程式。稻盛和夫建议领导者的选拔：思维方式第一、努力第二、能力第三。优秀领导者的 7 个特质：1.付出不亚于任何人的努力；2.取得下属的认同感；3.与下属共同制订计划；4.心怀"爱情"与下属交往；5.不断激励下属的士气；6.提升和拥有高尚的人格；7.拥有角斗士般的坚韧意志和好胜心。

　　高效管理的 6 个原则。原则 1：需要做什么，而不是我想要做什么；原则 2：集中力量做需要做的事；原则 3：别将宝押在自认为有把握的事情上；原则

4：有效的 CEO 从不进行微观管理；原则 5：一旦成为企业 CEO 就要停止公关；
原则 6：一个 CEO 在企业里没有朋友。

5 位世界管理大师谈管理。彼得·德鲁克：当代管理学之父；迈克尔·波
特：五力模型；克莱顿·克里斯坦森：突破性创新原则的提出者；吉姆·柯林
斯：管理者要造钟，而不要报时；约翰·科特：领导和管理是两个截然不同的
概念。

实践案例：阿里巴巴的管理"三板斧"剖析。解决问题的方法不需要太多，
把最简单的招式练到极致，每一招都是绝招。

第8章

打造高效的组织架构

8.1　帕金森定律：互联网时代组织模式的3个特点

帕金森定律也被称为"官场病""组织麻痹病"或"大企业病"。它是由英国历史学家、政治学家西里尔·诺斯古德·帕金森于 1958 年出版的《帕金森定律》一书中提出的。帕金森提出定律：在行政管理中，行政机构会像金字塔一样不断增多，行政人员会不断膨胀，每个人都很忙，但组织效率越来越低下。这条定律又被称为"金字塔上升"现象。

帕金森在书中阐述了机构人员膨胀的原因及后果：一个不称职的官员可能有 3 条出路——第 1 条路是申请退职，把位子让给能干的人；第 2 条路是让一位能干的人来协助自己工作；第 3 条路是任用两个水平比自己更低的人当助手。第 1 条路是万万走不得的，因为那样会丧失许多权利；第 2 条路也不能走，因为能干的人会成为自己的对手；看来只有第 3 条路最适宜。于是，两个平庸的助手分担了他的工作，他自己则高高在上发号施令，他们不会对自己的权利构成威胁。两个助手既然无能，他们就上行下效，再为自己找两个更加无能的助手。

进入互联网时代，许多企业都在进行组织变革，例如，海尔的张瑞敏主张"小微企业"模式，通过"人单合一"的管理模式进行企业组织改造，废除"金字塔"式的科层制，把企业变成孵化器，把员工变成"小微主"，直接面向用户，加快了企业对市场的响应速度。

互联网本身是一种无中心化的组织，是一种网状的模型，没有决策中心，一切顺着态势发展而做出决定，这大大加快了互联网中每一个连接单元的反应速度。互联网企业的组织架构，必须能够支撑快速反应、快速决策的需求。

这种组织架构，对内部人员的能力要求很高，团队成员之间的分工模糊化，每个人都以多角色进行协作，并且分散成各个小团队，单点负责，迅速决策。需要组合时，立即自由联合，任务完成后，自动解散。他们并不依靠层级管理、复杂的流程控制管理，完全是一种任务驱动式的协作方式。

上面描述的就是互联网组织架构的特点：扁平化、去中心化、自组织。

互联网企业的组织架构与传统企业的组织架构是有区别的，传统企业是金字塔式的分层管理模式，在此基础上，职能式组织架构、事业部式组织架构、矩阵式组织架构都是沿用至今的经典组织架构。这种组织架构在互联网时代遭遇了挑战，外界环境变化太快，现场管理和临机决断的事宜太多，所以必须缩短决策半径，组织必须扁平化。

例如，一些新兴互联网公司的组织都采用了扁平化的架构，拥有数百号员工的企业的组织架构只有两层，如图 8-1 所示，以 CEO 为首的核心管理团队，分管下面几十个工作小组，每个工作小组都是一个基础的作战单元，类似于一个特种部队，平时独立作战，有重大任务时，根据需要，某几个工作小组可以随时重组为一个全新的大项目工作组，任务结束后再解散回归原编制。

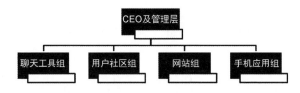

图 8-1　互联网企业的组织架构

互联网企业的组织架构必须灵活，不能有过多的层级，也不能固化，要以产品为中心，以项目开发组的形式，整合并利用企业各项资源快速推进产品创新，以市场为导向，聚焦客户需求和使用体验，及时改进和完善产品和服务。互联网思维强调开放、协作、分享，组织内部同样如此。

小米的组织架构是扁平化的，他们相信优秀的人本身就有很强的驱动力和自我管理能力。传统的管理方式是不信任的方式，小米员工都有想做将事情做到最好的冲动，公司有这样的产品信仰，管理就变得简单了。

像小米这样高速成长的企业，只有高度聚焦于核心产品，管理扁平化，才能把事情做到极致，发展才能更快速。

根据公开资料，小米的组织架构层级很少，几千人的团队只有 3 个层级，如图 8-2 所示，而且小米不会让团队规模太大，会保持在十几人的规模，规模稍微大一点的团队就会被拆分成小团队。从小米的办公室布局就能看出这种组织结构：一层产品、一层营销、一层硬件、一层电商，每一层都由一名创始人坐镇，能"一竿子插到底"地执行。大家互不干涉，都希望能够在各自分管的领域做到业界一流，一起把事情做好。

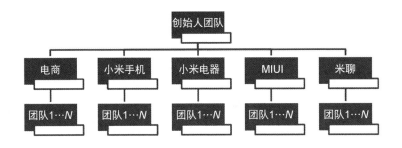

图 8-2　小米公司的组织架构

除 7 个创始人有职位外，其他人都没有职位，都是工程师，晋升的奖励就是涨薪。员工不需要考虑太多杂事和杂念，没有团队利益之争，一心在做事情上。

这样的组织架构减少了层级之间互相汇报所浪费的时间。小米现在有数千人的规模，除每星期一召开的"公司级别例会"外很少开会，也没有季度总结会、半年报告会等。在刚成立的几年里，7 个合伙人只开过 3 次集体大会，将其余的时间都花在产品上面了。

雷军的第一定位不是 CEO，而是首席产品经理，大部分时间都在参加各种产品会，每周定期和 MIUI、米聊、手机和营销部门的同事坐下来，进行产品层面的讨论。小米的很多产品细节就是在这样的会议中，由产品经理、工程师一起讨论决定的。

8.2　中台组织："小前台+大中台"的组织架构

阿里巴巴的马云，在参观了游戏公司 Supercell 之后提出了中台组织变革。Supercell 采用一种倒三角的组织模型，它的 CEO Ilkka Paananen 介绍说，游戏制作是一种创造性的工作，任何人都能大胆阐述自己的意见是非常重要的，所以 Supercell 以颠覆式的组织形式来组织公司。这个组织模式有 3 个特点：

1）团队尽可能小。团队像独立企业一样运营，而这种独立的细胞集合体正是 Supercell 公司名称的由来。

2）最大限度地简化"管理"和"手续"。Ilkka 相信 Supercell 的员工都是最优秀的人才，也相信这些最优秀的人做出的判断。

3）庆祝失败的企业文化。庆祝的并不是失败本身，而是从失败中获得的经验。实际上，Supercell 曾经开香槟庆祝过许多失败的项目。

在 2015 年经过调整后，阿里巴巴的组织架构不再是传统的树状结构，而是变成了网状结构，将之前细分的 25 个事业部打乱，根据具体业务将其中一些能够为业务线提供基础技术、数据等支持的部门整合成"大中台"，统一为业务线提供支持和帮助。

中台的设置就是为了提炼各个业务线的共性需求，并将这些共性需求打造成组件化的资源包，然后以接口的形式提供给前台各业务部门使用，可以使更新迭代、创新拓展的过程中产品研发更灵活、业务更敏捷，最大限度地减少"重复造轮子"的 KPI 项目。

前台人员做业务时，需要什么资源可以直接向公共服务部要。对搜索、共享组件、数据技术等模块不需要每次都改动底层进行研发，而是在底层不变动的情况下，在更丰富灵活的"大中台"基础上获取支持，让"小前台"更加灵活、敏捷。

1. 为什么要搞"小前台+大中台"的组织架构

其核心原因有两个：

1）信息共享。随着公司的发展壮大，许多业务部门内提供基础支持的工作可能会有重复。例如，两个相互独立的业务部门同时开发 App，两个团队很可能在同时开发同样的功能、重复解决同样的技术问题、同时写差不多的代码，信息不能共享，导致许多资源被浪费。

2）解决创新问题。随着企业的部门越来越多、分工越来越细，员工为了创新需要协调研发、产品及运营等多个部门，沟通过多，创新成本非常高，这应该是阿里巴巴下决心进行组织变革的一个主要原因。

简而言之，阿里巴巴搞"小前台+大中台"的组织架构，其核心目的是使组织更加扁平化，使得管理更高效，提高组织的运作效率，使业务更加敏捷、灵活。

2. 搞"小前台+大中台"的好处是什么

1）服务可重用。通过松耦合的服务复用，不必为不同的前端业务开发各自对应的相同或类似的服务，如淘宝和天猫不必各自都开发一个评价服务。

2）服务被滋养。服务需要被不停地滋养，只有滋养才能使最初仅提供单薄业务功能的服务逐渐成长为企业最宝贵的 IT 资产，而服务所需的滋养正来自新业务的不断接入。

3）服务助创新。创新不是一件容易的事情，因为有些本质上的创新按照传统的开发模式是需要分析、设计、开发的每一个环节都从 0 开始的，这样一来就会导致投入成本高、开发周期长，可能等开发完了，商机已经被别人抢占了。而共享服务平台中的诸多服务是经过沉淀的，可以通过重新编排、组合，快速地响应市场需求，完成创新，如同武侠小说中常说的"天下武功，唯快不破"。

4）服务敢试错。试错和创新有着千丝万缕的关系，有时甚至可以画等号，部分试错是会变成创新的。共享服务平台由于具备快速编排、组合服务的能力，可以以较小的成本来构建出一个新的前端业务，即使失败了，公司损失也很小。这在传统模式构建的系统中是几乎不可能的。

3. 业务中台如何做绩效考核

绩效主要有如下 4 个考核点。

1）服务是重中之重（占比 40%）。保障业务中台的服务能力稳定运行是各服务运营团队的关键职责，因此这项绩效会比较关注所造成的事故等级及次数，例如若半年内出现两次 P1 故障，则此项考核不达标。

2）业务创新推动业务发展（占比 25%）。为了避免服务运营团队单纯地追求服务的稳定运行，会有专门针对业务创新的考核。为了鼓励团队进行业务创新，可以适当地允许一定数量的故障率不纳入业务稳定运行的考核中，如允许出现 1 次 P1 故障或者 2 次 P2 故障。

3）服务接入量（占比 20%）。业务中台的服务能支持集团中的应用越多，所体现的业务价值自然越大。除了对服务功能的不断完善和专业化，也需要做内部的营销，让更多的前端应用知道和了解该服务的能力。所以，对于业务中台的服务接入量考核一般会占到整体绩效的 20% 左右，主要考量服务能力的专业度及对外的服务运营能力。

4）客户满意度（占比 15%）。业务中台掌控的业务和数据相比前端的应用方，在整个集团层面就显得更为重要和核心。为了避免业务中台的人员滋生出高傲自大的情绪，应定期对中台服务团队进行 360 度的客户满意度调查。这对中台服务团队会起到督促作用，调查的结果也为提高团队的服务能力提供了非常有价值的参考信息。

8.3 区块链组织：面向未来的社会化组织协作方式

本节来探讨未来社会的组织形态。近几年随着数字货币的火热，区块链技术受到了前所未有的关注，有人说区块链是一种改变生产关系的技术，这是有几分道理的。

区块链，从技术上说，是一种提供拜占庭容错的分布式数据库。简单地说，通过这种技术，能够把同样的数据存在多台机器上，不用担心每台机器上数据不一致的问题，部分机器宕机了也不影响整体，每台机器都有机会成为记账节点，它因此会获得奖励，其他节点会同步主节点的数据。

在理解了区块链的基本概念之后，下面探讨建立在区块链技术之上的商业社会。

1. 私有链：公司的未来形态

未来不再有公司的概念，每个人都是独立的经营个体，因为共同的目标聚集在一起，形成一种私有链的组织形式，这个组织有共同的目标，例如"卖咖啡"，那么咖啡师、服务员、收银员就是"卖咖啡私有链"的成员，他们的目标就是卖尽可能多的咖啡。他们之间有个分成协议，也就是智能合约，如每卖出 1 杯咖啡，咖啡师提成 30%、服务员提成 20%、收银员提成 10%。

稍微扩展一下未来区块链社会的形态。

- 联盟链，就相当于行业协会，对每个"卖咖啡私有链"都制定智能合约，达到行业治理的目的。例如，不能往客人身上泼咖啡，如果有人违反，则将会被联盟链上的智能合约处罚。

- 公链，就是整个社会的底层规约，也可以将其理解成法律，如"咖啡法"。

2. 去中心化组织：每个人都是自己的老板

"卖咖啡私有链"没有老板，或者说里面每个人都是老板，干多干少全凭自己的主观意愿，一旦有成员偷懒导致咖啡生意不好，其他成员会很快发现，因为智能合约制定了规则，数据都在私有链上，需不需要"996"是由"卖咖啡私有链"成员共同决定的。

如果不努力经营，"卖咖啡私有链"就会被行业淘汰，连"996"的机会都没有了。

3. 工作量证明：本质就是价值证明

在"卖咖啡私有链"里，每个人创造的价值都会被如实地记录在区块链上，假装很努力，做满"996"是没有用的，在智能合约上只承认创造了多少价值，而不在乎工时，所以消除了"磨洋工"，提高了卖咖啡的效率，甚至激发了每个人都去追求极致，社会因此得到发展。

4. 共识机制：干得怎样自己没点数吗，骗谁呢

假设你是"卖咖啡私有链"里的咖啡师，顾客对你的评价、工作态度、你在行业中的排名，都被实时记录在"卖咖啡联盟链"上，你干得怎么样对整个社会来说是一目了然的，这个标准是整个咖啡行业的共识机制，没法刷榜、没法代练。通过"996"去提高你的技能，成为咖啡师中的"战斗机"，获取更高的劳动报酬，成为一种内在的需要，并没有老板逼你。

在区块链社会里，你有选择和被选择的权利，别人选择你的依据就是区块链上的数据。你可以选择加入"996"的私有链，里面的成员跟你一样都愿意选择"996"；你也可以选择"955"的私有链，同样里面的人都跟你一样选择"955"。

从这个角度就可以理解现实中那些反对"996"的人，其实是错误地选择了一个跟他不匹配的私有链。

最后，以伟大的摇滚音乐家约翰·列侬的歌词作为本节的结尾：

"You may say that I'm a dreamer. but I'm not the only one."

8.4 彼得原理：有效激励技术人员的14个方法

彼得原理是美国学者劳伦斯·彼得在对组织中人员晋升的相关现象进行研究后得出的一个结论。在各种组织中，由于习惯于晋升在某个等级上称职的人员，因而雇员总是趋向于被晋升到其不称职的岗位。彼得原理有时也被称为"向上爬"理论。

这种现象在现实生活中无处不在：一个称职的教授被提升为大学校长后无法胜任；一个优秀的运动员被提升为主管体育的官员后无所作为。对一个组织而言，如果大部分人员被提升到其不称职的级别，就会造成人浮于事，效率低下，导致平庸者出人头地，发展停滞。

彼得原理得出两个推论：

1）每一个职位最终都将被一个不能胜任相应工作的员工所占据；

2）组织中的工作任务，多半是由不能胜任该岗位的工作的员工完成的。想一想在你的团队里是不是也存在这样的现象。

《彼得原理》一书中总结了激励员工的 14 个方法，这里结合技术人员的特点，看一下如何在实际工作中应用这 14 个方法。

1）薪资法。彼德认为，如果要视薪资为有效的诱因，那么必须具备某些先决条件，薪资必须与工作表现强关联，否则薪资就没法刺激员工产生更好的工作表现。一般企业会把薪资分成基本工资和绩效工资，绩效工资是浮动的，根据员工的绩效考核进行发放，通常来讲，绩效工资占总薪资的 20%～40%，视企业情况而定。

2）晋升法。对一个员工来说，晋升无疑是职场奋斗的重要目标，所谓升职加薪，就是通向职场成功之路。通常企业会有一套"职级晋升体系"，这套体系分成专业序列和管理序列，对技术人员来说也就是成为技术专家还是技术管理者。例如阿里巴巴的 P7、腾讯的 T3，指的就是一个员工的职级。员工在职期间，要进行"升级打怪"，不断晋级，以获得更高的职级和薪资待遇。

3）职位法。通过给员工某个职位，也可以达到激励员工的目的。例如，任命某员工为项目负责人、小组长或项目架构师，这对员工的能力也是一种肯定。除薪资、晋升激励外，职位法也是运用得比较多的手段之一，因为毕竟薪资和晋升名额是有限的，职位法要相对灵活一些。

4）效率法。团队里要宣扬"为努力喝彩，为结果付薪"的文化导向，这也是阿里巴巴、华为等优秀企业所强调的，一个没有效率的组织是会被市场淘汰的。做事追求效率，不仅要努力工作，更要聪明地工作。团队内部可以建立"效率排行榜"、评选"效率之星"，给以额外的奖励，大力宣扬效率文化。

5）赏罚分明法。有奖就有罚，赏罚分明，过程公开，让员工在相对公平的环境中发挥才智，可使团队凝聚力和执行力大幅提升，并且这些赏罚条例，应该公布出来让每个人看见。

6）利润法。让所有员工共同分享利润，使公司成为全员合作的企业，使每一个员工都有机会成为企业的"主人"。许多企业给核心员工发放期权以激励员工，例如，华为的许多员工都是公司的股东，享受公司的分红。

7）福利法。福利应该能为员工提供实质的安全感及有意义的享受。借着额外的福利，给员工提供安全感与享受，以强化员工的工作能力，将福利作为员工表现优异时的报酬，不但是效果良好的激励个人的方法，而且能强化整个体系内各个阶层的工作效果。例如，有的企业每年都给员工的父母"发红包"、送员工子女到条件比较好的学校读书、送员工参加带薪培训等。

8）彼得美食铺。或称为"自助餐式报酬（Cafeteria Method of Compensation）"，让员工有权选择他想得到的报酬，通过员工自己的选择达到报酬个人化的理想。员工可以在个人事业的不同阶段，选择最符合自己需求的报酬方式，而为了获得报酬，他愿意尽最大努力，充分发挥个人的工作潜能。例如，国内的一些企业会鼓励有能力的员工进行内部创业，创业公司的管理团队占一定比例的股份，员工在基本生活有保障的前提下，又有了进一步的奋斗目标，一旦创业公司取得成功，团队获得的收益是非常可观的。

9）目标法。如果想鼓励和强化员工的表现，就明确地告诉他们工作目标，并明确达成目标后员工将获得多少奖励。明确的工作目标不但能清楚地传达员工的工作职责，并且是评估其工作表现的客观标准。

10）团队奖励法。就是奖励团体的表现。对许多人而言，最强烈的工作动机来自工作自身的挑战性、成就一番事业的愿望，以及接近心目中所仰慕人物的机会。有时候，不能拿一名员工的表现来决定报酬的高低，而必须以团体表现作为报酬的依据。团队奖励法可以提升员工的合作精神。

11）授权法。为有能力的人提供发挥创意的机会。有些能力很强的人之所以会有强烈的挫折感，是因为无法忍受规定和公司的种种束缚。如果公司授权有才干的员工按照自己的方式工作，或管理他所负责的部门，那么可以化挫折感为满足感了。这种管理风格着重于实际的目标，而非僵化的过程。当主管尊重有能者，并将这份尊重转换为让员工有尽情发挥个人创意的自由时，工作成效必定直线上升。这样一来，不仅能满足员工自我实现的需求，也能使他们觉得自己受到了重视与尊重。

12）赞美法。传达对员工杰出表现的赞赏。赞美与认可的来源，关系着对赞美与认可的评价。当一个你不信任的人赞美你时，你很可能会怀疑他是否另有企图。领导必须用真诚而善意的赞美来与员工沟通，在共同的目标下形成团队合作。

13）声望法。在传统层级体制下，沟通通常是由高权重者向下传递的。员工的能力不论优劣，一律只准和自己的直属上司沟通。在互联网时代，要打破传统的管理方法，每个层级都能获得更多的升迁机会，而且能使员工在他们胜任的职位上获得更多报酬，高级主管会和每一层级内最优秀的员工直接沟通，这不但能提升每个层级的声望，也能为高层决策人士提供来自所有层级最直接、最有效、也最实际的建议。

14）趋近法。通过强化的手段，不断使一个人趋近理想的目标，可以改造一个人的行为。因为行为是由结果塑造的，所以可以有系统地改善行为。受到鼓励之后出现的行为，通常会在未来重现。由于人类的大部分行为在重复时不可能分毫不差、一模一样，所以可以事先设定目标，并按照目标来塑造行为。

一方面要形成共同的目标，另一方面要对个人的创新行为予以合理的评价甚至鼓励，特别要强化合乎预期目标的行为。

以上就是彼得在员工激励方面总结的 14 个方法，薪资法、晋升法、职位法、效率法、利润法、福利法、目标法、团队奖励法、授权法和赞美法，都是日常工作中用得比较多的。

8.5　实践案例：以Netflix为代表的硅谷工程师文化

公司文化好比企业的 DNA，它决定了企业如何思考、如何行动。因此，研究硅谷公司，就必须关注它的公司文化。笔者研究了硅谷非常有名的 Netflix 公司的《奈飞文化手册》，下面就来聊一聊以 Netflix 为代表的硅谷工程师文化。

奈飞文化的核心是"自由"与"责任"。它认为现代企业的核心就是"人管人"，与传统公司领导管下属的方式不同，这里的"人管人"中前后两个人是同一个人，自由与责任的核心就是要将权力还给员工，让员工在自由的环境中充分展现自己的能力、履行自己的责任。从奈飞文化的 8 个原则中，能够窥探硅谷工程师文化的精髓。

1. 只招成年人

Netflix 只招成年人，不招"巨婴"。成年人能够自己管理好自己，不仅能发现问题还能解决问题。Netflix 连休假制度也取消了，员工想什么时候休假就什么时候休假，只要自己觉得合适即可，极大地释放了员工的创造力。这是非常典型的西方契约精神：把活干出色了，给你大把金钱和时间去看世界；活没干好，对不起，啥都没有。

2. 要让每个人都理解公司的业务

尽量告知员工他所处环境中的所有信息，然后由他来判断怎样行动是最合理的，而不是只告诉他你认为他需要的信息，让他严格按照指令行事。要让所有人都理解公司的业务，提供足够多的信息，如果要提高客服员工的敬业度，就要让他们也读读公司的损益表。做到这一点并不容易，技术人员要"揪头发"，从全局的角度来看待公司，把自己当主人，而不只是"一块砖"，不要等主管来安排工作，需要自驱。

3. 绝对坦诚，才能获得真正高效的反馈

奈飞文化的支柱之一，是要开诚布公。如果某人对另一个同事有意见，最好的方式就是当面沟通。艾美・赫曼在《洞察》中也说，沟通要注意重复、重新命名和重新构筑。国内的说法就是够职业化，该直截了当的时候，不要含糊其词。

4. 只有事实才能捍卫观点

员工可以有自己的意见，也可以为自己的意见辩护，但意见始终要以事实为依据。没有事实支撑的意见，就是没有价值的。不要"你觉得"，也不要"我觉得"，要让"用户觉得"，用户说好才是真的好。

5. 现在就开始组建未来需要的团队

要面向未来，思考需要什么样的团队成员，而不是眼下缺什么样的人就去找什么样的人。公司为员工做的一件事，就是确保生产出好产品，及时地服务好客户。打造面向未来的"梦之队"就是要从未来的规划出发，找到需要的团队成员。例如，许多硅谷公司建立"实验室"，其目的就是吸引"牛人"，虽然现在没想清楚做什么，先招进来再说。

6. 员工与岗位的关系，不是匹配而是高度匹配

招聘人才的责任不在 HR，而在用人经理，要做好招聘工作就要找到与岗位完美匹配的人。看一个人是否适合这个岗位，主要看应聘者解决问题的方式。要招聘的不仅仅是一个员工，还是一个灵魂工作者，能够随时"燃烧"自己。

7. 按照员工带来的价值付薪

按照员工给公司带来的真正价值确定薪酬，同时，要给得起钱，要尽可能地保证每个人都处在人力市场薪酬水平的顶端。如果公司的发展无法保证每个岗位的人员的薪酬都达到市场最高水平，就应该找出最有潜力提升公司业绩的

岗位，为这些岗位的人才支付市场最高水平的薪酬。说到底，还是不差钱，招 3 个人干 5 个人的活，给 4 个人的工资，这是划算的。

8. 离开时要好好说再见

绩效评估不应该仅仅是年度评估，而应该是"季度+年度"评估。公司应该引导员工成为一个终身学习者，不断获得新技能和新经验，不要挽留不应该挽留的员工，要好聚好散，要让员工感觉离开之后仍然觉得它是很伟大的公司。如果一个老员工不能胜任他的工作，应该立刻给他一笔赔偿，然后辞退他。

这也是备受诟病的一点，中国是人情社会，"买卖不成仁义在，犯不着撕破脸。"在 Netflix 却不是这样的，《奈飞文化手册》的撰写人、人力资源副总裁帕蒂·麦考德，后来因为自己对公司贡献不足被辞退了。许多人把这当成一个笑话，笔者认为这恰恰说明帕蒂·麦考德一手缔造的奈飞文化的成功。

许多国内企业学习硅谷公司的管理方法，例如，给员工准备下午茶、允许员工周五带宠物上班、给员工起英文名等，这是好的开始，但这些只是皮毛。仔细品读《奈飞文化手册》，结合团队自身的情况加以实施，才能激发工程师的无限创造力。

/第 8 章内容小结/

帕金森定律：互联网时代组织模式的 3 个特点。在行政管理中，行政机构会像金字塔一样不断增多，行政人员会不断膨胀，每个人都很忙，但组织效率越来越低。互联网组织的 3 个特点：扁平化、去中心化、自组织。

中台组织："小前台+大中台"的组织架构。"小前台+大中台"组织模式的核心目的是使组织更加扁平化，使管理更高效，提高组织的运作效率，使业务更加敏捷、灵活。

区块链组织：面向未来的社会化组织协作方式。1. 私有链：公司的未来形态；2. 去中心化组织：每个人都是自己的老板；3. 工作量证明：本质就是价值证明；4. 共识机制：干得怎样自己没点数吗，骗谁呢。

第 8 章

彼得原理：有效激励技术人员的 14 个方法。在各种组织中，由于习惯于晋升在某个等级上称职的人员，因而雇员总是趋向于被晋升到其不称职的岗位。

实践案例：以 Netflix 为代表的硅谷工程师文化。奈飞文化的 8 个原则：1. 只招成年人；2. 要让每个人都理解公司的业务；3. 绝对坦诚，才能获得真正高效的反馈；4. 只有事实才能捍卫观点；5. 现在就开始组建未来需要的团队；6. 员工与岗位的关系，不是匹配而是高度匹配；7. 按照员工带来的价值付薪；8. 离开时要好好说再见。

第9章

团队高效执行力

9.1 Google高效的秘密：OKR实践

1. 什么是OKR

OKR（Objectives and Key Results），即目标（Objectives，简称 O）与关键成果（Key Results，简称 KR）的考量方法，或者说 OKR 是一套定义和跟踪目标及其完成情况的管理工具和方法。

1999 年 Intel 公司发明了这种方法，后来被 John Doerr 推广到 Oracle、Google、LinkedIn 等公司，逐步流行起来，现在广泛应用于互联网、游戏、金融等以项目为主要经营单位的企业中。

2. OKR带来的好处

企业如果实施了 OKR，有以下好处：

1）OKR 易于理解，员工的接受度和使用意愿较高；

2）节奏更快，提高敏捷性和快速应对变化的能力；

3）把精力聚焦在最重要的事情上；

4）公开透明，促进部门间的横向一致性；

5）促进沟通，提高敬业度；

6）促进前瞻性思考。

OKR 的优点显而易见，它可以让每个员工都主动思考、主动工作、主动创新，整个企业的团队精神也能得到很好的体现。

3. OKR在企业的哪个层级实施

从图 9-1 可以看出，OKR 在不同的层级实施，其难度、挑战和优势有差别，应该根据企业规模、高层对 OKR 的支持和理解程度来选择实施的层级。

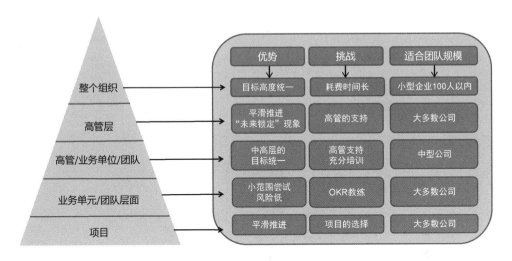

图 9-1　OKR 实施层级对比

4. 如何实施OKR

首先，从 OKR 的制定开始。OKR 分为承诺型 OKR 和愿景型 OKR，不同类型的 OKR，打分是不同的，资源分配也不同。OKR 的制定分为 5 个步骤：

1）创建（Create），1 ~ 3 个目标，1 ~ 3 个 KR，"动态二人组"；

2）精炼（Refine），将草案提交给团队讨论，大团队运作、确定；

3）对齐（Align），识别依赖关系，联合定义 KR；

4）定稿（Finalize），提交给上级批准，说明对齐过程；

5）发布（Transmit），沟通并公开发布。

O 的制定，要避免目标"原地踏步"；制定过程中团队成员如果有疑问，要及时澄清；通常使用积极正向的语言去澄清目标；目标的描述中要提供简单指引；建议从动词开始，使用通俗的语言。

KR 的制定，有如下技巧：

1）只写关键项，并非全部罗列。聚焦在能让目标取得实际进展的事情上。

2）基于结果，而非任务。强调成果、价值输出。

3）使用积极正向的词语表达，传递正能量。

4）保持简单明了，让人人都能懂。

5）考虑所有的可能性。保持谦卑、开放的态度。

6）务必指定一个责任人。避免"旁观者效应"。

好的 KR 的特征如图 9-2 所示，它是定量的、有挑战的、具体的、自主制定的、基于进度的、上下左右对齐一致的、驱动正确的行为的。

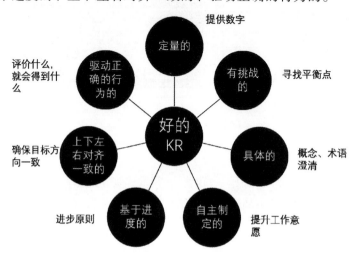

图 9-2　好的 KR 的特征

5. OKR的对齐

OKR 的对齐也叫 OKR 联结，就是在各个层级的 OKR 之间保持某种一致性。对齐分为上下对齐和左右对齐，如图 9-3 所示。

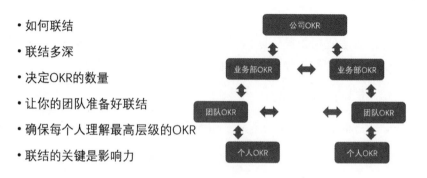

图 9-3　OKR 的对齐

上下对齐，指的是本团队 OKR 要跟上一层级的 OKR 保持一致，例如，如果上级 OKR 关注的是"提高系统的稳定性"，那么下级 OKR 的重心就应该围绕它，就算想制定"技术创新"方面的目标，投入资源的比重也不能超过"提高系统的稳定性"。

左右对齐，指的是与兄弟部门之间保持 OKR 一致，例如，你的 OKR 是依赖于对方部门的，那么要确保对方把这个事项列入他的 OKR，列入 OKR 意味着资源投入的保证。

OKR 对齐是整个 OKR 工作方法中很重要的一个环节，对齐后的 OKR 经过领导及团队的审核后，就可以发布出来，让所有人看到，一方面增加信息的透明度，另一方面可以接受群众监督。

6. OKR日常管理

周例会。通常不超过 1 小时，会前需要对上周的 OKR 情况做充分的总结，工作优先级的调整需要组长确认，确认 OKR 的执行情况和状态，从全局出发，确保任务项能够及时准确地完成。周例会结束后，组员整理会议结论及后续行动项，发给相关人员。

季度评估会。这是较正式的 OKR 审视会，将 OKR 项进行逐一审视，审视的结果有 3 类：开始、停止和继续。开始是指确认某项新工作的开始，停止是指某项工作因某些原因停止，继续是指正在做的事情继续按原计划执行。整个会议时间控制在 3 小时以内。会议的结论是，刷新 OKR，以及资源和优先级的重新安排。

7. OKR如何打分

通常在每月或每季度对 OKR 的执行情况进行打分，承诺型和愿景型 OKR 的打分标准有所差别。承诺型 OKR 完成后，通常打 1 分；愿景型 OKR 能得到 0.7 分，通常就被认为执行得不错。OKR 评分标准如图 9-4 所示。

8. OKR与KPI结合实践

OKR 与奖金是否应该挂钩，众说纷纭。

有的人认为完全不需要挂钩，KPI 归 KPI，OKR 归 OKR，一旦挂钩，OKR 就会失去挑战性。因此，企业应该让 OKR 和 KPI 并行，考评时员工同时填写

OKR 和 KPI，但由此带来的问题也很大，员工面对 OKR 和 KPI 会无所适从，就像有两块时间不相同的表，无法准确地知道时间。

KR 评分	评分标准
1.0	不可能达成，但实际达成了
0.7	希望能达成，实际也达成了
0.3	肯定能达成，但实际未达成
0	期望有进展，但实际没进展

注意：要按照 1.0 评分标准来制定 KR

图 9-4　OKR 评分标准

笔者的建议是，OKR 应该与奖金挂钩，KPI 蕴含在 OKR 中，企业只需采用 OKR 即可。我们回到目标管理和奖金的初衷来看：员工的奖金随着目标的达成状况而变化，实际绩效高于预定绩效目标，则奖金高于预定奖金基准，反之奖金就低于预定奖金基准。现在问题的关键是，对应全奖的绩效目标到底该如何定呢？

在 KPI 体系中，通常用 3 个目标值（有些 KPI 只有两个）来与奖金进行对应：

1）0 奖目标值：通常称为门槛值，低于此值则没有奖金。

2）达成目标值：达到此值可以拿到基准奖金。

3）挑战目标值：达到此值可以获得超额奖金，如基准奖金的 1.5 倍。

在 OKR 体系中，目前比较普遍的说法是 0.7 最好，太高或太低都不好。

这样设计的原因在于没有人能准确设定 KR 的目标值。到底定多少合适呢？定低了，比较容易完成，当然不能给全奖；定高了，完成度很低，说明对目标理解不清晰或者努力程度很低，也不能给全奖。因此折中好了，目标定得既有挑战性，同时完成度不错，对这种情况给予最高奖金。

这种逻辑比较适合于愿景型 OKR，因为它们通常都比较长远，大家都说不清目标值到底定多少合适，但是对于承诺型 OKR，这种逻辑就不太适用了，因为对承诺型 OKR，大家一般都能定出相对明确的目标值，它和 KPI 的逻辑是一样的。

基于以上考虑，可以确定如下的奖金挂钩规则：

- 承诺型 OKR：该类 OKR 必须达成，得分越高越好，奖金和得分正相关；
- 愿景型 OKR：得分不是越高越好，0.7 分最好（对应超额奖金），0.7 分两侧各选取一个值作为全奖值（如 0.5 分和 0.9 分），0.3 分是门槛值，低于 0.3 分无奖金。

此外，需要将 KR 的写法做一个调整，采用 KPI 的做法，每个 KR 写 3 个值，分别是门槛值、目标值和挑战值。门槛值对应无奖金，只有过了门槛值才能获得奖金；目标值对应全奖；挑战值对应超额奖金。

对传统的 KR 的目标值一般只定一个挑战值，确实让人不容易评判，但是如果定 3 个值，员工就不能随便了，他必须认真对待这 3 个值，尤其是目标值和挑战值：定得太低了，恐怕不容易"糊弄"过去；定得太高了，因为有前面的值作为参照，也容易看出是在"忽悠"。

有 3 个值，管理者相对也容易评判员工的 OKR 定得是否合理，打分时也有明确的标准，不容易扯皮。这样，就相当于把 KPI 内化到 OKR 中了。

9. 实施OKR的注意事项

1）得到高管的支持。毫无疑问，从公司高层开始实施 OKR，其效果是最明显的，难度也最大，因此建议在实施 OKR 的时候先得到高管的支持，这样将使实施效果事半功倍。

2）提供 OKR 培训。需要给实施 OKR 的人员进行专业的 OKR 培训，如果公司内有实施过 OKR 一年以上的同事，可以委托他给员工进行培训，有条件的公司可以请外部 OKR 实施培训机构进行 OKR 方法的导入。

3）有清晰的战略。OKR 强调目标联结，如果公司的顶层设计和战略不清晰，是无法做到目标层层分解的，会导致中层、基层的动作变形，失去对市场变化的应对能力。

4）区分承诺型 OKR 和愿景型 OKR。不同类型的 OKR 目标定义不一样，投入资源不一样，打分的方法也不一样，绩效奖励也不尽相同。

5）O 应定性而非定量。许多刚开始实施 OKR 的团队，容易把 O 定成 KR，或把 KR 定成 O，一个基本的原则就是，O 应定性而非定量，KR 应尽可能量化。

6）避免 OKR 都是自上而下的。一个公司如果是"一言堂"，会使企业失去创新的活力，而且加大风险，如果某个意见领袖状态不佳，就直接影响整个公司的运作，这是非常可怕的。建议充分调动一线员工的创意，至少确保 30% 以上的 OKR 是自下而上制定的，充分激发整个组织的活力。

7）解决 KR 的问题。管理者要关注 KR 执行过程中的问题，帮助员工解决 KR 上遇到的各种问题，提供方法和资源，确保目标的顺利达成。

8）使用一致的评分体系。评分体系必须公开透明，具备一致性，不能朝令夕改，让员工不知所措。

9）避免制定完就束之高阁。OKR 作为目标管理方法，有制定、监督、回顾等完整流程，应严格按照该方法，使企业目标上下一致，提高整体的运作效率。

10）联结 OKR 确保同上层组织对齐、一致。OKR 强调上下对齐、左右对齐，是为了帮助组织树立贯穿整体的目标，把资源集中到企业的重要战略板块，帮助企业实现突破。

以上，对 OKR 做了一个简单的介绍。企业如果需要实施 OKR，在领会 OKR 思想精髓的基础上，可以分层级、分阶段进行，逐步推进，它可以让组织的协同能力、创新突破能力有一个质的飞跃。

9.2　硅谷10倍速工程效能提升方法

工程效能是什么呢？工程效能是研发团队能够持续为用户产生有效价值的效率，包括有效性、效率和可持续性 3 个方面。

一提到工程效能，大家脑子里马上会浮现持续构建、持续发布、开发流程改进等词汇，往往会忽略有效性。有效性，指的是软件产品给用户带来的价值，如果研发团队辛辛苦苦开发了一个系统，交付给用户后，这个系统并没有很好地解决用户的实际问题，那么研发团队的工作就是无效的。所以，工程效能里首先强调的就是有效性，否则做得再快都是徒劳的。

要想提高工程效能，就必须深入软件开发的整个过程，研究软件开发过程的本质，才能够从纷乱的表象中找到根本性的原则。如图 9-5 所示，是软件开发流程闭环图。

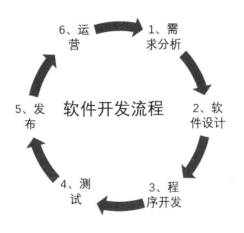

图 9-5　软件开发流程闭环图

软件开发的整个生命周期，包含 6 个部分：需求分析、软件设计、程序开发、测试、发布、运营。在运营的过程中可能会发现新的需求，于是又从需求分析开始，不断循环迭代。

工程效能提升的关键就是从以上 6 个环节入手，确保输入和输出的质量与速度，优化每个节点，再优化整个软件开发流水线。

总结下来，工程效能的优化可以从以下 4 个方面进行。

1. 优化研发流程

需求分析。关注需求价值的管理，建立需求价值的判定规则，根据公司当前的战略重点，对需求价值、项目价值进行评定。例如，公司当前以拓展市场为主要目标，那么与拓展市场相关的需求优先级就高一些，而与之无关的需求优先级就相对低一些，如 OA 办公系统、培训系统等。

软件设计。在软件设计环节，重点是提高设计交付物的简明化，这里并不强调文档交付的格式和标准，需要根据每个团队自身的情况来制定，成熟度比较高的团队，经过了长时间磨合，产品设计人员只需要通过简单的讲解，辅助一些流程图、页面要素定义和原型等，就可以清楚地表达设计意图，开发人员和测试人员也能够很好地理解，这就达到了比较好的状态，不需要设计人员写几十页的设计文档。

程序开发。首先，在拥有一定工作自由度的同时，工程师需要遵守相关的规约，如编码规范、文档注释、自测用例的覆盖度等，通过一个个项目来提升自己的职业素养。其次，工程师要快速解决问题，把这一点视为有效工作的标准，不要执着于"玩"一些新技术，把代码质量和按时交付抛在一边就本末倒置了。另外，工程师在完成自己的工作的同时，要积极配合测试人员完成模块测试，帮助接口提供方或调用方完成对接口的联调，接口有任何变动都要及时通知相关方，接口定义完成后，建议立刻提供 Mock Service 给调用方，这样前后端工作就可以同步进行了。

测试。测试工作的重心在测试用例的编写、对业务逻辑的梳理和学习上，尽可能减少手动测试的工作量，从接口到界面尽量用自动化测试工具。云端测试工具是不错的选择，包括 App 兼容适配测试等，都可以使用云端测试。

发布。随着虚拟化、云计算等技术的发展，发布技术和工具日益强大，许多公司在开源套件的基础上，都建立了自己的 CI、CD 平台，实现了 DevOps（研发、测试、发布、运维一体化）、A/B 测试、灰度发布等，极大地提高了效率。

运营。发布结束并不意味着软件生命周期的结束，实际上万里长征才踏出第一步，产品经理、运营人员、项目经理等核心人员必须关注软件交付后的运营情况。对产品经理来说，这是验证需求有效性非常重要的环节，然而许多公司的产品研发团队对运营环节的重视度不够，久而久之就会与业务方的想法产生隔阂，导致技术人员不能很好地理解业务需求，开发的有效性降低，所以产品研发团队必须在日常工作中关注运营的进展，提高业务敏感度。

2. 团队工程实践

开发环境。开发环境包括机器、IDE、版本管理工具等软件开发所需的软硬件设施。国内许多企业越来越重视这些因素,如给开发人员配备笔记本、台式机、高分辨率的电脑屏幕、移动端开发用的手机,甚至符合人体工学的办公桌椅等,这些都是非常好的实践,在提升员工办公体验的同时,也提高了工作效率。

代码审查。许多公司也开始重视代码审查,为什么强调做代码审查呢?一来能够及时发现代码中的问题,并且能够提高开发人员的编码能力,二来能够提高代码质量,促进代码规范的统一,同时达到了知识共享的目的。代码审查包括增量审查和全量审查,可根据员工的特点和项目所处的阶段进行选择。

开发速度与代码质量。在日常开发工作中,迭代的安排一般是比较紧凑的,为了应对快速变化的市场,开发人员会做很多"临时方案",这些方案逐渐变成"技术债"。因此,有计划地还"技术债"能够避免工程质量的"坍塌",让系统更持久地运行。同时,开发人员要有意识地做持续重构,通过工程再造、抽象、拆分等措施,持续优化代码和架构。

左移、右移测试。所谓的左移、右移测试,是相对于常规测试而言的,从图 9-5 可以看出,测试的上一个环节是程序开发,下一个环节是发布,左移测试指的是在程序开发环节进行测试,包括开发的测试用例执行、代码中包含测试代码等,指标包括测试用例代码覆盖率、送测一次通过率等。右移测试指的是在发布环节进行测试,即代码部署完成,连接线上数据后,进行预发布测试,以及发布完成后在生产环境做冒烟测试、手工测试等。

灰度、蓝绿、红黑发布。灰度发布,也叫金丝雀发布,是指在黑与白之间能够平滑过渡的一种发布方式。在其上可以进行 A/B 测试,即让一部分用户继续使用产品特性 A,另一部分用户开始使用产品特性 B,如果用户对产品特性 B 没有什么反对意见,那么可逐步扩大用户范围,把所有用户都迁移到产品特性 B 上。

蓝绿发布(Blue Green Deployment)是一种平滑过渡的发布模式。蓝绿发布的操作模式,首先依赖于能够将全站应用划分为对等的 A、B 两个单元,单元 A 先发布新产品代码并引入少许用户流量,单元 B 继续运行老产品代码。

如果经线上运行观察没有迹象表明单元 A 有问题，或者用户对单元 A 中的变化没有特别的反馈，那么可在单元 A 中逐步引入更多用户，直至所有用户都访问新产品代码。

红黑发布是 Netflix 采用的部署手段，Netflix 的主要基础设施在 AWS 上，所以它利用 AWS 的特性在部署新的版本时，通过 Auto Scaling Group 用包含新版本应用的 AMI 的 Launch Configuration 创建新的服务器。如果测试没通过，则在找到出现问题的原因后，直接"干掉"新生成的服务器及 Auto Scaling Group 就可以了；如果测试通过，则将 ELB 指向新的服务器集群，然后销毁旧的服务器集群及 AutoScaling Group。红黑发布的好处是服务始终在线，同时采用了不可变部署的方式，也不像蓝绿发布那样得保持冗余的服务始终在线。

云化提效。中小型软件公司尤其适合云化提效，把测试环境、生产环境部署在云端，通过第三方云平台的成熟套件进行环境搭建，包括机房负载、安全防护、数据库搭建、服务器环境安装等。如果按照传统的方式，需要专业的数据库工程师、运维工程师和网络工程师，而采用云端的方式，这些都省了，只需要按月付费即可。云化还有一个好处，就是让应用能够实现高可伸缩性，这在过去需要一笔巨大的投入，现在使用云计算就像使用自来水一样，按需付费，人人都可以使用。

3. 个人工程实践

个人高效能原则。个人在工程实践中要关注一些基本的原则，例如，当接到一个需求的时候，不要着急动手编码，要对模块进行抽象、拆分，做适度的工程化处理，否则随着工程复杂度的增加，代码会变得难以维护，灾难也就不远了。在工程化的同时，还要注重快速迭代原则，回归工程师的本质。工程师的本质就是用工程的方法，解决业务上的实际问题，"快速搞定"是对工程师的基本要求。

番茄工作法。番茄工作法，是一种深度高效工作的方法。具体做法是：选择一个待完成的任务，将番茄时间设为 25 分钟（可自己调整时间），专注工作，中途不允许做任何与该任务无关的事情，直到番茄时钟响起，然后在纸上画一个 ×，短暂休息一下（5 分钟就行），每 4 个番茄时段后多休息一会儿。

番茄工作法极大地提高了工作的效率，还会有意想不到的成就感。市面上有许多软件、App 都提供番茄钟的功能，可以尝试使用，以帮助自己进一步提高工作效率。

4. 文化驱动

前面讲过奈飞文化，了解了硅谷科技公司是如何打造高效工程师文化的。好的文化能够帮助团队提高整体的效率，帮助公司实现业绩增长。

9.3 麦肯锡解决问题7步法

麦肯锡解决问题 7 步法，就是麦肯锡最著名的"七步成诗"，是用于分析和解决各行各业实际问题的一套方法论，因为该方法具有高度的概括性、通用性等特点，被各大公司采用，作为员工解决问题的工具。

该方法把解决问题的过程，分解成 7 个步骤。

第 1 步，界定问题。也就是陈述问题，把问题讲清楚是解决问题的第 1 个步骤，这很好理解，能够清楚地定义问题，实际上问题就解决了一半。人们通常总觉得某个地方有问题，但是具体哪里有问题又说不出来，这时就应该花精力去分析，把感性的认知变成分解后的具体问题点。

定义问题的具体步骤如下：

1）明确要解决的基本问题；

2）具体地描述问题的内容；

3）清楚地列出问题所涉及的各方面信息。

第 2 步，分解问题。可以根据喜好选择一种逻辑树，通过画逻辑树来完成问题的分解，这样可以更加高效地分解问题、更加完整地解决问题。

分解问题遵循的原则如下：

1）内容是不是全面、充分；

2）分解后的要素是不是相互独立。

分解问题的具体方法有：不断提出假设、不断进行修正，探寻产生问题的深层次原因、追根溯源，多问几个为什么。

还可以借助树状图等可视化工具分解问题。

1）鱼骨图：原因分析，从问题开始逐步分解，使用推理假设逻辑树解决问题，树的结束点即原因；

2）问题图：假设判断，提出假设，寻找论据，证明或否决；

3）逻辑图：判断相关原因，提出可用"是"或"否"回答的问题，按逻辑排序，找出相关事实、形成各种选择。

最后，对产生问题的各种因素进行分析，用二八法则发现关键驱动因素，不断进行头脑风暴。

第 3 步，消除非关键问题。去掉所有非关键问题，把精力更多地放在解决重点问题上。在规划中应清楚列出的有：问题的描述、问题的假设、问题的分析、分析问题所需要的资料来源、对应问题各部分的分工和计划、最终提交的报告、制订相应的行动计划。

第 4 步，制订详细计划。制订详细的工作计划，最佳做法如下：

1）提早：不要等到数据搜集完毕才开始工作；

2）经常：随着反复、仔细分析数据而修改、补充或改善工作计划；

3）具体：具体分析，寻找具体来源；

4）综合：同项目小组成员一起检测，尝试其他假设；

5）里程碑：有序工作，使用二八法则按时交付。

其中资料的编辑检验比较重要。检查资料的完整性，分析来源，交叉核对。核实记录描述的清晰性，排除或改正错误，确认资料收集的统一格式。

资料的分类如下：

1）按时间分类，表明趋势变化速度，有随机和周期性波动；

2）按部门分类，检查各部门存在的问题及各部门之间的联系；

3）按责任分类，判断具体问题的责任承担者；

4）按结构或过程分类，确定局部变革如何影响整体，对具有全局影响的个别单位采取行动。

5）按影响因素分类，考察影响问题各因素之间的关系。

第 5 步，进行关键分析。遵循以下原则：

1）以假设和最终产品为导向，不要只拘泥于数字，要关注"我要回答什么问题"；

2）经常反复地进行假设和数据分析，不要绕圈子；

3）尽可能地简化分析，不轻易使用大的线性计划之类的工具；

4）在仔细分析之前估算其重要性，开阔视野，不要"见树不见林"；

5）使用二八法则，别钻牛角尖；

6）从专家那里得到数据，经常给出比"图书馆数据"更清晰的指导方向；

7）对新数据采取灵活的态度，同项目小组共享良计；

8）对困难有所准备，勇于创新。

分析论证的原则如下：

1）以假设为前提、事实为依据，结构化论证；

2）尽可能简化分析；

3）要充分利用团队的力量；

4）对困难要有心理准备；

5）不要害怕创新。

分析论证的方法如下：

1）因果分析：不要把问题的结果当成原因，要寻找主要原因，分清一果多因与一因多果。

2）比例分析：分析因素之间存在的定性关系，此关系可用比例度量，必须与标准或已知情况比较。

3）标杆比较：确定进行标杆比较的问题，寻找最佳等级的竞争对手，收集标杆数据，比较分析自身与标杆企业的差距，制定缩小差距的方案。

4）趋势分析：关注发展趋势，未来不是过去趋势的延伸，用德尔菲法。

5）模型分析：以大量的知识和项目经验为基础，使用专有的、差别化的分析方法。

第 6 步，综合建议。也就是产生结论，综合调查结果并构建论证。总结问题分析的结果，根据结果建立论点，按照结构化的方式组织论点，推导出建议的解决方案，针对问题的关键因素制定行动方案。

第 7 步，汇总报告。画出所持论点的完整结构，以每张图表上方的信息文字串联成一个合乎逻辑又具有说服力的故事。

可以使用大量的图形（表）清楚生动地表达对问题的描述（描述问题的性质与内容），如历史对比图、柱状图、饼状图、散点图等。在问题分解过程中，描述导致问题的各种原因时可采用树状图、鱼骨图。在问题分解之后，进一步分析不同因素之间的相对重要性，判断哪些是解决问题的关键因素。问题的分析论述，可用一些模型图。

麦肯锡解决问题 7 步法是非常实用的解决问题工具，学习掌握其基本用法之后，可在实际工作中尝试使用，熟练之后你也能成为解决问题的高手。

9.4 互联网产品开发中的敏捷与项目管理

国内外知名互联网企业都选择敏捷作为主要的产品研发方法，如国外的 Google、Facebook，国内的阿里巴巴、百度、腾讯等，都大规模地采用了敏捷。其主要原因是敏捷的小团队组织、角色模糊化、快速迭代交付的特点，很好地支持了互联网企业的发展速度快、业务灵活多变的特点，极大地释放了技术团队的生产力。敏捷已经成为当代最具代表性的开发方法论，并且在全世界范围内都得到了广泛的应用。

敏捷相关的书籍和资料都比较多了，在这里就不赘述了。本节来探讨一些互联网产品开发中比较有特色的敏捷实践，也就是产品敏捷、项目敏捷和分布式敏捷，它们并不是衍生出来的敏捷新流派，只是对一类敏捷实践的归类和总结。

产品敏捷，就是一个产品开发小组，围绕着软件产品进行的敏捷开发的过程。如"团购系统"开发小组，将团购业务人员提交的开发需求，变成多个 Story 放入不同的 Sprint 中进行迭代开发，这个产品开发小组是专注于团购系统的。产品敏捷是最常见的敏捷开发模式，大多数敏捷都属于产品敏捷。

项目敏捷，指的是大项目在项目经理的领导下，由多个敏捷产品开发团队一起协同开发的过程，我们可将项目敏捷理解为一个大的迭代，里面又包含了许多小迭代。例如，网站速度提高项目，项目的目标是把网站的整体访问速度提高 10%，涉及的开发小组有团购开发小组、网站前台开发小组、网站后台开发小组和搜索开发小组等，项目经理把这个项目的上百个 Story 分派到各个开发小组中，各个开发小组在各自的 Sprint 里进行开发和程序发布，项目经理负责协调和管理整个项目的进度、风险和成本等。

大多数互联网公司以产品敏捷为主、项目敏捷为补充，这个模式很好地解决了产品和大项目的开发管理问题。如图 9-6 所示是项目敏捷和产品敏捷协作图，开发需求分成两类：产品需求和项目需求。产品需求由各产品开发小组（图 9-6 中的 Domain 指的就是一个产品开发小组）用产品敏捷的方法进行开发工作，项目需求由项目经理采用项目敏捷的方法进行项目管理工作。

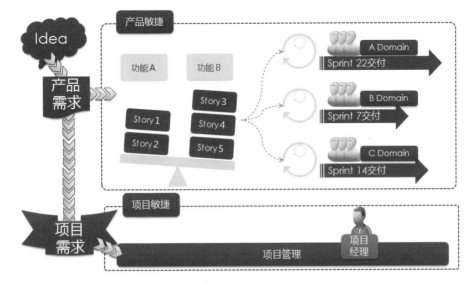

图 9-6　项目敏捷和产品敏捷协作图

分布式敏捷，指的是由异地开发团队协作进行敏捷开发的方法。传统的敏捷开发方法强调敏捷开发小组在同一个办公室集中开发，而在实际工作中，多地研发中心协同开发的现象是普遍存在的，分布式敏捷解决了异地团队进行敏捷开发的问题。那么，异地团队进行敏捷开发会遇到哪些问题呢？

首先，日常的沟通问题是最突出的，一般来说需要使用视频电话、即时聊天工具、桌面共享软件来辅助日常的交流。对于管理人员来说，需要一套在线敏捷开发管理工具，以便随时了解异地团队的工作进展，这也要求团队成员把每天的工作进展录入敏捷开发管理工具中。

其次，要建立高效的异地敏捷团队组织架构，包括高效的组织架构、消除网状沟通等。

再次，消除异地团队的陌生感，推荐采用视频会议工具进行异地会议，让团队成员做自我介绍，增进彼此的了解。另外，有条件的话可以让团队成员出差，让团队面对面地工作一段时间。

最后，异地团队需要增加"Demo"的频次，以便需求提出人更早地参与到成果物的确认中，及时纠正异地沟通产生的理解上的偏差。

看板和 Scrum 是敏捷体系中的不同实践方式，看板更强调单个可交付物的开发周期，所以能够缩短"Idea To Market"的时间，在这一点上与 Scrum 要求的固定迭代周期相比，管理的颗粒度更细一些。看板给业务方的感觉是"这个功能做完就上线，真快"，而 Scrum 给人的感觉是"这次 Sprint 的 10 个功能一起完成了，我的这个功能才能够跟着上线"，想想就知道，哪种方式更受业务方的欢迎。

看板的特点是工作流程的形象化，通常会把工作细分成多个任务，写在卡片上，贴在墙上。限制"在制品"（Work In Progress，简称 WIP），明确设定在每个状态下同一时间能有多少个工作任务。看板使度量生产周期（即完成一个任务的平均时间）、优化开发过程、缩短开发周期和预测开发时间更容易。如图 9-7 所示是典型的看板工作墙，工作过程完全可视化，可以很直观地告诉团队当前的效率瓶颈在哪里，团队可一起去改善，以便开发过程更顺畅，效率更高。

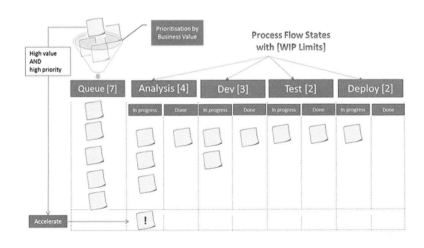

图 9-7　看板工作墙

为了更好地区分看板和 Scrum，下面来看一看它们究竟有哪些相同点和不同点。

它们的相同点是：两者都符合精益和敏捷思想，都使用"拉动式"安排日程，都限制开发中的工作数目，通过透明度来驱动过程改进，都致力于可交付的软件产品，都基于自我组织团队，都要求把工作细分，发布计划都基于经验数据，并且持续优化。

接下来，通过表 9-1 来对比看板和 Scrum 的不同点。请读者关注标"★"的内容，这些是看板最显著的特征。

表 9-1　看板和 Scrum 的对比

Scrum	看板
要求定时迭代	★没有指定定时迭代，可以分开计划、发布、过程改进，可以使用事件驱动而不限定时间
团队在每个迭代承诺一定数目的工作	承诺不是必需的
以速度（Velocity）作为计划和过程改进的度量数据	使用开发周期作为计划和过程改进的度量数据
指定跨功能团队	没有指定跨功能团队，也允许有专门团队
工作任务细分，可在一个迭代中完成	★没有指定工作任务的大小
指定使用燃尽图	没有指定任何图表

第 9 章

Scrum	看板
间接限制开发中的工作（每个迭代）	设定开发中工作的限制（每个工作流程状态）
规定估算过程	没有指定任何估算方式
在迭代中不能加入新工作任务	★只要生产力允许，可以随时增加工作任务
由单一团队负责 Sprint Backlog	多个团队和成员分享看板
指定三个角色（产品负责人、Scrum Master、团队）	★没有指定任何团队角色
Scrum Board 在每个迭代后重设	看板反映持久开发情况
规定优先的 Product Backlog	★优先级是非必需的

从表 9-1 可以看出，在迭代周期上，Scrum 要求有固定的周期，而看板没有固定周期；在工作任务的细分上，Scrum 要求细分任务，并且在一个迭代内完成，而看板没有规定任务的大小；在是否允许插入任务上，Scrum 不鼓励在 Sprint 中插入任务，而看板允许随时插入优先级更高的任务；在指定角色方面，Scrum 要求有产品负责人、Scrum Master 等角色，看板没有指定任何角色；在任务优先级上，Scrum 要求 Product Backlog 里的任务有唯一的优先级，而看板不要求任务的优先级。

以上总结了 Scrum 和看板的相同点和不同点，那么究竟什么样的开发团队适合用看板呢？看板对开发团队的整体素质要求比较高，能够更快速地交付产品，适合创新型、需求变动非常大的产品开发。所以建议实施看板的团队，至少要有比较懂敏捷开发的人作为教练，或者团队已经实施过 Scrum，并且成熟度比较高。

微管理，是互联网环境下的项目管理方法，将经典的 PMP（Project Management Professional，项目管理专业资格认证）项目管理体系进行裁剪，以适应互联网项目周期短、需求变化快、跨团队协作多等特点。微管理的本质是将管理变成服务，调动项目成员的主观能动性，为共同目标的达成而努力。

微管理把项目过程分成 4 个阶段：项目登记、项目申请立项、项目执行、项目结项，如图 9-8 所示。

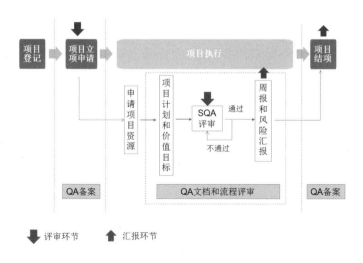

图 9-8　微管理过程

　　项目登记，指的是项目需求提出人员向 PMO（Project Management Office，项目管理办公室）提出项目申报的过程。PMO 会安排 PM（Project Manager，项目经理）进行项目的管理工作。一般而言，规模大于 500 个人日以上、需要10 个以上开发团队进行协作的项目，才需要专职的 PM，否则由开发团队比较资深的人员担任 PM 即可。

　　项目立项申请，一旦 PMO 给项目分配了 PM，就由 PM 发起立项流程，立项需要提供的信息有：项目背景和简介、项目价值、期望上线时间、项目预算等级（人力资源）、建议的项目管理模式等。一般由 PMO 负责人、技术部负责人、产品设计负责人进行项目审批，审批通过后项目就被正式确认了，项目的优先级、项目的管理模式也在这个时候确定了。项目的优先级可粗略分成高、中、低。项目团队的管理模式有 3 种：封闭式开发、专属项目组制和核心项目组制。封闭式开发是指项目组全体成员，全力以赴为项目进行冲刺，开发资源是独占的，一般在 5 个迭代左右（每个迭代按 2 周计算）；专属项目组制，是指团队不需要进行封闭开发，但要求开发人员每周将 70% 的时间花在该项目上，在项目期间成立专属团队；核心项目组制，是指各开发团队配合完成该项目，要求开发人员每周将 30% 的时间花在该项目上，按项目优先级排入各开发团队的迭代中，不要求成立专属团队。

　　项目执行，项目经理负责项目团队组建、项目计划制订、项目整合管理、项目沟通协调、项目进度控制和项目总体风险管理等工作，由于项目可能由数十个开发小组共同参与，为了让团队协作更有效率，每个角色都必须指定一名主负责人，如产品设计主负责人、开发主负责人和测试主负责人，他们的职责是进行横向管理，共同辅助项目经理的工作。在项目执行过程中要有 SQA 评审，主要涉及产品设计、架构、运维、安全、数据监控和测试方面的评审，由各方面专家组成项目评审小组，方案评审通不过就不能投入开发资源。在项目执行过程中，需要按指定格式向干系人发送项目周报，更新项目进度。

项目结项，当项目达到计划中指定的结项标准时，项目经理即可发起结项申请。项目经理的结项申请需要事先征得需求方的同意。在项目需求方同意后，由项目经理发起结项申请，在项目上线后一个月内提交功能指标、性能指标、监控指标等，运营指标在项目上线后一个月至三个月内提供。

以上就是微管理的项目管理理念，以互联网的思维方式，优化传统项目管理方法，将管理变成服务，提高了项目成员的主动性，整体上提高了项目管理的效率，这些理念在实际运用过程中，还需要根据每个公司的特点进行融会贯通。

在介绍产品敏捷和项目敏捷的时候，我们已经发现这两种敏捷开发方式在实际工作中是相互叠加、协同进行的，如图 9-9 所示，A Domain 开发团队的 Sprint 22 中既有产品需求又有项目需求，对 A Domain 来说，他们在做产品敏捷；对于项目经理而言，他把项目需求拆分成若干个 Story，分派给 A Domain、B Domain、C Domain 进行开发，项目经理是采用项目敏捷的方式进行项目管理的。

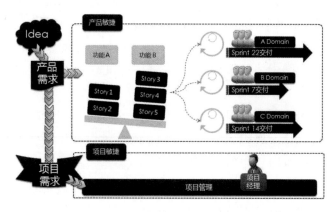

图 9-9　敏捷与项目管理如何协同

敏捷与项目管理是可以相互协同的，项目管理可被理解为一个大迭代，各开发团队的迭代被称为小迭代，项目管理实际上就是大迭代里包含了若干个小迭代，通过管理好迭代之间的依赖管理、项目执行的监控和预警，就能够有效管理复杂的项目。

当一个技术团队发展到 100 人以上时，敏捷与项目管理的协同是很普遍的，敏捷适合产品线的快速迭代开发，项目管理适合规模大、业务难度高、协作起来困难的大项目，敏捷与项目管理和协同既满足了产品快速迭代的要求，又满足了复杂项目管理的要求，能够很好地支持互联网公司业务的快速发展。

敏捷与项目管理的协同，建议采用一些开源项目管理软件，如 JIRA、Redmine 等，有条件的话可以进行二次开发，以更好地适应公司自身的业务特点，下面简单介绍一下这两款开源软件。

- JIRA 是 Atlassian 公司出品的项目与事务跟踪工具，被广泛应用于缺陷跟踪、客户服务、需求收集、流程审批、任务跟踪、项目跟踪和敏捷管理等工作领域。JIRA 配置灵活、功能全面、部署简单、扩展丰富，得到了全球范围内数万企业用户的广泛使用。

- Redmine 是用 Ruby 开发的基于 Web 的项目管理软件，是用 ROR 框架开发的一套跨平台项目管理系统，支持多种数据库，有不少自己独特的功能，如提供 Wiki、新闻台等，还可以集成其他版本管理系统和缺陷跟踪系统，如 Perforce、SVN、CVS、TD 等。这种 Web 形式的项目管理系统通过"项目（Project）"的形式把成员、任务（问题）、文档、讨论及各种形式的资源组织在一起，项目成员参与更新任务、文档等内容来推动项目的进度，同时系统利用时间线索和各种动态的报表来自动向成员汇报项目进度。

9.5 实践案例：华为高效执行力剖析

在研究了华为的发展过程后笔者发现，华为之所以取得商业上的巨大成功，是因为很好地解决了核心价值观、利益分配和组织模式的问题，下面分别从这 3 个方面进行剖析。

1. 核心价值观

华为的人力资源变革始终围绕着核心价值观来做。

1）以客户为中心。

华为虽然组织结构庞大，但对市场的反应速度始终是敏捷的，对客户需求始终是能准确把握的，这不是哪一年才提出的想法，而是从创业的第一天开始就有的。

2）强调持续艰苦奋斗。

人力资源机制就是不断激活人才，不能懈怠。任正非说要有一根鞭子，抽着你往前走，企业才有活力。此外，华为还有一个很大的特点就是批评与自我批评。所有人，包括任正非在内时刻保持清醒的头脑、危机意识与自我批评。从市场部集体大辞职到研发体系反幼稚大会，华为把客户的抱怨录音，不停地让研发人员听。

华为在人力资源管理上，最有特色的就是它构建了一套怎么对知识分子进行有效管理的方法，让知识分子变成勇猛、有狼性的战士，而不是变成"奴才"。知识分子最怕打仗没狼性，不能够主动承担责任。

2. 利益分配

不难发现，无论何时任正非从未缺少过对华为员工的关心，在提高优秀人才的待遇上更是从未吝啬过。

现在许多企业都在学国学、学稻盛和夫的经营哲学，努力让员工改变工作态度，多干活少拿钱。而华为却不一样，华为一个劲儿地激发员工多挣钱，改变自己和家庭的命运；多追求发展机会，以尽情开发自己的无限潜能；多争取荣誉，以提升自己的境界和格局。

其实任正非也认为自己是最擅长分钱的老板。他说："钱分好了，管理的一大半问题就解决了。"

华为有不少老员工的一个深刻记忆是，薪水涨得很快，有人一年涨了 7 次工资，还有人一年涨了 11 次……

任正非说："不奋斗、不付出、不拼搏，华为就会衰落！拼搏的路是艰苦的，华为给员工的好处首先是苦，但苦中有乐，苦后有成就感，收入有提高，对公司未来更有信心。快乐是建立在贡献与成就的基础上的，关键是让谁快乐，企业要让价值创造者幸福，让奋斗者因成就感而快乐，如果一个企业让懒人和庸人占着位子不作为，不创造价值的人、混日子的人都快乐，这个企业离死亡就不远了！华为的薪酬制度就是要把落后的人挤出去，减人、增产、涨工资。"

管理者总给员工讲"吃亏是福"，这是在害人、害公司。建立"不让雷锋吃亏"的机制，让奋斗者得到合理的回报，让更多员工愿意做忘我的雷锋，这样才会有更多的雷锋出现。

3. 组织模式

在华为的发展史上，组织是随着市场扩张不断变革的。早年华为和很多企业一样，就是直线职能制，指挥命令系统"一竿子插到底"，快速反应。

这个阶段一直持续到 1999 年，之后企业出现了多种产品、多个市场，直线职能制管不过来，所以要分权。

华为搞了覆盖全球的矩阵性组织，片区、地区、办事处、代表处管理职能垂直落地，过于矩阵化之后，流程会变得太长。所以在 2006 年又提出了基于客户管理优化组织，加强客户群系统建设。

在 2007 年以后，让听得见炮火的人去做决策，建重装旅、建陆战队，前端综合化、后端专业化，这就是"铁三角"组织模式。所谓"铁三角"，就是真正面向市场端的是客户经理、解决方案专家、交付专家，前端针对某一个客户依据这三类人来做决策。

华为之所以走到今天，可以把权力授予"铁三角"，前提是它花了几十亿元人民币。用华为改革办主任的话说，大概有 200 多亿元人民币的咨询费用于建设技术研发平台、中间试验平台、产品制造平台、全球采购平台、市场营销平台、人力资源平台、财务融资平台、行政服务平台、知识管理平台、公共数据平台，让"铁三角"得到了最专业的支持。

华为对人的评价是现实的，不在于你的理想有多大，而在于你的实际贡献。

公司给员工的报酬是以他的贡献大小和实现持续贡献的任职能力为依据

的，不会因为员工的学历、工龄和职称及内部"公关"做得好支付任何报酬，认知不能作为任职的要素，必须看奋斗精神、看贡献、看潜力。

华为明确员工改变命运的方法只有两个：一是努力奋斗；二是提供"优异"的贡献。

正是因为华为在企业治理上很好地解决了核心价值观、利益分配和组织模式这 3 个基本问题，才能在激烈的市场竞争中脱颖而出、拔得头筹，非常值得借鉴。

/第 9 章内容小结/

> **Google 高效的秘密：OKR 实践。** 实施 OKR 的 10 个注意事项：得到高管的支持，提供 OKR 培训，有清晰的战略，区分承诺型 OKR 和愿景型 OKR，O 应定性而非定量，避免 OKR 都是自上而下的，解决 KR 的问题，使用一致的评分体系，避免制定完就束之高阁，联结 OKR 确保同上层组织对齐、一致。
>
> **硅谷 10 倍速工程效能提升方法。** 1. 优化研发流程；2. 团队工程实践；3. 个人工程实践；4. 文化驱动。
>
> **麦肯锡解决问题 7 步法。** 第 1 步，界定问题；第 2 步，分解问题；第 3 步，消除非关键问题；第 4 步，制订详细计划；第 5 步，进行关键分析；第 6 步，综合建议；第 7 步，汇总报告。
>
> **互联网产品开发中的敏捷与项目管理。** 敏捷分为产品敏捷、项目敏捷和分布式敏捷。微管理是在 PMP 基础框架上裁剪出的适合互联网公司的项目管理方法。
>
> **实践案例：华为高效执行力剖析。** 华为之所以取得商业上的巨大成功，是因为很好地解决了核心价值观、利益分配和组织模式的问题。

第10章

管理下属：人才的选用育留

10.1　如何"抢"人：吸引人才的4大招式

下面分别从如何招聘技术人才、如何使用技术人才、如何培养技术人才和如何留住技术人才 4 个方面来讲解技术人才的生命周期管理。

1. 如何招聘技术人才

技术招聘的核心是充分挖掘应聘者整体素质中"冰山下"的部分，尽量全面深入地评判应聘者是否适合该岗位。在面试过程中应该根据不同岗位的职责和必备技能来确定考核的重点，做到以岗定人，发挥技术人员的长处。例如，对于普通程序员来说，只需要沟通无障碍、理解能力强、专业技能扎实即可；而对于项目经理来说，应善于沟通和有大局观、协调能力强，而专业技能则无须是项目团队中最强的。

在众多的面试方法中，笔者比较推崇行为面试法（Behavioural Based Interview，BBI）。下面结合笔者在技术管理岗位十多年的招聘经验，介绍一下行为面试法在技术面试中的应用。

行为面试法，通过对已发生的事实提出一系列问题，例如，"这个项目发生在什么时候？""您当时是怎样构思解决方案的？""这个解决方案中具体都有哪些行动项？"，收集应聘者在代表性事件中的具体行为和心理活动的详细信息。基于应聘者对以往工作事件的描述及面试官的提问和追问，运用素质模型来评价应聘人员在以往工作中表现出来的素质，并以此推测其在今后工作中的行为表现。

通过对所收集信息的对比分析，可以发现杰出者普遍具备而胜任者普遍缺乏的个人素质，即资质，也就是经常说到的冰山模型中水面以下的那部分素质。行为面试法可以让面试官比较全面、深入地了解应聘者，从而获得一般面试方法难以达到的效果，因此这种方法也就越来越多地被企业面试官所应用。

以下是一个完整的、基于行为面试法的技术面试流程。

1）准备（看简历，熟悉候选人）；

2）开场（介绍自己，介绍面试时间及流程）；

3）获取信息（对方的自我介绍）；

4）问问题（基于以往行为的问题）；

5）引导候选人回答问题；

6）评估表现及各种事实情况；

7）填表；

8）决定。

其中，问问题的环节是比较关键的，下面列出行为面试法中 8 个经典的问题，供读者参考：

- 请讲述一个例子，证明你给自己确立了一个很高的目标，然后完成了这个目标。

- 请讲述一个例子，你团结了一群人共同努力，并领导他们取得了成功。

- 请讲述一个例子，你在多项任务中利用已有的信息，把不利因素变成了有利因素，最后成功地完成了这些任务。

- 请讲述一个例子，证明你用事实和沟通技巧说服了别人。

- 请讲述一个例子，证明你有效地与人合作，共同完成了一件重要的事情。

- 请讲述一个例子，你提供了一个创新的想法，使得某一个活动或者项目取得了成功。

- 请讲述一个例子，说明你如何评估形势，并且把精力放在了最重要的事情上，然后取得了比较好的结果。

- 请讲述一个例子，说明你如何获得技能，并且把这些技能转化到了实际工作中。

可以看出，问问题的关键点是：要问到点子上、问题短而精、多问基于事实的行为问题（为什么这么做）、少问假设性问题。

除问好问题外，面试官在组织一场面试时，还要遵守以下面试准则。

- 首先，要让候选人在整个面试过程中都有如沐春风的感觉，在放松的状态下才能够真实发挥自己的水平。有一些小的技巧可以让候选人放松，例如，在座位安排上，让候选人背对墙面朝着门口方向而坐，面试官与候选人像朋友一样围坐在圆桌子的同一侧；开场的时候以天气、交通或时下热门话题进行寒暄铺垫；面试官面带微笑、语气平和地介绍面试的整个流程。

- 其次，应当给予候选人足够的尊重，表现在面试的整个过程中面试官的坐姿、语气、不迟到等细节上，面试官切忌给候选人高高在上的感觉。同时，面试官要仔细聆听，不时地给予回应，眼睛平行注视对方，做到自然礼貌。

- 再次，在面试的过程中面试官会花 90% 的时间听候选人述说，适当做引导和补充提问，确保候选人的叙述是围绕问题展开的，如果候选人偏题，面试官要礼貌地提示，在任何情况下都应该注意职场礼仪，在面试过程中面试官代表的是企业形象，是候选人对该公司的第一印象。

- 最后，确认所有的证据都搜集完毕才做评价，不要先入为主，也不要当场给候选人是否录用的承诺，当然对一些市场上比较紧俏的技术人才也可以走特殊的录用流程，当场录取。在面试的过程中，可适当做一些笔记供日后回忆，以及对人才做进一步的评估。

对于高级的技术管理职位，应当遵循先从内部提拔、再从外部招聘的原则，这对于团队成员的发展是非常重要的，许多大型互联网公司，如阿里巴巴、腾讯、巨人网络等，也都有类似的原则，但在具体操作上要结合公司文化和人才结构的特点。例如，马云一直喜欢空降部队，认为在现有团队中不具备师长、军长级的人物，而在史玉柱的团队中，大多数总裁级别的管理者都是跟随自己多年的旧部，是自己亲手培养起来的，如刘伟、程晨等。

在技术招聘中，熟人推荐是招聘到优秀人才的捷径，通过熟人推荐可快速获得合适的人才，在一定程度上可以保证人员素质的切合度和人员社会结构的稳定性。熟人推荐的缺点是过于主观，无法给予客观评价，推荐过程中容易带个人色彩，可适当采用面谈的方式进行初步筛选，再进行试用考察，避免因为某些人为原因造成主观判断失误。

2. 如何使用技术人才

职场流行着一句话，"事少，钱多，离家近"，指的就是求职者对于一份理想工作的诉求，正确与否先不做判定，从这句话中可以分析出求职者最关注的 3 大核心问题：工作强度是否适中、待遇报酬是否优厚和公司到家的交通是否便捷。

对于技术人员来说，除这些基本诉求外，还有一些脑力劳动者特有的需求，了解这些需求，有助于技术管理者更好地管理技术人员。

1）宽松的工作环境。工作环境分成软件和硬件两个方面，软件指的是管理的流程和制度，例如，在考勤制度上，互联网公司比较倾向于"弹性工作制"，即允许技术人员根据各自的作息特点选择上班和下班时间，总工作时长满足一天 8 小时即可。微信团队的上班时间是午后到凌晨，实际上这也是微信的带头人张小龙的作息时间，因为这是他最有创造力的时间。硬件指的是办公环境，跳跃的彩色墙纸、随处可见的酒吧和休息区、24 小时免费供应的食物和饮料，以及独树一帜的艺术品饰物等，这些都是能够激发脑力劳动者创造力的因素，这种办公室布置方式被 Google、腾讯等互联网公司所采用，如图 10-1 和图 10-2 所示。

图 10-1　互联网公司办公环境 1　　　　图 10-2　互联网公司办公环境 2

2）长本事，有奔头。大多数技术人员都很看重这一点，他们考虑的是目前从事的工作是否是兴趣所在、该技术是否有发展前景和能否为自己增值等。例如，当前比较热门的人工智能、大数据等，是技术人员比较热衷的领域，在实际管理中可以把握这个要点，调动员工的工作积极性。另外，技术人员会考虑所在的公司是否有发展前景、未来能否上市、自己是否有期权、能否跟随公司一起获得丰厚的回报等，这些也是影响技术人员的稳定性的很重要的因素。

3）论功行赏。公司应该有比较公开、公平、公正的人事制度，薪资增长和绩效考核是与个人的业绩结果挂钩的。技术人员都是比较本色和务实的，对于办公室政治、钩心斗角的氛围都普遍排斥，一旦陷入纷争和站队，他们就会选择用脚投票，离开这个环境。所以要避免技术人员参与到人事斗争中，保护好技术人才。

技术管理者是不是必须懂技术呢？从实际经验来看，这不是必要条件，不可否认懂技术的管理者能够在技术细节上给予团队更多的指导，能够更好地把握技术的方向，一些技术型人才心里会比较"服"技术型领导。而对于不是技术出身的技术管理者来说，最重要的一点是要尊重技术人员，不"瞎指挥"，要有足够开阔的胸怀，放权让懂技术的人发挥技术专长。另一方面管理者也要积极学习技术知识，在宏观层面对技术方向有一定的把握能力，再结合自己的业务知识，做到技术与业务融合，就能够成为一名出色的技术管理者。

3. 如何培养技术人才

培养技术人才是一个比较大的话题，这里只介绍一个框架，让读者对技术人才的培养体系有一个总体认识，框架中的各部分内容会在后面展开介绍。技术人才培养框架包含 4 部分，如图 10-3 所示。

图 10-3　技术人才培养框架

培训制度，包括了应届生培养制度、新员工培训制度、日常培训 3 个部分。

应届生培养制度，是针对应届毕业生建立的培训课程、考核规范等，可以帮助应届生快速融入公司、适应职场，顺利完成从学生到职业人的转变，其重点在于专业技能、公司文化、职场规范等方面的培训，一般周期在 3～6 个月，通过考核后即结束培养过程。

新员工培训制度，是为了让有职场经验的新人快速融入公司而设定的制度，重点在于公司文化、岗位要求方面的培训，根据公司情况一般在 1 周到 1 个月不等。

日常培训，是结合公司内部技术人员的培训需求和行业技术的发展方向设定的培训课程，可以采用积分制度，鼓励一些参与积极性比较差的员工参与进来，也可以把培训参与度作为绩效考核项之一。

培训制度的重点在于课程的质量，而不在于数量，这点在实际中要尤其注意。

职业发展体系，是指根据企业的特点，建立与之相匹配的员工职业发展框架体系，主要有 4 个部分，如图 10-4 所示。

图 10-4　职业发展框架体系

当技术团队超过 300 人的规模时，就要开始考虑建立职业发展体系了，以确保技术人员的能力发展有体系和制度的保证。

- 职业发展，是指建立技术人员各个级别的岗位要求，帮助技术人员从低级别向高级别发展。

- 能力发展，是指建立各个级别的能力要求，定义技术人员达到某个级别时所应该具备的能力。

- 培训发展，是指通过制定一系列课程帮助技术人员弥补能力短板，完善和提升自我。

- 组织架构，是指建立一个组织，确保职业发展框系能够落地。

集训制度，是指针对一批同岗位员工，如 Leader（负责人）、产品设计人员等，定制一系列课程，并且在一定的时间内完成集训，是短时间内提高能力的好方法。一般而言，当某个岗位的多数人普遍缺乏某些技能时，可以启动一个"集训营"计划，对这个群体展开统一培训。例如，某公司的十几位 Leader 中，大部分人在管理岗位的经验都只有 1 ~ 2 年，普遍缺乏体系性的管理思维，如时间管理、沟通技巧、演讲表达、教练技术和项目管理等，此时可以针对这些人的能力弱点设计课程，有针对性地进行辅导，可利用每个周末一天的时间，连续进行 2 个月培训，以达到强化提高的目的。课程可找第三方专业培训机构进行设计，实践证明这样的集训是非常有效的。

轮岗制度，可以培养多面手，促进人才的良性流动，拓宽视野，防止组织僵化，也能给员工更多的挑战和发展空间。轮岗一般以一年为期限，有岗前培训、试用、轮岗小结等环节。

4. 如何留住技术人才

如何留住技术人才，是互联网企业面临的共同问题。员工为什么会离开一个公司呢？马云总结得最经典："员工的辞职原因林林总总，只有两种原因最真实：一是钱没给到位；二是心受委屈了。这些归根结底只有一条：干得不爽。这些员工走的时候，还费尽心思找靠谱的理由，为的就是给你留面子，不想说出你的管理有多烂，他对你已经失望透顶。"

仔细分析马云的总结就会发现，留住技术人才应该从 6 个方面入手，分别是薪资待遇、工作安排、成长空间、管理方法、生活品质和企业文化。

薪资待遇。企业要建立以岗位价值为基础、相对公平的内部价值分配体系和薪酬等级体系。薪酬的分配和激励需要与工作绩效挂钩，起到激励优秀员工的作用，避免分配不均和干好干坏一个样的"大锅饭"现象。

工作安排。企业要给技术人员足够的施展空间，在工作中充分授权，同时要合理安排日常任务，适当留一部分时间让技术人员进行创意和新知识的摄取，不要拿着鞭子逼迫技术人员"出活"，要牢记技术人员是脑力劳动者，工作中的创意和灵感比代码行数的价值更大，技术管理者也不是监工。

成长空间。企业要为绩效优秀和高潜力的员工创造机会，提供更具挑战性的工作，充分体现其价值。同时，要为这些专业人才设置职业发展通道，帮助其获得职业生涯的成功。

管理方法。每一位优秀的领导者必然有自己成功的秘诀，有个人独到的素质和知识修养。与下属分享知识是领导者的美德，通过与技术人员分享知识和管理心得，能够帮助技术人员提高能力和完善自我，也能提升团队的凝聚力。

生活品质。人生来就是为了追求更美好的生活，工作是生活很重要的组成部分，是为了更好地享受生活，工作与生活平衡将使人生更加美好。企业要鼓励员工努力工作，享受生活，并且帮助员工达到工作与生活的平衡。例如，有些企业会在每年春节前，给员工的家人写感谢信、赠送节日慰问品、举办亲子活动、家庭日等。

企业文化。虽说每个企业的文化不尽相同，但都会从社会发展的角度出发，为国家和集体的利益而奋斗，是积极奋进的精神体现。让员工认同企业文化，

把做好自己的工作当作基本要求，然后公司为员工提供一个施展才华的舞台，大家为了共同的目标全力以赴。

10.2　情境领导：4象限员工管理法则

情境领导（Situational Leadership）理论，是由组织行为学家保罗·赫塞和管理学家肯·布兰佳在 20 世纪 60 年代提出的。

该理论认为，领导者要根据被领导者的能力和意愿，采取相应的领导方法，才能获得良好的效果。情境领导是一种领导模式，它的目的是帮助部属发展自我，使其能针对特定的目标或任务，经过时间的积累，达到最佳的工作成效。情境领导形态图如图 10-5 所示。

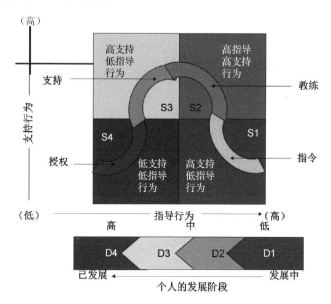

图 10-5　情境领导形态图

1. 员工的能力和意愿

情境领导中针对员工的能力和意愿，将员工分为 4 类。

D1 型。D1 型主要体现在以下两个方面。

1）无能力无意愿。被领导者缺乏能力，而且缺乏对工作的承诺和动机。

例如，一位员工需要学习使用一种新的编程语言，他不知道该怎样上手操作，而且也没有兴趣和意愿去学习怎样使用它。

2）无能力无信心。被领导者缺乏能力，而且没有信心。

例如，某人第一次上编程课，他对编程一无所知，而且对自己在编程方面的能力缺乏信心。

D2 型。D2 型主要体现在以下两个方面。

1）无能力有意愿。被领导者缺乏能力，但受到激励时愿意付出努力。

例如，前面提到的那位员工仍然不能熟练地使用一门编程语言，但他正在努力使自己成为合格的程序员。

2）无能力有信心。虽然被领导者缺乏能力，但只要领导者对他进行指导，他就会充满信心。

例如，在上了几节课后，那个员工仍然不能独立编程，但只要调试起程序来，他就充满了学习的热情并感到自信。

D3 型。D3 型主要体现在以下两个方面。

1）有能力无意愿。被领导者有完成工作的能力，但不愿意去做。

例如，前面提到的那位员工现在已经能熟练地使用一门编程语言了，但是现在他对这项工作厌倦了。

2）有能力无信心。被领导者有完成工作的能力，但他对独自完成工作没有信心或感到忧虑。

例如，虽然这个员工已经能够独立做一些简单的编程工作了，但是一碰到复杂问题就不知所措。

D4 型。D4 型主要体现在以下两个方面。

1）有能力有意愿。被领导者有能力完成工作，并且喜欢做这项工作。

例如，那个员工已经成为一个独立的程序员，能够解决大多数工作中的问题。

2）有能力有信心。被领导者有能力而且有信心独自完成工作。

例如，在编写超过一万行代码后，那位程序员现在已经能够非常自信地独自完成编程工作了。

2. 情境领导的4种风格

情境领导中针对上述员工能力和意愿的 4 种类型，可以采取 4 种不同的管理风格。

教练式的领导风格（S1）：适用于影响低准备度水平的被领导者。由于领导者对工作的原因、时间、地点和行动步骤都做出了详细指示，所以又称"告知式"风格。领导者需要注意的是，不要给予被领导者过多的支持行为，否则会被认为是鼓励被领导者的不佳表现，或者使被领导者认为对决策的行为还有商量的余地。

特点：告知→指导→指示→建立，指导性行为多，支持性行为少。

引导式的领导风格（S2）：适用于影响低准备度水平到中等准备度水平的被领导者。由于领导者仍会给予命令和指导，所以又称"推销式"风格。通过向被领导者解释说明决策的原因，领导者试图让被领导者在心理上能完全接受。

特点：推销→解释→澄清→说服，指导性行为多，支持性行为多。

参与式的领导风格（S3）：适用于影响中等准备度水平到高等准备度水平的被领导者。由于领导者和被领导者都会对工作提出意见和建议，所以在这种情况下，领导者的主要作用是协助并鼓励被领导者参与决策。

特点：参与→鼓励→合作→承诺，支持性行为多，指导性行为少。

授权式的领导风格（S4）：适用于影响准备度水平较高的被领导者。领导者将做决策和执行工作的责任交给了被领导者。

特点：授权→观察→监督→实践，指导性行为少，支持性行为少。

3. 领导风格和被领导者的匹配

领导风格应该和被领导者的准备度水平匹配。

1）基层的领导者负责管理没有经验的新员工，下达命令和严格地监督新员工是最有效的领导策略，即适合使用 S1。

2）渴望提高技能的员工对领导者的指导和支持反应激烈，即适合使用 S2。

3）具备工作所必需的技能，但不敢承担责任并缺乏信心的员工，喜欢领导给予支持和鼓励，即适合使用 S3。

4）对经验丰富并乐于承担责任的员工，如果领导者能够放手让他们自己去做，总能取得理想的效果，即适合使用 S4。

以上就是情境领导的管理方法，在领导和管理公司或团队时，不能用一成不变的方法，要随着情况和环境的改变及员工的不同，而改变领导和管理的风格。

10.3 员工激励：双因素理论的应用

如何激励员工呢？靠涨工资？还是靠"洗脑"呢？作为管理者，也许这些方法你都尝试过了。那么效果如何呢？是不是开始有用，后来效果越来越差了？

1. 人为什么要工作

这个问题的答案是激励的关键。其实人要工作的理由非常多，例如，有人为了糊口、有人为了实现理想、有人为了获得成就感等，人要工作的理由是丰富多样的，这也表明，激励是一项很复杂而且困难的工作。

人需要工作的理由可以分为如下 5 类。

1）为了赚钱。这是一个非常明确的工作原因，也是最直接的原因。很多人忽略了对于这个根本性问题的认识，总是觉得并不是所有人都是为了钱去工作的。在现实中的确存在这样的现象，一些人并不是为了钱而工作的，但是从普遍的意义上看，赚钱的确是大多数人工作的原因。所以有人会因为很小部分钱的调整，就发生职业上的变化和波动。

2）消耗精力。也就是消耗能量，这是人的生理需求，工作正是消耗精力最好的方式。在这一点上，很多人也忽略了，没有关注工作量，忽略了人的体力，忽略了人需要消耗的能量。有些地方工作量不足，人的能量无法消耗，也因为能量无法消耗又必须消耗，导致内耗和不团结；有些地方工作量太大，超出了人可以承受的上限，虽然很喜欢这份工作，但是巨大的工作量让人无法持续付出，结果导致人才流失。

3）社交的需要。人是社会性动物，工作可以帮助人生活在社会中，不再孤独，可以通过职业与他人进行交流。人在本质上是群居动物，天生就需要交流和沟通。如果仅仅靠血缘关系，我们的交往范围就会有限，但是对于一般大众而言，似乎彼此之间又太疏远。因为职业所形成的人际交往应该是人际关系中最普遍和有效的交往关系。人们通过职业接触社会，拥有信息。

4）获取成就感。人通过工作可以获得成就感，如帮助一个人、实现一个目标、完成一个作品等，这些都可以给人成就感。工作和成就感之间是互为主体的，因为工作会获得成就感，成就感会让工作具有价值。成就感无法在自己的行为中获得，就算是宅男，也要打游戏、聊天等，所以成就感一定是在"工作成果"中体现的。

5）被社会认可。人只有被社会认可了，才会获得社会地位。人在走向社会之后，通过努力工作取得行业范围内的认可，如职业资格认证、行业表彰、著作的出版等。具备了行业影响力，有了社会地位，就能够被社会认可。

虽然激励的理论很多，也有很多方法，但是所有的激励都是解决以上 5 类问题的。只有深刻了解人工作的原因，激励才会有效。

2. 涨工资并不会带来满足感

很多人认为涨工资一定会带来满足感，从而获得更高的工作绩效，但是赫茨伯格的双因素理论给出了相反的结论。赫茨伯格最大的贡献，就是把提供给人们的所有工作条件细分为激励因素和保健因素，提出双因素理论（Dualfactor Theory），又叫激励因素-保健因素理论（Herzberg's motivation-hygiene theory）。

该理论表明，使员工感到满意的，都是属于工作本身或工作内容方面的东西；使员工感到不满的，都是属于工作环境或工作关系方面的东西。前者叫作激励因素，后者叫作保健因素。

双因素理论同马斯洛的需求层次理论有相似之处，其中的保健因素相当于马斯洛提出的生理需求、安全需求和感情需求等较低级的需求；激励因素则相当于受人尊敬的需求、自我实现的需求等较高级的需求。

在赫茨伯格提出双因素理论之前，提供给员工的所有工作条件都被认为是激励因素，但是赫茨伯格发现事实并不是这样的。工资、工作岗位、福利、奖金、晋升和尊重等所发挥的作用并不一样。之前所有人都认为，提供了这些工作条件，人们就会好好工作。后来赫茨伯格发现：一部分工作条件起作用，他把这些称为激励因素；一部分工作条件不起作用，他把这些称为保健因素。

3. 双因素理论的现实指导意义

所谓保健因素，就是一个人开展工作所必需的条件，如工资、岗位、培训、福利和工作设备等；所谓激励因素，就是一个人取得工作成果所需要的条件，如晋升、奖金、价值的肯定、荣誉和额外的工作条件等。

保健因素不会有激励的作用，当保健因素缺乏时，人们会不满；当保健因素存在时，人们的不满只是降低，但是不会带来满足感。

激励因素具有激励作用，当激励因素足够时，人们会有满足感；当激励因素缺乏时，人们的满足感降低，但是不会不满。

所以，作为管理者一定要了解，涨工资不会带来激励的作用，因为工资是保健因素，涨工资只会让不满降低，但不会带来满足感。

很多管理者能够给员工提供好的福利待遇、好的工作环境及较高的工资，但是他们不明白为什么员工没有产出非常好的绩效。其实道理很简单，管理者所提供的都是保健因素，这些是工作的必需条件。员工获得这些的时候，只会降低不满，但是不会有满足感，自然不会产生好的绩效。

4. 保健因素如何使用

如何使用保健因素呢？就是要让大部分人获得保健因素。只有大部分人获得保健因素，才会让不满的人减少。所以，需要涨工资就要使多数员工获得机会，否则涨工资的结果就是，得到的员工没有满足感，只是降低了不满，而得不到的员工会非常不满。

保健因素只能升，不能降，要让多数人获得。

这个道理放在实践中就是，工资只能涨不能降，一降就是负激励，除非本就打算做负激励。总体上来讲，保健因素就是只能升不能降，尤其是福利。福利是保健因素，所以在福利设计和调整的时候，一定要非常谨慎，哪怕只是几元钱的午餐补助，都不要随意取消，只要取消就会形成不满，有可能会丧失整个管理基础。

所以福利轻易不要动，如果一定要调整，只能增加，不能减少。一旦减少，员工们或者外部的人就会认为企业出问题了。所以在工资福利方面，管理者一定要慎之又慎。

5. 激励因素，如何用来激励员工

激励因素要让少数人获得。如果使用激励因素，就要确保获得激励因素的是很少的一部分人，如果让多数人获得了激励因素，激励因素就降为了保健因素。这也就是很多企业奖金不好用的原因。

改革开放初期奖金是很好用的，因为在那之前从来没有奖金，突然有了奖金，对很多人都有很强的激励作用。后来奖金变成了所有人都有，不发奖金好像就不对。当让所有人都有奖金的时候，奖金就变成了保健因素，不会再有激励作用，只是降低不满而已。

还有一点很重要，激励因素必须是可以变动的，不能固定，一旦固定下来又变为保健因素了。

6. 如何把保健因素变为激励因素

还有一种情况需要注意，就是所用的因素同时是激励因素和保健因素，如薪酬，一方面可以是保健因素，另一方面可以是激励因素。在这种情况下，最好的选择是把保健因素变为激励因素，千万不要把激励因素变为保健因素。高

薪、好的工作环境、福利这 3 项都是保健因素，人们在获得的时候，认为是理所当然的，所以不要将这 3 项看得太重，它们并没有想象得那样有效。

在谈激励因素的时候，要注意以下 3 点：

1）一定要让少数人得到。

2）奖金不能制度化，奖金必须跟随绩效波动。

3）要求人员能流动。通过人员流动，让整个奖金是一个不断被调整的部分。如果能够不断被调整，它就不会是保健因素。

我们通过上面的学习应该清楚了工资到底是拿来干什么用的。所谓的保密性工资，建议不要自欺欺人了，这是不太可能成立的。在激励里有一句特别好的话：所有人都不在乎你给他多少，他比较在乎别人拿多少。这是激励的基本特征。

所以员工是否"996"不在于给他多少工资，那只是保健因素。真正能激励员工为之奋斗的，永远是钱之外的东西，例如，团队的文化氛围是否追求卓越，是否能挑战行业一流水平，所做的项目是否具备伟大的意义、足够改变人们的生活，团队 Leader 是否具备人格魅力、是否值得跟随等。

10.4 员工绩效管理：KPI和IDP方法

绩效考核应该考核哪些方面呢？笔者的建议是从文化和 KPI（Key Performance Indicator，关键绩效指标）两个维度进行考核。文化关注的是过程，即员工在工作中体现出来的精神层面的状态，如合作精神、自我驱动力、主人翁精神和追求卓越精神等；KPI 体现的是执行的结果，团队必须无条件地对结果负责。把过程和结果两方面结合起来进行考核，更接近员工的真实绩效。

1）绩效考核制度框架设计。从考核周期、打分公式、绩效等级和人员占比等方面进行框架的搭建。

考核周期一般来说有季度考核、半年考核两种，月度考核的成本相对比较高，很少有公司采取月度考核。以季度考核为例，通常在该季度最后一个月的

20 ~ 25 号进行考核。值得注意的是，季度绩效考核会在下一个季度的第一个月里一次性体现上一个季度 3 个月的绩效。

打分公式为：**考核分数 = KPI 考核分数 + 季度加分 − 季度减分**。其中 KPI 考核分数分为文化得分、KPI 得分和团队建设得分。

绩效等级是指建立绩效的挡位，以及每个挡位人员占比、绩效工资发放比例。如图 10-6 所示，设计了 5 个挡位的绩效，假设一个员工的薪资组成是"80% 基本工资+20%绩效工资"，那么 B 挡员工人数占比为 70%，领取 20%的绩效工资，即 B 挡员工当季度绩效工资不加也不减，全额发放；S 挡是优秀员工，人数占比为 5%，绩效工资发放比例是 30%；D 挡是后进员工，人数占比为 5%，绩效工资发放比例是 10%。

考核结果	D	C	B	A	S
人员占比	5%	10%	70%	10%	5%
绩效工资发放	10%	15%	20%	25%	30%

图 10-6　绩效等级

下面来看两个例子，以便掌握如何计算员工的绩效工资。

1）Andy 月薪 10000 元，第一季度考评结果是 S。

Andy 实际工资为：10000 + 10000 ×（30% − 20%）× 3（个月）= 13 000（元）

2）Tom 月薪 10000 元，第一季度考评结果是 D。

Tom 实际工资为：10000 + 10000 ×（10% − 20%）× 3（个月）= 7 000（元）

以上介绍了考核制度的整体框架，接下来讲解 KPI 组成和权重设计。

2）**KPI 组成和权重设计。**我们应该秉承文化和 KPI 并重的原则进行权重设计，如图 10-7 所示。Team member（团队成员）的 KPI 分数由业务 KPI 和项目 KPI 组成，占比为 50%。文化占比为 50%。需要注意的是，Team Leader（团队负责人）还有 10%的团队建设分。

角色	KPI 组成及权重			
Team Leader	核心业务KPI（30%）	项目KPI（20%）	团队建设（10%）	文化（40%）
Team member（产品设计，开发、测试）	业务KPI（30%）	项目KPI（20%）		文化（50%）

图 10-7　KPI 组成和权重设计

业务 KPI 和项目 KPI 如何定义呢？以搜索开发小组的 KPI 定义为例，如图 10-8 所示，其中业务 KPI 必须能够代表开发团队主要的业务指标，最多不超过 3 项，项目 KPI 指的是工作完成情况和质量情况。

图 10-8　业务 KPI 和项目 KPI

文化如何定义和考核呢？根据各公司企业文化的不同，考核的内容也不尽相同。以一个互联网门户公司为例，如图 10-9 所示，文化分成合作精神、主人翁精神、创业精神和追求极致 4 个方面，每一项占比为 12.5%，合起来占比为 50%。按员工实际表现进行打分，一般可采取员工自评、主管评分、平级评分等类似于 360 度考核的方式，加权平均后得出最后的文化得分。

另外，应该给予部门主管、项目经理一定的加减分权，对一些表现突出或欠佳的员工进行分数的最后调整，这在实际考核中是一个有益补充，但不建议这部分占比太高，否则就变成主观分了。

3）实施计划。在搭建完绩效考核体系后，就可以展开绩效考核试点工作了。通常需要进行 1~2 次的试打分，让员工熟悉整个考核体系，在试运行期间只打分，不影响实际的绩效。管理人员也可以通过试运行的情况，来看一看这个考核体系是不是真实反映了员工的业绩。

KPI 分类	考核内容	考核权重	考核标准				
			S（权重*120）	A（权重*110）	B（权重*100）	C（权重*90）	D（权重*80）
文化（30%）	团队合作	7.5%	有眼光，根据市场竞争提出具有商业性突破的方案和建议，并能够推动和实现方案	积极提出超越行业惯例和公司KPI的标准，并主导这些标准的实现	关注用户需求，根据超越行业标准或竞争对手的目标，并能够积极寻求资源、领导或推动其实现过程	积极理解并关注竞争，在平时的工作中经常提出超越的想法，乐于探讨和学习	乐于接受高标准，并且付出努力去配合团队工作
	拥抱文化	7.5%	有强烈的使命感和热情，对愿景有清晰执著的认知，勇于创新并积极推动对公司成长或提升核心竞争力有极大作用的价值观或商业模式	积极主动发现、挖掘新机会和新方法来提高业绩和效率，勇于承担风险，不计个人得失，并能启发他人或说服领导导守，提高团队的创造性	积极主动发现，挖掘新机会和新方法来提高业绩和效率，乐于承担风险，不计较个人得失，不以升职、加薪为谈判条件去完成任务	能够用行动支持和参与创新，提出建设性的意见，与他人合作，承担上级批准的风险	乐于接受新的工作、新的要求，并能接受别人的帮助去开展这些工作
	企业家精神	7.5%	有主人翁意识，积极正面地影响团队，改善团队士气和氛围	善于和不同类型的同事合作，不将个人喜好带入工作，充分体现"对事不对人"的原则	积极主动分享业务知识和经验，主动给予同事必要的帮助，善于利用团队的力量解决问题和困难	决策前积极发表建设性意见，充分参与团队讨论；决策后，无论个人是否有异议，必须从言行上完全予以支持	积极融入团队，乐于接受同事的帮助，配合团队完成工作
	志当高远	7.5%	创造变化，并带来绩效的突破性提高	在工作中有前瞻意识，建立新方法、新思路	面对变化产生的困难和挫折能自我调整，并正面影响和带动同事	面对变化，理性对待，充分沟通，诚意配合	适应公司的日常变化，不抱怨

图 10-9 某互联网门户公司文化评分表

开始实施绩效考核的时候，会遇到来自员工和管理层的抵触，这是很自然的反应，所以在实施的过程中，最好有一名经验丰富的人力资源部门同事提供帮助，有条件的话可以聘请外部培训公司进行培训指导，帮助管理者做"绩效面谈"技能的培训、考核制度讲解等。通常需要经过多轮宣讲、逐个团队宣讲才能得到认可。

绩效考核的实施，需要结合 IDP 来进行。IDP（Individual Development Plans，个人发展规划），是指导团队成员提高个人能力的工具。

IDP 关注的主体是团队中的每个成员，其核心目的是提高个体的能力。

IDP 的构成要素是：待发展项、当前现状、成功指标、行动计划。

如何制定 IDP 呢？

判断一个 IDP 质量好坏的标准是：待发展项是不是个人职业发展的瓶颈所在，是否以事实为依据，成功指标是否让人有动力，行动计划是否与时间绑定。

待发展项：是需要提高的能力。这些能力一定是个人职业发展的瓶颈所在，通常不会超过 3 项。待发展项对于个人而言是最需要提高的能力，而不是对整个团队最重要的能力。例如，对于一位老员工，提高"业务理解能力"虽然很重要，但这通常不是他职业发展的瓶颈，对于他来说明显有更重要的待发展项。团队中的每个人的待发展项不能都一样。

当前现状：认清现实是推动改变的基础，分析或规划要以事实为依据。要客观地描述某项能力相关的实际情况，尽量描述事实本身，而不是对事实的评论或分析。如"辅导团队成员的能力很弱"就是典型的评论而非描述，而"从未对团队成员进行过一对一指导"就是对现实情况的描述。

成功指标：成功指标是待发展项得到提高之后，个人应该达到的状态。成功指标是 IDP 中最重要的部分，它描绘的是你未来的状态，这个状态应该是美好的、激动人心的、有挑战性的，而不能是呆板且常规的。成功指标应该是具体的、可衡量的，甚至可以是充满细节的，这样才能够以此来判断现实与目标的差距，激发个人进行改进的动力。

行动计划：要能够落地，关键在于要与时间绑定。与时间绑定有两种方式，一种是设置截止日期，另一种是设置时间循环。一个行动，要么是在某个截止日期前完成，要么以某个周期循环执行，两者必选其一。不与时间绑定的行动计划只是一堆代办事项，而不是计划。

团队负责人如何进行 IDP 的辅导？

团队负责人与每名成员每半个季度安排一次一对一的沟通辅导，在季度初和季度中集中进行，每次不少于 20 分钟，成员提前更新好 IDP 文档，对自身发展进行充分思考，准备好问题，辅导结果落实在 IDP 文档中。辅导的要点是：

- 回顾本阶段的工作表现，说明优点和缺点；

- 对成员的待发展项给出指导意见；

- 评审相关指标与行动计划的细节；

- 解答疑问，收集团队成员的建议。

10.5　实践案例：像零售业的"黄埔军校"宝洁那样培养员工

宝洁公司在零售行业一直有"黄埔军校"的美誉，当今各大零售行业的高管都是"宝洁系"，可见它在人才培养方面的独到之处。值得注意的是，宝洁公司是当今为数不多的采用内部晋升机制的企业之一。

在成立之初的 1837 年到 1867 年的 30 年里，宝洁公司曾花费大量时间思考和研究用什么办法可以让员工一直留下来。其答案是，关键在于使员工对企业产生较强的归属感，使员工的价值观与企业的价值观相吻合，而内部晋升机制非常有利于实现这两个目标。

宝洁公司是如何培养员工的呢？主要靠内部晋升机制和员工的培训机制，下面分别探讨。

1. 内部晋升机制

宝洁公司所有的高级员工都是从内部提拔的，不会从外面招人做领导。宝洁提出："我们实行从内部发展的组织制度，选拔、提升和奖励表现突出的员工，不受任何与工作表现无关的因素影响。提升取决于员工的工作表现和对公司的贡献。你个人的发展快慢归根到底取决于你的能力和所取得的成绩。"

在宝洁，内部晋升已经成为企业价值观之一，成为宝洁企业文化的一个显著表现形式，是宝洁用人制度的核心。

要实现内部晋升机制，有如下前提：

1）公司雇佣的员工必须有发展的潜力；

2）他们应该认同公司的价值观；

3）公司的职业设计相当明确，并且充满层次；

4）公司必须建立完善的培训体系，以提高公司员工的潜力；

5）公司的晋升制度必须透明化。

第10章

要实现内部提拔，首先需要的是一个能够保证公司内部晋升的系统支持。宝洁公司人力资源内部晋升的 4 个步骤如下：

1）招聘。宝洁公司的招聘程序与众不同的是，不仅仅人力资源经理要去招聘，需要人才的部门经理还直接去招聘，由于部门经理对需要的人才都有一个基本的目标，所以对人才的潜力等方面也有自己的认识。领导层也会高度支持招聘工作，高层经理会直接参与招聘。宝洁公司力求在人才招聘过程中打造企业的"职业"品牌。

2）绩效管理。管理者要明确，在管理良好的上下级关系的基础上设立高绩效的标准，并定期地实行一对一的反馈与指导，要与员工共同确立员工个人的《工作与发展计划》。这种计划的制订不能是命令式的，它必须建立在直接经理与下属相互信任的基础上，并在真诚而透明的沟通之后形成。

3）人才的培养和职业发展体系。这要求公司首先具备严谨的任命计划，其次是透明的职业发展通道，最后是形成管理自我职业发展的主人翁精神。对于大多数员工来说，晋升机会永远是"皇帝只有一个"，不可能每个员工都能获得晋升的机会，所以，只要有一个职位空缺，宝洁公司就把它放在企业的内网上，让员工去申请，并且保证绩效考核公开。

4）绩效管理与奖励。这主要表现为奖励员工优秀的工作业绩，如晋升、任命计划等。宝洁公司有一位品牌经理，在 1999 年的时候，还不是品牌经理的他经常被顶头上司批驳得体无完肤，几乎所有的方案都受到了驳斥。到了年底，他认为需要卷铺盖走人的时候，上司却意外地在绩效考核时给了他高分。原来，上司批评他是因为他提出的方案前瞻性不足，但这并不妨碍他当年的工作做得非常出众，他的努力获得了上司的肯定。

2. 员工的培训机制

培训是发掘员工发展潜力、提高员工价值、保障内部晋升人才来源的重要保障。宝洁公司每年都会从全国一流大学招聘优秀的大学毕业生，并经过独具特色的培训把他们培养成为一流的管理人才，一般会在新员工入职两年后给他调动岗位，这样就又为他描绘了新的学习曲线，他自己也能找到新的动力。

宝洁强调"全员、全程、全方位、针对性"的培训理念，通过为员工特设的"P&G 学院"，实行系统的入职、管理技能和商业技能、海外培训，以及委任、语言和专业技术培训等。

- "全员"是指宝洁公司所有的员工都有机会参加各种培训，从技术工人到高层管理人员，公司会针对不同的工作岗位来设计培训的课程和内容。

- "全程"是指员工从迈进宝洁公司大门的那一天开始，培训的项目就会贯穿职业发展的整个过程。这种全程式的培训将帮助员工在适应工作需要的同时不断稳步提高自身的素质和能力。这也是宝洁公司内部晋升制度的客观要求，当一个人到了更高的阶段，需要相应的培训来帮助其成功和发展。

- "全方位"是指宝洁公司培训的项目是多方面的，也就是说，不仅有素质培训、管理技能培训，还有专业技能培训、语言培训和电脑培训等。

- "针对性"是指所有的培训项目，都会针对每一个员工个人的长处和待改善的地方，配合业务的需求来设计，也会综合考虑员工未来的职业兴趣和未来工作的需要。宝洁公司根据员工的能力强弱和工作需要来提供不同的培训，会针对不同的工作岗位来设计培训的课程和内容，通过为每个员工提供独具特色的培训计划和极具针对性的个人发展计划，使他们的潜力得到最大限度的发挥。

经过培训的员工在企业文化、企业政策等方面有认同感，挖来的人才也许就存在着磨合的问题。这种内部选拔的人才培养方式为宝洁公司铸造了深厚的企业文化，并让企业文化成为宝洁公司独一无二的竞争优势。

/第 10 章内容小结/

如何"抢"人：吸引人才的 4 大招式。通过行为面试法进行技术人才的招聘。使用人才：为技术人才提供舒适的工作环境、有前景的未来，并论功行赏。培养人才：要建好培训制度、职业发展体系、集训制度、轮岗制度。留住人才：要考虑薪资待遇、工作安排、成长空间、管理方法、生活品质、企业文化。

第 10 章

情境领导：4 象限员工管理法则。领导者要根据被领导者的能力和意愿度，采取相应的领导方法，才能获得良好的效果。

员工激励：双因素理论的应用。保健因素相当于马斯洛提出的生理需求、安全需求、感情需求等较低级的需求；激励因素则相当于受人尊敬的需求、自我实现的需求等较高级的需求。

员工绩效管理：KPI 和 IDP 方法。分绩效考核制度框架设计、KPI 组成和权重设计、实施计划 3 个步骤进行。领导要亲自指导员工的 IDP 制定。

实践案例：像零售业的"黄埔军校"宝洁那样培养员工。宝洁公司是如何培养员工的呢？主要靠内部晋升机制和员工的培训机制。

第11章

管理者的自我修养

11.1　什么是管理思维？讲透6种管理思维

7.1 节讲过稻盛和夫的成功方程式，大家可以再去看一下。优秀管理者与平庸管理者的本质区别就在于思维方式不同。优秀管理者通常具备 6 种思维：舍得思维、揪头发思维、系统性思维、最优解思维、用户思维和利他思维。

1. 舍得思维：一舍一得之间人生轨迹随之改变

前文讲过了舍得思维，这里需要强调的是，舍得本身是一种智慧、一种生活哲学。有时候说不，也是一种正确的选择，不浪费别人的时间，也不浪费自己的时间。苦苦追寻，有时候并不能赢得世界；放手，整个世界却在你眼前。如何取舍，要因人、因地、因时、因事，由自己来做决定。因为生活是你自己的，没有人可以代替你生活。

2. 揪头发思维：眼界，胸怀，超越伯乐

揪头发思维考察一个管理者的眼界，可以培养向上思考、全面思考和系统思考的能力，杜绝"屁股决定脑袋"和小团队意识，能从更大的空间范围和更长的时间跨度来考虑组织中发生的问题。前文已经介绍过了，这里简单回顾一下。

通俗来讲，"揪头发"就是把自己拔高到老板的位置考虑问题，而不只是"坐井观天"。作为管理者，有时候会不理解老板的意思。"揪头发"的意思是，当有疑问的时候，一定要把自己抬高一个级别。例如，你是总监，最好就把你的位置移到 VP（副总裁）层次上。想一想："假如我是 VP，该怎么做呢？"这时就可能会豁然开朗。

为什么说到了总监级别以后特别重要的是往上拔一层的能力呢？为什么需要站在老板的角度思考问题呢？因为只有这样，才会有与平行部门合作的可能性。如果每个人都在自己的地盘上"转悠"，是不可能和别人合作的。

阿里巴巴内部流传的揪头发思维，至少需要做到 3 点：首先是眼界，其次是胸怀，最后是超越伯乐。

3. 系统性思维：整体性、综合性、定量化、精确化

还记得前文介绍过的系统性思维吗？这里不做展开，只回顾一下概念。系统性思维，是把物质系统当作一个整体加以思考的思维方式。与传统的先分析、后综合的思维方式不同，系统性思维的程序是：从整体出发，先综合，后分析，最后复归到更高阶段上的新的综合。系统性思维具有整体性、综合性、定量化和精确化的特征。

系统性思维分为 3 个层面：

1）事件感知：只看到事件的导火索；

2）模式感知：看到事件的多个影响因素；

3）系统感知：从时间的维度并结合外部环境一并思考。

4. 最优解思维：有限时间、资源下的最佳方案

所谓最优解，就是在规定的时间、预算和资源下，多方对比，给出最佳方案。下面来看一个案例。

一位老板招助理，两个年轻人小李和小张条件相当。

老板给两人安排任务：领 1000 元，买书回公司，供同事们随时阅读。

除了这个指令，他没有加更多的条件。

小李速度很快，在图书网站的排行榜中精选了 40 余本书，不到半小时就完成了任务。第二天上午，书就送到了。

小张在时间上慢一些，第二天下午，他才和另外两个同事，每人怀里抱着三四十本书，虽然吃力但兴冲冲地走进了办公室。

老板饶有兴致地瞧着小张，他解释说："我前阵回家，发现公司附近新开了一家书店，正在搞促销，很多书半价，甚至还有 9 块 9 特价的。我就在同事们中做了个小调查，收集了他们想阅读的书目，然后叫小赵、小刘帮着一起淘了一批。还剩 80 多元钱，给您……"

5. 用户思维：把自己变成傻瓜的能力

顾名思义，用户思维就是"站在用户的角度来思考问题"的思维。或者更广泛地说，就是站在对方的角度、换位思考。马化腾说过"产品经理最重要的

能力是把自己变成傻瓜"，周鸿祎也提出过"一个好的产品经理必须有白痴傻瓜状态"。

产品经理能够随时将大脑从"专业模式、专家模式"切换到"用户模式"或者"傻瓜模式"，这就是用户思维的体现。产品经理要能忘掉自己长久以来积累的行业知识，以及有关产品的娴熟操作方法、实现原理等背景信息。

除此之外，用户思维在市场营销及工作生活中，也是同样重要的。如果没有用户思维，就会造成种种不良后果。

6. 利他思维：利他是最大的利己

华为在成功崛起之后，一度有很多人试图探究它的成功秘诀。华为信奉"以客户为中心、以奋斗者为本"的核心价值观，而且采用全员分红持股计划。概括起来，华为的思路是从利他的角度、从有利于客户和员工的角度出发，人作为企业最核心的资源受到了特别重视。

想成为优秀的领导者，首先要从思维方式上改变自己，一点一滴，持之以恒，不断积累。懂得舍与得的智慧、学习拔高一层看问题、遇到难题从系统整体的角度思考、在有限的时间和资源下寻求最优解、时刻站在用户的视角看待企业的产品和服务、知道利他就是最大的利己。

管理思维实际上是一种复杂性思维，只有具备了管理思维，领导者才能从容应对纷繁复杂的管理工作，创造出突破性业绩。

11.2　古狄逊定理：不做一个累坏的管理者

古狄逊定理是从员工晋升到经理，成为管理者后必须学会的第一个定理。定理内容很简单，"不做一个累坏的管理者"。

在现实生活中，往往有不少管理者常常忙得焦头烂额，恨不得一天有 48 小时可用；或者常常觉得需要员工帮忙，但是又怕他们做不好，以至于所有事情都往自己身上揽。虽然一个称职的管理者最好是一个"万金油"式的人物，但是一个能力很强的人并不一定能管理好一家企业。管理的本质不是要管理者自己来做事，而是要管理别人做事。

有些管理者把困难工作留给自己做，是因为他们认为别人胜任不了这种工作，觉得自己亲自做更有把握。即便如此，管理者要做的也不是亲自处理困难的工作，而是让能干的人做这些事。而要做到这一点，一方面要给下属成长的机会，增强他们的办事能力，另一方面要懂得授权。

企业的基业长青不能光靠管理者，必须依靠广大员工的积极努力，借助他们的才能和智慧，群策群力才能逐步让企业不断前进。再能干的管理者，也要借助他人的智慧和能力，这是一个企业发展的最佳道路。

有这样一个故事：

有一天，一个男孩问迪士尼的创办人华特："你画米老鼠吗？"

"不，我不画。"华特说。

"那么你负责想所有的笑话和点子吗？"

"也不是。我不做这些。"

男孩很困惑，接着追问："那么，迪士尼先生，你到底都做些什么啊？"

华特笑了笑，回答说："有时我把自己当作一只小蜜蜂，从片厂一角飞到另一角，搜集花粉，给每个人打打气，我猜，这就是我的工作。"

在这番对话中，一个管理者的角色定位跃然纸上。不过，一个团队管理者不只是一只会替人打气的小蜜蜂，还是团队中的灵魂人物。他应该做到：选择适合的人才、制定团队目标与方向、定义成员的权利和职责、获取适当的资源来支持团队、指导团队成员找到工作方法、有能力追踪或审视团队的绩效，带领团队执行计划、激发团队的潜力。做到了这些，员工就会死心塌地跟着你打拼，这样还会怕没有工作业绩吗？与自己万事亲力亲为相比，哪个更好呢？

根据古狄逊定理，对新晋管理者有如下 3 个建议。

1）明确分工。将所有的具体工作合理地分配给所有的下属员工，清楚自己的定位就是分配工作、过程指导、监督检查和考核反馈。将一定范围内员工工作质量造成的损失作为团队的培训成本，要允许团队成员犯错，当然了，同样的错不应该反复出现。

2）管住自己的手。具体工作由员工完成，在检查中发现问题，及时向员工反馈并给出指导意见，由员工进行修改完善。这样能够锻炼员工的能力，之后员工能够更好地完成工作任务，其实可以节约以后的时间。

3）别把习惯当成方法。每个人都有自己的习惯，当然也希望别人能够按照自己的习惯做事。管理者因为有权力，所以能够更自然、更方便地指挥下属按照自己的习惯做事。但其实很多习惯对于做事的结果并没有影响，要尊重员工自己的习惯，让员工有更自由的发挥空间，干预过多会"伤害"员工的工作积极性。很多新晋管理者对下属的要求，其实都是希望别人按照自己的特有习惯做事。

当然，也有例外原则：

1）工作示范。让一些初级员工通过旁观工作完成的过程和结果来学习和提高。

2）暂时无法分配的工作，或者非常重要、容不得疏忽的工作管理者要亲自动手，或名加指导。

3）显示自己勤奋的工作状态，拉近与下属的心理距离，塑造一个我和大家一样都在工作的形象，不过这样做有时候其实并非最好的办法。

总之，古狄逊定理是新晋管理者应该注意的第一条定理，通俗来说就是，领导者要管住手、要下放权力、培养下属，才能打造一支高绩效团队。

11.3　奥卡姆剃刀定律：管理要做减法

奥卡姆剃刀定律是由 14 世纪的逻辑学家、圣方济各会修士奥卡姆的威廉（William of Occam）提出的。他提出"切勿浪费较多东西去做用较少的东西同样可以做好的事情"。这个定律称为"如无必要，勿增实体（Entities should not be multiplied unnecessarily）"。

他说，如果有一组理论都能解释同一件事，则可取的总是最简单的、需要最少假设的那一个。"奥卡姆剃刀"曾使很多人感受到威胁，被认为是"异端邪说"。然而，这并未损害这把刀的锋利，相反，经过数百年的岁月，"奥卡姆剃刀"已被历史磨得越来越快，并早已超越原来狭窄的领域，具有广泛、丰富、深刻的意义。

奥卡姆剃刀定律在企业管理中可进一步演化为"简单与复杂定律"：把事情变复杂很简单，把事情变简单很复杂。这个定律要求我们在处理事情时，要把握事情的实质，把握主流，解决最根本的问题，尤其是要顺应自然，不要把事情人为地复杂化，这样才能把事情处理好。

对于组织在目标设置与执行过程中，因种种原因而出现的目标曲解，有一个根本的解决之道，即"无情地剔除所有累赘"，这也正是奥卡姆剃刀定律所倡导的简化法则：保持事物的简单化是对付复杂与烦琐的最有效方式。具体而言，有如下 3 种措施可以避免目标曲解与置换现象的发生。

1. 在组织结构上做减法

组织结构扁平化与组织结构非层级化，已经成为企业组织变革的基本趋势。在新型的组织结构中，传统的等级制度已经不复存在，组织中层级森严的传统规则被淡化，员工之间的关系是平等的分工合作关系，基层员工被赋予更多的权力，他们有可能参与部门目标甚至组织目标的制定，组织内的信息不再在上下级之间单向传递，而是形成一种网络化的即时双向沟通。在这种组织中，顾客的需要成为员工行动的向导，人们的行为具有明确的目标导向。

同时，由于员工的积极参与，组织目标与个人目标之间的矛盾得到最大限度的消除。例如，小米集团的组织架构按业务线垂直拆分、海尔集团的小微企业和人单合一模式，都是非常好的实践。

2. 关注组织的核心价值，始终将资源优势集中于核心业务，保持聚焦

也就是说，组织需要从众多可供选择的业务中筛选出最重要的、拥有核心竞争力的业务，在自己最具竞争优势的领域确定组织的目标。这样，才能确保组织集中精力，以最小的代价获得最丰厚的利润。反之，如果目标数量过多，往往会使经营者难以同时兼顾太多的业务，从而顾此失彼。乔布斯回归苹果公司之后，把众多的产品线砍掉，专注于少数几个产品，后来的故事大家都知道了，苹果公司相继推出了 iPod、iPhone 和 iMac 等颠覆性的、真正伟大的产品。

3. 简化流程，避免不必要的审批环节

事实上，由于个体受自身思维方式的限制，简单的信息远比复杂的信息更有利于人们的思考与决策。因此，一个优秀企业的主要特征就是知道如何保持简单，不管多么复杂的事情都可以变得简单易行。

尽管导致组织目标偏差的原因很多，但奥卡姆剃刀定律对于解决目标偏差提供了一种"简单"的理念与思路。

11.4　中层思维：阿里巴巴中层的抓大、放小、管细

本节介绍中层管理者的主要工作思路，即如何成为一名内心强大、使命驱动的优秀中层管理者。

所谓中层管理者，介于初级管理者（即基层主管）和高级管理者（总监以上级别）之间，一般指的是经理、高级经理这一层级。

阿里巴巴的"中层管理三板斧"，是通过组织和平台的力量，打造企业管理团队的梯度的基础，并在管理者成长中真正促进整个组织的成长。下面分别从揪头发、照镜子和闻味道来理解中层思维。

1. 揪头发：锻炼"眼界"

1）向上思考——眼界。做行业历史与发展趋势的分析、做竞争对手的数据整理与竞争分析、做产品及业务的详细规划与发展分析。

2）全面思考——胸怀。一是寻找管理者内心的力量；二是要求团队的参与及支持；三是更高级别管理者的参与支持与资源支持；四是愿赌服输，将目标与计划写入 KPI。

3）系统思考——超越伯乐。首先是后备军机制，其次是管理者的专业管理培训，最后就是允许一定的内部流动，让人才"用脚投票"。

2. 照镜子：孤独与融合

中层管理者需要孤独地面对自我内心的强大，需要"上通下达"推进企业与组织的发展。

1）心镜，做自己的镜子。找到内心强大的自己，可以在痛苦中坚持自己、成就别人。

2）镜面，做别人的镜子。首先需要聆听，能够放下自己的评价与好为人师的冲动；其次需要同理心，能够站在对方的角度思考问题，但不要盲目认同；最后需要共情，也就是能够与对方的情感与情绪共鸣。

3）镜像，以别人为镜子。需要创造"简单信任"的团队氛围，"你对我不满意，就来找我。但如果你不对我说，而在背后说，那么请你离开"。中层管理者需要能主动地和3种人交流：上级、平级和下属，"对待上级要有胆量、对待平级要有肺腑、对待下级要有心肝"。

3. 闻味道：修行"心力"

管理者的味道，就是团队的空气，无影无形，但又无时无刻不在影响每一个人思考和做事的方式，尤其影响团队内部的协作及跨团队的协作。

1）彼此互为土壤，互为空气。业务好，是这个行业的事情，并不代表着这个团队真的能够在这块业务中获得成功，更不代表着自己一定能在团队中发挥作用。

2）管理者需要"简单信任"。简单，就是奖励要奖得全员心花怒放，惩罚要罚得全员心服口服。信任，就是相信团队的每个人都是有能力的，相信大家是可以成长的，而在成长的过程中如果有痛苦和需要"给出"痛苦，作为管理者就要有一颗勇敢的心。

3）散发味道。需要自然散发，着力散发反而可能形神不符。优秀的团队管理者，应该是非常能够敏感地感觉到团队温度的人。奖罚的时机都是散发味道最好的时机。在管理中，有优点，要及时传播和奖励；有缺点，要马上发现与建立改进机制，不要秋后算账。

11.5 向上汇报：怎么说，领导才愿意听

许多职场的朋友，觉得自己空有一身才华、满腔热血，却得不到领导的赏识，问题出在哪里呢？归根结底就是不懂得向上汇报。

非常坦率地说，向上汇报是职场的一道坎，跨过去，就是诗和远方，跨不过去，跌沟里，你的职场晋升之路就此止步。

那么，如何做好向上汇报呢？首先，需要了解上级领导，了解其思维模式是怎么样的。我们先来学习一下奈德·赫曼博士的全脑模型（Whole Brain Model）理论。

1. 人类大脑的4种思维模式

奈德·赫曼博士经过多年研究，提出了全脑模型理论，它是一种被用来分析个人和组织思维模式的方法。

奈德·赫曼博士认为，人类大脑的处理模式是 4 个象限互相连接的精神处理模式。这 4 个象限指大脑的左右半球和左右半边缘系，其中每一个象限都对应着显著不同的行为特点，也就是人类大脑有 4 种基本思维模式，如图 11-1 所示。

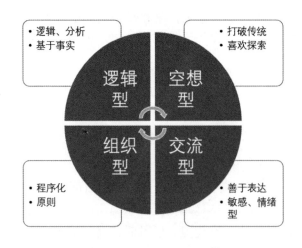

图 11-1　人类大脑的 4 种思维模式

1）逻辑型：分析的、数学的、技术的和解决问题的模式。

2）组织型：控制的、保守的、计划的、组织的和实际上管理的模式。

3）交流型：人际交往的、情绪的、音乐的、精神上的和"谈话"模式。

4）空想型：虚构的、综合的、艺术的和概念上的模式。

后来大量数据统计和研究证明,领导者是多思维模式者,级别越高越明显。

2. 如何向4种思维模式的领导汇报

了解了人类大脑的 4 种思维模式,接下来探讨如何向 4 种思维模式的领导进行汇报,以及需要注意哪些问题。

逻辑型:他们通常喜欢在收集事实资料后再做出决定,喜欢通过理性的逻辑思考引导他人。他们通常都善于理财,还能够很好地解决技术问题。他们常会被缺乏逻辑性的意见、过分强调个人感受及含糊不清的指令搞得很沮丧。对于逻辑型的领导,汇报必须有很强的逻辑性,减少"我认为""我觉得"等主观色彩强烈的表达方式。

组织型:他们愿意按部就班,并根据实用、程序化的原则做出决定。在工作中,像这样的"稳妥型自我"通常扮演的都是管理、组织或行政等角色。即使娱乐,他们也喜欢选择要求事先计划的活动,如露营、钓鱼、旅游等。对日程不明确、突如其来的人或事,以及无截止日期之类的情况很无奈。在向组织型领导汇报时,要强调组织计划性,什么时间、什么地点、什么人、完成什么事。

交流型:他们善于表达、敏感而且能够领会他人的需要。在工作上,他们大都是老师、培训师、销售人员、作家、音乐家、艺术家、社会工作者或其他可以帮助他人的、需要善于表达的职业。娱乐时,他们喜欢阅读、散步或边听音乐边放松。缺乏人际沟通、毫无感情色彩的评论或者不愿意眼神交流的人常常会使他们受到挫折。对于交流型的领导,汇报时要大胆表达自己的观点,即使是激烈的表达,也可能产生情感共鸣,达成共识。

空想型:他们是风险的承担者,期望打破常规,喜欢进行设想,能真正享受惊奇,作为探索者能享受成为企业家、艺术家、咨询师或战略家而带来的身份感。由于他们的职业往往是激情所在,所以很难区分他们的工作与兴趣爱好。在向空想型领导汇报时,也许选择高尔夫球场、咖啡厅效果会更佳,舒适放松的环境能够激发奇思妙想。

学习了如何向 4 种思维模式的领导汇报,下面再来了解一下不同的汇报类型,应该采用什么样的方法和技巧。

3. 汇报有哪几种类型，各有什么不同

职场中的汇报类型分为演讲、内部汇报和高层汇报。不同的汇报类型面向不同的听众，汇报方式、汇报内容和汇报时间也不尽相同。

- 演讲：指的是在行业沙龙、交流会议中的演说，听众一般是行业内人士，以口头交流为主，在交流过程中会涉及大量的故事来帮助演讲者阐述观点，演讲者时常会带些幽默的表达方式，时间在 20 分钟左右。

- 内部汇报：通常是在公司里同级或对下属的汇报，会使用大量的 PPT、视频等多媒体材料，结合数据进行分析，阐述观点，讲述内容包含逻辑和情感，汇报者偶尔会说些幽默的话调节气氛，时间在 45 ~ 60 分钟左右。

- 高层汇报：面向公司高层，很少使用多媒体材料，通常以数据、图表为主，汇报的内容需要有很强的逻辑性，幽默在这个场合会很危险，时间通常在 30 分钟以内。

根据不同类型的汇报场景，选择不同的汇报方式，能够让观点和主张更容易被汇报对象所接受。

11.6　业务敏感：如何成为懂业务的技术专家

业务敏感的重要性是不言而喻的，技术人员如何快速提高业务敏感度呢？除学习业务，成为懂业务的技术专家之外，还要经常到"一线"，和使用系统的真实用户打成一片，成为他们中的一员，感受自己设计的系统是不是真正解决了他们的痛点。

例如，小米就把这一点做到了极致，技术人员每天"混"在小米社区，和用户打成一片，功能做得好，会受到神一样的膜拜，做得不好，骂声如洪水般袭来。还需要做 KPI 考核吗？用户的声音说明一切，管理就是这么轻松。

技术人员要避免"闭门造车""与业务脱节"和"不懂顾客"等负面情况，最有效的解决办法就是倾听用户的声音，只有这样才能更接近用户的真实需求，具备独立思考产品方向的能力。倾听用户的声音，可以结合调查问卷、用户深度访谈和用户行为数据分析等方法，都有比较成熟的方法论。

技术人员的"业务感"普遍比较弱，对业务的理解有误区，认为业务需求是业务方的事情，技术人员只管实现功能就好了，这种想法，可能会使技术人员失去应有的价值。技术人员是具备系统性思维的聪明人，能够用系统性思维解决业务上的共性问题，有效地提高业务各个环节的效率，实现技术驱动业务的发展，为企业创造更大的价值。

提高技术人员的业务敏感度有以下 3 个行之有效的方法，可以在团队中进行实践。

- **维护产品需求池，排列优先级**。通过用户访谈、用户意见反馈、业务人员提交的需求和同行的竞品分析报告等，进行需求的分类汇总，分析哪一类需求是共性的问题、被用户诟病最多的问题，结合内部讨论来制定需求的优先级，产品发布上线后，关注数据反馈，分析再优化，形成闭环。

- **成为产品的深度用户，做深度思考者**。如果用户是公司内部的同事，轮岗是一个比较好的方式。例如，一些互联网公司都有不成文的规定，技术骨干每个月必须到业务部门轮岗，和业务部门的同事一起来使用系统，强制自己换位思考，这种方式对于提高技术人员的业务敏感度也是有帮助的。

- 雷军和马化腾都是自家产品的首席体验官，据说雷军在小米创业初期，有一抽屉的手机，随便挑出一部，就能从硬件到操作系统逐一点评，如数家珍。马化腾在微信火爆的初期，更是亲自把关每个菜单的删减，产品经理想要增加一个功能，需要做数周的准备，才敢去说。

参加产业论坛，洞悉产业发展趋势。要了解行业发展动向，技术人员往往更愿意参加技术论坛，然而对于技术管理者来说，参加产业论坛是非常重要的。例如，近年来电子商务行业提的比较多的是社区团购的概念，那么技术管理者就要思考从系统上如何打通线上和线下，并且能够给公司提出技术发展路线，布局社区电商。

能够真正做到以上 3 点的人，已经可以击败 80% 的技术人员，成为未来能活下来的 20% 了。当业务人员提需求时，这样的人就能够结合用户反馈、行业发展趋势和自己的思考等，做出自己的判断，设计出真正解决用户痛点的产品，打造出让用户"尖叫"的"爆品"。

11.7　横向协同：提升非权力型领导力

职场中，我们要跟上级、下级、平级、兄弟部门、合作伙伴打交道，这时候横向领导力尤其重要。

除了职场，生活中也处处都是横向领导力的身影，如朋友相处、亲戚往来、婆媳关系等。

可以说，一个人的事业和生活如何，可能都取决于横向领导力。既然横向领导力这么重要，这一节我们就来好好学习如何提升横向领导力。

许多读者是通过"技术领导力"公众号认识笔者的，实际上"技术领导力"公众号和社群是由十几个志愿者共同维护的，这里以此作为案例，聊聊如何提升横向领导力。

第 1 步，启动：从清晰的目标、行动方案开始。

如果你是一个项目的负责人，那么你就拥有了信息权、专家权，这是给团队施加影响力的第一块筹码。当你开始为了项目目标，去游说其他人加入项目团队的时候，务必带着方案去，哪怕这个方案并不完善。

笔者在招募"技术领导力"的志愿者时，先整理了愿景、组织分工、工作细则、责权利等，笔者清楚地知道，志愿者必须有一定的工作经验，且有可以灵活安排的业余时间，对"技术领导力"在做的事情有认同感。笔者也知道，这样的人必须从读者中找，很快笔者顺利地找到了第一批志愿者，把组织的愿景、目标、工作跟他们做了详细说明，得到了大家的认可，志愿者团队也顺利地组建起来。

第 2 步，拉人：组建一支能够完成目标的团队。

非权力型领导在组建团队的时候要注意以下 4 点：

1）给对方讲清楚项目背景。

2）了解别人在做的事情，找到共同目标，避免浪费彼此的时间。

3）给对方足够的时间准备，切忌临时通知，工期又很急。

4）小组充分讨论，现场分工，确定推进计划。

笔者在组建志愿者团队的时候，有一位读者很想加入，但是了解了他的情况之后，笔者就劝退了他。因为我们的目标并不一致，这位读者对写作很感兴趣，想要跟随笔者学习写作，而志愿者的工作更多的是事务性的工作，比如维护社群秩序、受理开白名单、联系大咖做分享等，其实是锻炼不了写作能力的。

所以，在非权力型领导的过程中，找到目标一致的成员，对方有意愿、有时间和精力是首先要考虑的，同时要明确好分工、工作交付的标准。

第 3 步，推动：没有权力，如何推动项目。

推动，是非权力型领导中比较难的部分，因为你不是他们的直属领导，你不能决定他们的绩效，他们不会对你那么"尊重"。通常来说，跨部门协作的工作，可以从以下 4 个方面来推动：

1）利益。利益并不一定是项目奖金，通过参与项目可以积累经验、扩展人脉、提升视野，这些对年轻人来说更具有吸引力。

2）交情。拼人品的时候到了，同事之间别总是等到有事情的时候再去找别人，平时多参加公司组织的各类活动，多认识各部门的同事。当你的项目需要协作的时候，带几包零食、发个红包给对方，基于你们之前的交情，别人很容易就会答应。

3）角色。虽然你对团队成员没有直属汇报关系，但是你可以在团队里设定角色。角色的好处在于，明确了职责，强化身份感，让大家更具有责任心，使团队目标一致，团结一心。

4）士气。项目负责人要定期做好团队士气建设，提升氛围，比如做一些破冰游戏、撸串、裸心会等。

以上介绍了 4 种在推动非权力型组织工作的时候常用的技巧，灵活运用就可以达到目的。最后补充一点，所有的方法归根结底就是：换位思考和用心。因为只有换位思考，才能洞察别人的真实诉求，用心才能真正找到满足他人诉求最好的方法，仅此而已。

第 4 步，冲突：如何处理执行过程中的分歧。

在跨部门协作的项目中，冲突在所难免，因为团队成员来自其他部门或公司，他们代表的利益不一致，你也没有对他们的绝对领导权。

出现冲突，要分析冲突来源，找到可以"求同存异"的部分，寻求解决方法。

解决冲突的原则是真诚，以解决问题本身作为出发点，感召大家共同找到解决之道。

解决冲突的方式是直面问题，摆在桌面上大家充分讨论。

记得有一次，一位志愿者约了大咖来做直播分享，在分享的前一天大咖临时有事要改档期，要知道当时所有的准备工作都完成了，还做了 3 轮宣传，如果大咖"放鸽子"，不仅所有工作前功尽弃，对于已经预约的读者也是一种伤害，有损社区的品牌和公信力。

于是，几位志愿者就吵起来，埋怨那位联系大咖的志愿者。以当时的情形笔者知道相互争吵是无济于事的，破局的关键是大咖的档期，于是笔者找到那位大咖做了沟通，得知他当天有一个重要的跨国电话会议要参加，时间上有些冲突。

在得知我们的分享会已经有 1000 多人报名参加时，大咖主动提出了解决方法，把原本 1 小时的分享，缩短到 40 分钟，在酒店给他安排一间独立会议室，分享结束后他就在酒店开跨国电话会议。

所以，在非权力型组织中解决冲突的时候，要充分沟通、分析各方的利益和诉求，找到破局关键点。

第 5 步，激励：项目结束，如何激励团队。

当项目结束的时候，除了"分钱"，还要给团队成员反馈，让团队成员的收获显性化，获得精神上的激励，对下一次合作充满期待。一次氛围轻松的复盘会、一个小小的庆功宴是非常好的方式。

通常笔者都会安排一次下午茶，或者线上会议，并且给大家发红包，向大家道谢。

以上，通过 5 个步骤，讲解了如何在非权力型组织中，提升横向领导力。

11.8 向上管理：不是讨好，而是支撑

好领导首先是好员工，本节我们来学习，如何成为一名好下属。

GE 公司的传奇 CEO 杰克·韦尔奇有一个助理，跟随他 15 年，在杰克·韦尔奇退休后，成为他私人公司的合伙人和副总裁，被《纽约时报》称为杰克·韦尔奇的"秘密武器"——罗塞娜。她写过一本书，叫作《支撑》。

罗塞娜在书中讲述了，成为一名好下属的关键就两个字：支撑。下面我们一起来学习，如何更好地支撑你的领导。

1. 换位思考，支撑你的老板做更好的决策

阿里巴巴十八罗汉之一，传奇经理人彭蕾说过这样一句话，无论马云的决定是什么，她的任务都只有一个——让这个决定成为最正确的决定。这体现了彭蕾作为下属、公司核心骨干，对老板最强有力的支撑。

刘强东有一次开高管会议，当他讲完自己的战略意图，有一位新来的高管站起来对刘强东的战略提出了若干反对意见。刘强东听完对他说："这位先生，我请你来不是让你指出我战略里的错误，而是让你帮助我进行战略落地。"会议结束后，就再也没有人见过这位高管，据说他被刘强东直接辞退了。

你的领导和你相比，有一个最大的区别，就是信息量比你大，信息一方面来自高层、同级甚至董事会，另一方面来自他对于未来趋势的更好判断。基于这些，他的判断会和你不一样。

支撑好你的领导，不是让你判断领导的决定是对是错，而是思考他为什么做这个决定？还需要什么信息，才能做更好的决定？在这个角度提供支持。在做好手头事的前提下，提供这些支持，是最好的支撑方式。

支撑的智慧是——超越对错，先做好手头事，然后推动领导做最好的决策。

2. 支撑你的领导，发挥他的长处

苹果公司的 CEO 库克，则加入苹果公司的时候，做的是供应链管理，他的领导乔布斯是工业设计和商业奇才，管理方面却一塌糊涂，经常当着一群下属的面，把其中一位骂得狗血淋头，对合作方也经常提出近乎苛刻的要求，完全不是一个所谓的"好领导"。

库克就在想，我们来苹果公司为什么呀？就是想打造世界一流的产品，实现技术引领商业的变革，带给世界不一样的东西。想到这里他就完全通透了，乔布斯管理不行，那就让我们来支撑他，让他专注于工业设计、商业规划。

就这样，库克在苹果公司期间，把他擅长的供应链管理做到世界顶尖水平，乔布斯不再担心自己的伟大产品的构想无法落地。苹果公司在他们的共同努力下，成为了市值最高的科技公司之一。

如果领导天天盯着你的短处而不是长处，是不是你也很痛苦？换位思考一下，如果你天天盯着领导的短处，是不是他也很难受？

你要做的是支撑你的领导，让他发挥自己的长处，做出对团队更有利的决策。

3. 支撑你的领导，主动补位

对于领导的短处，是不是该视而不见？拍马屁和支撑的区别就在这里——拍马屁是让领导躺在舒适区，对缺点视而不见，降低团队效能，而支撑则是辅助决策，及时补位，让团队目标更好地实现。

笔者有一位下属，在一次项目取得成功的时候，笔者收到他写的一封很长的邮件，大概意思是："祝贺项目取得成功，我认为这个时候写一封热情洋溢的邮件给团队，对于提振士气会有很大的帮助，我帮您写了一份草稿，您稍改改，发给大家吧。"笔者收到这封信非常感动，很庆幸有这样一位懂得主动补位的下属。

其实，强力的支撑是一种伟大的智慧。

作为下属——只有足够懂得支撑，才能在需要的时候扶摇直上。

请你记得身为下属的 3 个支撑之道：换位思考、发挥领导的长处、及时补位。

11.9　保持巅峰：如何克服职业倦怠

我们先来看两个人：

斯蒂芬·金，是一位当代著名作家，他创作了 30 多部大家耳熟能详的作品，如《肖申克的救赎》《绿里奇迹》《闪灵》等。

而且 75 岁的他仍然保持着旺盛的创作力，每年都有作品发表，人们不免好奇，他是如何在长达 40 多年的创作生涯里，始终保持高质量、高产的写作状态的？

说到高质量、高产作家，还有大家熟悉的村上春树，作为著名诺贝尔文学奖陪跑员，村上春树以 73 岁高龄仍然活跃在文学创作第一线，仍然不断有新作品问世。

相比之下，许多职场人、公众号作者，在自己的领域里只坚持了几年就感觉遇到了瓶颈，难道是因为他们不够努力吗？并不是，相反这些人长期"996"，时间上的投入是非常大的。

那么是因为他们的天分不够吗？也不见得，许多职场人年纪轻轻就做到很高的职位，但是后面的发展却遇到瓶颈。

带着这个疑问，我们来学习：怎样克服职业倦怠，保持巅峰状态？

熟悉笔者的读者知道，笔者是公众号"技术领导力"的作者，坚持写作 3 年以来，明显感觉到前两年写出来的文章阅读量更多、质量更高一些。许多大家有印象的文章都出自第一年，如《如何打造一个搞垮公司的技术团队？》《阿里彻底拆中台了》《阿里王坚：真正的理想主义，都是拿命来填的》等。

笔者静下心来思考，以及做了许多关于职业状态的研究，有了一些感悟，下面就跟大家分享一下。

许多学者都对这个问题做过大量的研究，他们发现，那些 40 多岁仍然能够高水平发挥的运动员，一辈子都在高产的作家、艺术家，有一个通用的大原则，也就是下面这个公式：

高速成长 = 适度压力 + 规律性休息

从这个公式中不难发现，许多人在职业生涯早期昙花一现，后来就泯然众人的原因就是：因为在高压之下，过度透支了"职业状态"，又缺乏合理的休息，导致了自身成长的停滞，职业生涯戛然而止。

香港历史上最成功的商业片导演王晶，也提到过类似的观点，他认为香港影片鼎盛时期的一些导演，在 10 多年的时间里拍了几百部电影，达到了巅峰，后来因为诸多原因整个香港电影行业陷入低迷。除了跟大环境有关，这些导演自身状态的整体滑坡也是一个很重要的原因。

王晶说解决的方法很简单，就是休息一段足够长的时间。

于是大家看到了这几年许多来内地发展和去好莱坞发展的导演，又推出了很多优秀的经典作品，比如王晶的《追龙》系列、吴宇森的《黑客帝国》、徐克的《长津湖》、陈可辛的《中国合伙人》等。

笔者自己也有过这样的感受，在高速发展那几年，高强度的加班、超负荷的工作压力，感觉自己身体被掏空了。经过一段时间的思考，笔者离开了互联网行业，去到传统企业，属于一种半工作半休息的状态，在这段时间笔者做了大量的学习和思考，于是重新审视自己的兴趣和优势，启动了职场 B 计划，开启了职场下半程的转型。

笔者不仅成为传统企业数字化转型专家，还创立了"技术领导力"公众号，坚持写作 3 年让自己拥有了几十万读者，形成了商业闭环。笔者的职业发展进入了新的阶段。笔者的这些经历也验证了上面提到的公式。

这个公式也可以运用到我们每一天的日常中。比如在高强度工作之后，你可以通过冥想、瑜伽、跑步等方式让大脑休息、让紧绷的神经放松，然后再投入下一阶段高强度工作，你就能够更好地应对工作。比如，笔者非常喜爱的作家冯唐，无论出差到哪里，行李箱里都有一双球鞋，工作的间隙跑上一小时，既放松自己又锻炼了身体。

学者们不仅总结出了以上公式，还给出了 3 个能够让你保持巅峰状态的具体建议：

1. 设计一套热身策略，让你快速进入最佳状态

斯蒂芬·金曾在他的自传中说，他从不相信偶然，他也从来不会"等待灵感出现"。他的工作是"确保让灵感知道，他每天都会准时出现在那里，这样灵感就一定会出现的"，其实他就是营造了一种让自己容易进入状态的环境。

他写作的房间，书桌的位置，桌上的资料，写作时播放的音乐，都是经过刻意设计的一种精神热身。斯蒂芬·金用自己可以创造的确定性，对抗着灵感的不确定性。事实证明，这些策略是有效的，他成为了当代最有影响力的作家之一。

世界上最快的女自行车手之一曾说，在赛前会做一套高强度的瑜伽训练，让身体和大脑进入比赛模式。

笔者也有一套让自己快速进入状态的方法，每当开始写作的时候，先泡上一壶陈年普洱，播放黑胶唱片，然后打开电脑，坐下来开始写作。

每个人的热身策略可能各有不同，重要的是，要有自己固定的热身习惯，来激发出特定的身体和大脑状态。

2. 保持巅峰状态的关键，是做减法

在职场中随着职位越来越高，要解决的问题也越来越复杂，耗费的精力也越来越多，许多人很容易在这个阶段，无法承担过大的压力，从此事业停止不前。

所以，在这个阶段需要做减法，降低决策成本、减少情绪消耗，把宝贵的精力放在真正重要的事情上。

作为一名管理者，需要经常梳理自己的工作事项，把精力投入到更加能够创造价值的项目上，避免陷入日常琐事中。

张泉灵是央视前著名主持人，做事雷厉风行，独当一面。离开央视，转型为投资圈的投资人后，还保持着那种"能自己干的事，就不劳烦别人"的习惯，开车、做饭等日常事务，还是自己一手包办。

后来，她背后的投资人不干了，找她严肃地谈了这个问题，让她必须配车、配保姆。一开始张泉灵还以为投资人是担心自己的生活，还试图以"浪费钱，没必要"一类的说法拒绝投资人的安排。

但接下来投资人的话，让她真正明白了对方的深意，"我们高薪请你，不是让你省钱、让你干这些没价值的活儿，你真正要做的，是把一切必要的时间，放在那些匹配你自身价值的事上……"

投资人实际上是在帮助张泉灵做减法，减少"认知能量"的损耗，让她能够聚焦在更重要的项目决策中，以保持工作上的巅峰状态。

3. 定一个超越自我的目标，通过使命感克服倦怠

我们经常会从一些激烈的体育竞赛中看到这样的画面：某位运动员在落后的情况下，咬紧牙关终于在最后关头反败为胜。

事后这些顶尖运动员在接受采访的时候都说，当他冲刺的时候想到的是家人的期盼、患病的朋友，以及信仰的召唤。他们被一种自我目标所激励，被超越自我的使命感所驱使。

一个保持巅峰状态的高手，关注的是一定不是自我实现，而是自我超越。

笔者曾经是某互联网独角兽公司的创始团队成员，老板是一位横跨企业界和学术界的行业大佬，国家"千人计划"成员，在创办这家企业以前，他已经是一位享誉业界的成功人士了，他创办企业的目的是自我超越，投身到激情澎湃的互联网创业大潮中。

他经常说的一句话就是："我每天是被梦想叫醒的。"

的确如此，尽管他已经接近古稀之年，仍然对新事物充满好奇。在创业的 8 年中，不论遇到多大困难，面临多大压力，他从没有感觉疲倦，总是激情澎湃。

最后，笔者想告诉大家，人生不是一场战役，而是一场战争。能够笑到最后的人，一定是始终保持巅峰状态的人。

/第 11 章内容小结/

什么是管理思维，讲透 6 种管理思维。优秀管理者通常具备的 6 种思维是：舍得思维、揪头发思维、系统性思维、最优解思维、用户思维和利他思维。

古狄逊定理：不做一个累坏的管理者。古狄逊定理是从员工晋升到经理后应该学会的第一个定理："不做一个累坏的管理者。"

奥卡姆剃刀定律：管理要做减法。这个定律用一句话概括就是"如无必要，勿增实体"。

中层思维：阿里巴巴中层的抓大、放小、管细。中层三板斧也就是经常听到的揪头发、照镜子、闻味道，意在塑造一个内心强大的、视人为人的、使命驱动的优秀中层管理者。

向上汇报：怎么说，领导才愿意听。领导者的思维模式分为 4 种：逻辑型、组织型、交流型和空想型。领导者一般是多思维模式者，要根据领导的不同思维模式进行沟通。

业务敏感：如何成为懂业务的技术专家。到一线去了解用户的心声，成为产品的深度用户，参与行业交流，提高业务敏感度。

非权力型领导。即横向领导力，具体分成 4 个步骤进行提升：第 1 步，启动：从清晰的目标、行动方案开始；第 2 步，拉人：组建一支能够完成目标的团队；第 3 步，推动：没有权力，如何推动项目；第 4 步，冲突：如何处理执行过程中的分歧。

向上管理。就是支撑你的领导，让他成功，而后你才会取得成功，具体做法：换位思考、发挥领导的长处、及时补位。

克服职业倦怠。让你保持巅峰状态的公式：高速成长 = 适度压力 + 规律性休息。有 3 个方法：设计一套热身策略，让你快速进入最佳状态；保持巅峰状态的关键，是做减法；定一个超越自我的目标，通过使命感克服倦怠。

第12章

技术人的商业思维

12.1 提升商业敏感度的两个方法

下面来聊一聊商业敏感度，顾名思义，就是对商业机会的敏感度，体现一个人是否具有善于把握商业机会的能力。

1. 技术人员为什么要提升商业敏感度

有的读者会说："创业是不可能了，我只想做个职业经理人，还需要商业敏感度吗？"答案是肯定的。随着职业生涯的发展，当你做到中高层领导的时候，商业敏感度几乎是必需的，无论是财务人员，还是市场运营或技术管理者，必须懂商业，否则如何能够深刻地理解公司的战略及 CEO 的商业意图呢？如何帮助所在的企业在市场竞争中胜出呢？

2. 商业敏感度究竟是什么

商业敏感度也称"商业头脑（Business Acumen）"，拉姆·查兰在其著作《CEO 说》（*What the CEO wants you to know*）中进行了详细的说明。

> 商业敏感度，是指企业成员，尤其是管理者站在企业家的角度，从整体利益出发，化繁为简、以终为始，快速准确地做出商业决策，从而带来业务增长的能力。

从定义上看比较抽象，分解来看，其表现在 3 个方面：系统性思维、财务敏感和销售意识，下面分别进行讲解。

系统性思维：是把物质系统当作一个整体加以思考的思维方式。系统性思维的程序是：从整体出发，先综合，后分析，最后复归到更高阶段上的新的综合，具有整体性、综合性、定量化和精确化的特征。本书多次提到过系统性思维，这一点非常重要。

一个具备系统性思维的职业经理人，能够从企业愿景、使命和价值观等角度看待自己的工作、清楚自己具备什么样的资源及所处的岗位需要什么样的能力，进而从宏观的视角全面拓展自己的能力矩阵，使自己成为对企业更有用的人才。

财务敏感：简单来说就是知道企业当前有多少钱，在可预测的时间内有多少钱，固定资产和非固定资产有多少，银行借款有多少、利息有多少、什么时间还多少，产品定价是多少，对于"钱"的每一笔进出都有详细的了解，不仅知道当前的现状，也可以预测未来的资金情况。

提高财务敏感度，关键在于以下 3 个方面：

1）需要有一定的财务知识和财务数学基础的海量储备。

2）对于数据之间的关系，特别是比例关系的迅速感知，从本质上说，是心算能力。

3）迅速联想和解构数字的能力。

财务敏感度的提高，是一个长期积累的过程，需要多加练习。

销售意识：企业的一把手必须始终是一名首席市场调研员，例如，任正非会经常和企业客户在一起，了解他们遇到的困难，思考如何通过产品帮助客户解决问题。

商业世界里有一句老话："答案其实都在市场里。"

一个有销售意识的职场人，他常常会想：

- 谁是我的客户？谁不是？他们能买多少？
- 他们身上是否有商业机会？
- 谁和我竞争？我都发现了吗？我比对手强在哪里？
- 客户需要什么样的体验？我的产品或服务能够让他们满意吗？
- 市场未来会怎么发展？我未来该怎么做？

3. 如何提升商业敏感度

提升商业敏感度最重要的方法是实践，"好枪手都是子弹喂出来的，只有在战争中才能学习战争"。

提升商业敏感度，可以从商业理论知识入手，通过以下方式进行实践。

1）跨职轮岗。一些大型企业有完善的中高层轮岗机制，阿里巴巴、华为等，技术高管可能轮岗管人力资源，人力资源高管可能轮岗做销售。例如，阿里巴巴的童文红从前台做到集团的 CHO，后来又担任菜鸟的 CEO。但轮岗的弊端在于时间和机会成本比较大，而且依赖于公司有比较得力的中层干部作为支撑。

2）培训及沙盘演练。许多企业都有企业大学，内部会开设商学课程，除商业知识外，还提供沙盘演练。一般会集中学习 2 ~ 3 天的课程，然后分小组进行公司沙盘演练，通过沙盘模拟的方式，经历一个从公司建立到上市或清算的完整过程，类似于模拟炒股，以提高团队的商业敏感度。

总之，商业敏感是一个系统能力，提高这种能力也是一个系统工程，这里抛出这样一个主题，希望读者在工作中有意识地提高自己，将自己打造成技术与商业完美融合的人才。

12.2 财务常识：看懂3张报表

在商业领域，最基本也是最实用的财务知识，就是看懂 3 张报表：资产负债表、现金流量表、利润表。简单地说，现金流量表决定企业能不能活下来，资产负债表和利润表决定企业活得好不好。我们先来看资产负债表。

1. 资产负债表

资产负债表衡量的是企业所持有资产的价值与其所负债务的价值之间的相对关系。它就像汽车的油压表，反映企业在某个时间段里的健康状况。

资产负债表记录了企业的资产与负债，显示了企业自建立以来全部的经营业绩。资产负债表由 3 部分组成：资产、负债和所有者权益。

资产包括流动资产和固定资产，负债包括流动负债和长期负债，总资产减掉总负债就是所有者权益。

资产负债表透露了利润表和现金流量表没有体现的内容，如应收账款、流动资产与固定资产、应付账款、长期负债及所有者权益。

资产负债表记录了企业自创办以来的累积表现，通常利润表与现金流量表仅显示月度总额与年度总额。

2. 现金流量表

现金流量表记录的是一家公司真金白银的流入和流出，营业收入、净利润等数据并不是真金白银，所以一个公司的净利润和净现金流通常是不一样的，而这两个数据的差值刚好等于资产负债表中资产和负债变化的部分，这就是 3 张表紧密联系的核心。净现金流的计算公式是：

$$净现金流 = 经营活动产生的现金流量净额 + 投资活动产生的$$

$$现金流量净额 + 筹资活动产生的现金流量净额$$

现金流量表分为 3 部分，刚好描述了一家公司的经营活动、投资活动和筹资活动。其实每一家公司的主要工作都是围绕着这 3 种活动开展的，3 种活动对应的财务指标分别为：经营活动产生的现金流量净额、投资活动产生的现金流量净额和筹资活动产生的现金流量净额。那么这 3 个指标分别表示什么意思呢？下面分别讲解一下。

1）经营活动所产生的现金流量净额为正，表明公司经营活动中收到的钱大于支出的钱，能养活公司，反之则入不敷出；

2）投资活动产生的现金流量净额为正，表明公司在投资上获得了收益，反之则为投资支出；

3）筹资活动产生的现金流量净额为正，表明公司在筹集资金。

3. 利润表

利润表传达的核心内容是：企业是否赚钱了、是从哪赚的钱，但是利润表的计算逻辑比资产负债表复杂多了。计算利润的相关公式是：

$$营业利润 = 营业收入 - 营业成本 - 营业税及附加费用 - 资产减值损失$$

$$+ 公允价值变动收益 + 投资收益$$

$$利润总额 = 营业利润 + 营业外收入 - 营业外支出 + 补贴收入 + 汇兑损益$$

$$企业净利润 = 利润总额 - 所得税$$

对于企业来说，赢利是最重要的。如果产品或服务的毛利率太低，就无法支撑企业的正常运转。

如何提高利润并使利润最大化，是企业家需要思考的问题。企业家需要关注的第一件事就是毛利率是否达到最低回报率——一般是净收入的 30%。提高毛利率有两个方法：降低成本和提高售价（即提高净收入）。

以上就是 3 张表的主要内容，接下来讲一讲都有哪些方法来分析这些财务数据。

- 趋势分析：很简单，就是和过去的数据比较一下，是变好了还是变坏了、为什么会这么变、后期会怎么样。
- 对比分析：对比分析通常有一个对比对象，可以和竞争对手对比、和行业标杆对比、和行业平均水平对比。
- 同型分析：是一种结构分析法，可以了解每一财务数据项占总数据的比重。例如，利润表中每一项都除以营业收入，则可以清晰地看出每一笔收入的成本所占的比重。

同时，同型分析可以与趋势分析和对比分析结合，根据同型分析之后的比值再进行趋势分析和对比分析，能够更深入地了解公司的情况。

3 张财务报表是一个整体，需要结合起来看，净利润与现金净流量之间的差额，永远等于资产负债表上除现金之外其他资产和负债的变化，这是 3 张表联系起来最核心的内容。

12.3 市场营销：BFD法则、4U原则、定位理论

本节探讨市场营销方面的一些基本理念、操作技巧，帮助读者提高对市场营销方面的认知。产品与市场营销的完美结合才能够为企业带来源源不断的用户和营收。

1. BFD法则

好的产品，往往击中了用户的痛点或痒点，痛点和痒点的背后都是人的底层情绪，如恐惧、快感等。

爆款活动也是一样的，它能在朋友圈疯传，自然也是激发了用户内心的某种情绪。例如，某公众号举办的"4 小时后逃离北上广""地铁丢书"等活动，就击中了北上广白领的生存压力、焦虑的情绪等底层情绪，因此取得了巨大成功。

优秀的广告文案也是如此，它们传播如此之广的根本原因就在于唤起了消费者强烈的共鸣，走进了消费者的心里。

那么如何才能让文案走心呢？

著名文案大师迈克尔·马斯森特，提出了消费者的 BFD 法则：信念（Beliefs）、感受（Feelings）、渴望（Desires）。

- 信念，就是消费者相信什么。比消费者更准确、有力地表达出这种信念，就能让他们产生共鸣。例如，耐克的"Just do it"、阿迪达斯的"这就是我！"。

- 感受，就是消费者的情绪。基于情绪的表达，远远比理性更能打动人，因为人们大脑里的骑象人和大象比起来，永远只有指引的权利，没有行动权。一旦大象有了反应，一切水到渠成。例如，用一万字描述食物的制作过程和味道，不如一句"妈妈的味道"。

- 渴望，是消费者想要的东西。很多文案的背后，隐藏着真正付钱的人的渴望，例如，少儿教育行业，付钱的人是父母，而不是孩子，孩子想要的是好玩和乐趣，父母则要缓解焦虑，如"学钢琴的孩子不会变坏"。

2. 4U原则

广告方案，特别是那种在世界范围内传播的文案，都是顶尖高手在操盘。

当今文案最大的市场是新媒体，如微信公众号、短视频平台。新媒体无论是图片、文章还是视频，最关键的是什么？当然是流量。

用户决定是否点击的时间只有 0.5 秒，那么如何在这 0.5 秒里吸引住用户，就变成了一个标题最终实力的体现。

现在线上有很多新媒体培训课程，取标题的技巧和方法论整理起来超过 15 个，但是，如果把这些方法论回归到用户心理学的本质，就是 4U 原则。

文案大师罗伯特 • 布莱曾总结过写标题的 4U 原则：紧迫性（Urgent）、独特（Unique）、明确具体（Ultra-specific）、实际益处（Useful），下面逐一来学习。

- 紧迫性，因为人们怕晚得到，甚至得不到，属于损失规避心理。例如，2020 年最大的创新领域，下周一即将改变你的生活。

- 独特性，能诱发他人强大的好奇心，好奇心是人类的本性之一。例如，揭秘类、首次揭露类、最终结果类等标题。

- 明确具体，数字和明确的定义能给人获得感，也是文章收藏率最高的类型，如 5 个方法、3 大原则、5 个技巧等。例如，本书各节的命名也都遵循这一原则，目的就是给读者一种获得感。

- 实际益处，承诺利益永远是俘获读者的不二法门，例如，这招让你涨薪 2 倍、价值 2 万元的学习资料、这份简历模板让你分分钟进 BAT 大厂等。

这 4 个 U 用一个，或者两两组合，甚至 3 个组合，都可以出现不同的神级标题，很多线上教程里的技巧本质上都是 4U 的多个组合而已。

3. 定位理论

定位理论是由美国著名营销专家艾 • 里斯与杰克 • 特劳特于 20 世纪 70 年代提出的。他们认为，定位要从一个产品开始，产品可能是一种商品、一项服务、一个机构甚至一个人，也许就是你自己。但是定位不是对产品要做的事，而是对预期客户要做的事。换句话说，要在预期客户的头脑里给产品定位，确保产品在预期客户的头脑里占据一个真正有价值的地位。

定位理论的核心是"一个中心、两个基本点"：以"打造品牌"为中心，以"竞争导向"和"消费者心智"为基本点。

定位理论的出发点和归宿都是打造强势品牌，打造品牌是定位理论的中心。这和传统营销不同，传统营销是以开发和推广产品为中心的。

市场营销就是战争，敌人就是竞争对手，顾客就是要占领的阵地，从顾客到竞争，从需求到心智，从事实到认知，从不同到第一，从模仿到对立，从细分到分化，从品牌到品类，从广告到公关。

广告应该把火力集中在一个确定的目标上，在消费者心智上花工夫，应该利用广告创造出独有的位置，特别是第一说法、第一事件、第一位置等，因为只有创造了第一，才能在消费者心中产生难以忘怀、不易混淆的优势效果。

定位法则如下。

- 跟随者定位：效仿别人具有种种危险，跟随者要想成功，就要提出与领先者不同的定位策略，找到自己的利基市场，例如尺寸上的、低价上的、性别上的、年龄上的和时间上的、营销方式上的。

- 根据竞争对手重新定位：提出新的理念或推出新的产品，占据消费者心智。

聚焦经营，是企业赢利和成功开创未来的策略，不要掉进产品延伸的陷阱，那会极大地消耗精力和资源。

营销从产品时代、形象时代到定位时代，定位是广义成功的战略，即定位可应用于政治、战争、商业甚至生活等各方面。

定位的 3 个层次如下。

- 传播层次：定位解决的问题是更有效地把品牌认知植入顾客心智，实现品牌与顾客之间的沟通，其方法就是关联第一或找到一个心智中的空位，然后用广告去填补。

- 竞争战略层次：定位解决的问题是根据自己和竞争对手在顾客心智中的位置，结合实力，确定选择哪一种战略方式进行攻防。

- 企业战略层次：定位解决的问题是企业如何运营，企业应该围绕什么样的差异化概念来进行整合、配称。

定位 4 步法如下。

第 1 步，分析整个营销外部环境；

第 2 步，避开竞争对手在顾客心智中强势的东西；

第 3 步，为这一定位寻求一个可靠的证明——信任状；

第 4 步，整合企业内部运营的方方面面，传播要有足够的资源，将这一定位植入顾客的心智。

需要注意的是，定位已经成为一种常态，而非竞争力武器。就像互联网已经变成常态，未来所有的公司都是互联网公司，产品和服务、用户、数据都必须在线。

12.4　创业心法：轻创业与精益创业

1. 轻创业

关于创业，很多人都有一个误区，那就是一定要辞职、一定要卖房卖车 All in，才能彰显自己的创业决心。

笔者觉得这纯属成功学后遗症、鸡汤过剩的表现。除非你各种积累都到位了，各种错都试过了，All in 创业属于水到渠成，那没话讲。

如果你啥准备、啥经验都没有，全凭冲动就要辞职创业，那笔者劝你还是老老实实打好你的那份工吧。

笔者在互联网行业多年，从普通程序员做到公司高管，经历、见证了很多职场人或喜或悲的结局。因此很早就意识到要有自己的职场 B 计划，要把自己当成一人公司来经营。因为笔者在互联网技术圈里，有那么一点知名度，经常会被一些技术论坛邀请做嘉宾。每次有这样的机会，无论工作多忙，笔者都会精心准备，曾经为打磨一份演讲 PPT，整个国庆假期都没下楼。

就这样，笔者前前后后参与过 100 多场各类活动，受到的关注和好评也越来越多。后来出版社邀请笔者出书，笔者利用业余时间每天写稿写到凌晨 2 点，坚持了 3 个多月，最终出版了个人专著，这本书也成为当年该类目中的畅销书。

接着笔者又开了公众号"技术领导力"，3 年时间收获全网几十万粉丝，写过多篇 10 万+爆款文章，还开通了自己的知识星球"老 K 星际不迷航"，各种商业合作也跟着纷至沓来，慢慢形成了"K 哥一人公司"的商业闭环。笔者这家一人公司的总体收益虽然不敢和很多大神比，但在魔都付个房子首付还是没有问题的。

互联网时代，裸辞创业风险太大，而轻创业的方式更适合大多数人。以上笔者自己的经历，其实就是典型的轻创业的方式。

许多商业大佬在创立公司的早期阶段，都是以轻创业开始的。比如大家熟悉的樊登，他原本是央视主持人，后来到大学当老师，利用业余时间讲书给别人听，越讲用户越多。于是他看到了商业前景，立马辞职创办了"樊登读书"，取得了商业上的成功。

下面再分享几点轻创业的心得，希望能给你带来一些启发。

1）结合自身优势，看清趋势，选准赛道。如上面笔者的经历，就是基于自己的行业、技能和特长，做出的相应延伸，而且笔者非常清楚自己所做的事的价值，坚信它有美好的未来。

2）盘活既有资源，向存量要收益，避免新投资新战场。笔者把自己的事业慢慢发展起来，最初主要得益于圈子里的资源，这绝对是效率最高、花费最小的突破途径之一。

当然，这些也不是白来的，要靠以前的付出和攒下的人品。另外，千万不要在最开始的时候就好高骛远，盲目相信自己可以轻易整合、拓展新资源，除非你的口袋够深，否则笔者不建议这么做。

3）善用工具，弥补"人少活多"的缺陷。我们上学的时候就学过一句话，人和动物的主要区别是会使用工具。高效人士和低效人士的重要区别，同样在于会不会使用工具。实现流程自动化的 RPA 工具，提高开发速度的低代码工具……都是可以很好地提高效率的利器。在创业初期，别光抱怨"没钱、没人、事情多"，有意识地去找，任何领域都能发现让你事半功倍的神器。

4）坚持做下去的决心。做任何事，都没人能保证一定成功，就像进任何公司，都没人能保证你永不被裁一样。要有足够的付出、足够的耐心、足够的抗压性。一句话，如不能坚持，请不要开始。

以上就是适合职场人的轻创业方式，建议你通过这个方式不断摸索，慢慢找到方向，开创一番属于自己的事业。

2. 精益创业

当你开始创办自己的企业时，就需要掌握科学的创业方法，下面就来介绍一种广受欢迎的方法——精益创业（Lean Startup）。

精益创业由硅谷创业家埃里克·莱斯于 2012 年 8 月在其著作《精益创业》一书中首度提出。其核心思想受到了另一位硅谷创业专家史蒂夫·布兰克的《四步创业法》的很大影响，后者也为精益创业提供了很多精彩指导和案例。

很多 IT 从业人员在了解精益创业后认为，其核心理念可以追溯到软件行业的敏捷开发管理。例如"最小可用品"与"原型建模"非常相似，都追求快速的版本迭代，以及时刻保持与客户的接触并获得反馈等，精益创业可以理解为敏捷开发模式的一种延续。

精益创业提到的 3 个主要工具是：最小可用品、客户反馈、快速迭代。

● 最小可用品，是指将创业者或者新产品的创意用最简洁的方式开发出来，可以是产品界面，也可以是能够交互操作的胚胎原型。它的好处是能够直观地被用户感知到，有助于收集用户的意见。通常最小可用品有 4 个特点：体现了项目创意、能够测试和演示、功能极简、开发成本最低甚至零成本。

● 用户反馈，是指通过直接或间接的方式，从最终用户那里获取针对该产品的意见。通过用户反馈渠道了解关键信息，包括用户对产品的整体感觉、用户并不喜欢或并不需要的功能点、用户认为需要添加的新功能点、用户认为某些功能点应该改变的实现方式等。获得用户反馈的方式主要是现场使用、实地观察。

对于精益创业者而言，一切活动都围绕用户而进行，产品开发中的所有决策权都交给用户，因此，如果没有足够多的用户反馈，就不能称为精益创业。

● 快速迭代，是针对用户反馈意见以最快的速度进行调整，融合到新的版本中。对于互联网时代而言，速度比质量更重要，用户需求快速变化，因此，不追求一次性满足用户的所有需求，而是通过一次又一次的迭代不断让产品的功能丰满。所以，才会有微信在第一年发布了 15 个版本，抖音只花了几个月的时间第一版就上线了。

精益创业的具体步骤分为以下 7 步。

1）精简式反馈

大多数团队认为，只有开发出一个功能完整、看起来很美观的界面之后，才能将其展示给用户以获得反馈。事实证明，只要将一些简单的功能组织在一起，并提供可点击的区域，同样可以获得有价值的反馈。

事实反复证明，用户十分愿意与这些可点击的功能互动，就好像它们是最终的产品。这可以帮助创业公司在真正进行大规模开发之前了解其设计是否有效，这是一个十分伟大的方法。

2）客户访谈

不要闭门造车，而要通过收集数据来支持产品设计。具体而言，要走出去，找到自己产品的潜在用户，通过与他们交流来找到解决问题的方法。对于该方法，开发者也许已经听过上百次了，并且也认可，但要真正把它培养成习惯并不容易。

3）以小见大

要想迅速了解用户是否喜欢一项新功能，只需通过推出该功能的一小部分即可。许多基于微信小程序平台的创业者就是如此，创业者只需要专注于核心功能的开发，基于微信提供的基础设施进行快速试错。

4）判断

开发者可以将竞争对手的产品看作一个免费的原型。观察用户如何使用这些产品，他们喜欢哪些功能，哪些功能用不到，甚至令人厌恶。了解了这些，开发者在进行产品设计、营销和销售时就会做出更好的决定。

5）微调查

精益创业人士需要使用一项有效的调查模式，尽量让调查与当前的研究内容紧密结合。例如，针对一个小功能，可以在 App 里发起一个调查，立刻就能得到反馈。

6）真正数据原型

许多互联网企业，在进行 App 界面大改版的时候，通过灰度测试的方式，让一部分用户先尝试新的用户界面，根据用户行为数据分析，就知道新的设计方案在用户那里的真实反馈，跟用户调查相比，这些数据是最真实的反馈。

7）实地考察

只有到用户中去，才能更快速有效地发现和解决问题。创业者要跟用户在一起，观察他们的行为，分析他们遇到的问题，比如沃尔玛的创始人山姆·沃尔顿，就有巡店的习惯，这一习惯贯穿了他的整个经营生涯，帮助他更好地了解顾客，以及沃尔玛自身在经营管理上的问题。这样，在重要的问题判断上不会出现偏差。

以上，介绍了轻创业和精益创业方法，不论是对于一个人开展一门副业，还是告别打工生涯、投身创业大潮，都是非常有帮助的。

12.5 实践案例：从月薪3000元的中专生，到身家千万元的CTO！人生最大的对手，就是自己

这是一个真实的故事，记录了笔者的一位朋友"职场逆袭的故事"，相信能够给那些正在逆风行走的人们一些力量，征得当事人的同意后，笔者隐去了名字和一些隐私细节，还原了大部分故事情节。

David 坐在笔者对面，窗外是梦境般的外滩夜景，繁星点点的璀璨灯火散落在黄浦江两岸。笔者转过头对 David 说："你挺会享受啊，约我到这么浪漫的地方。"

David 狠狠地吸了一口手中的雪茄，又快速地吐了出来，眼睛眯成一条缝，一边品味着雪茄在口中的醇香，一边说："转眼我们都快 40 岁了，记得 2002 年刚认识那会儿才 20 岁出头，时间过得真快啊。"

笔者喝着香槟说："是过得太快了，一转眼就成中年人了。对了，我能写写你的故事吗？你博士也毕业了，担任独角兽公司 CTO 和合伙人，事业有成，家庭美满，这一路走来，太励志了，年轻人看了你的经历一定备受鼓舞，你就

是一部行走的职场成功简史。"

David 笑着摇摇头，晃着手里的红酒杯说："我有什么可写的，你不也是职场成功人士吗？"

笔者说："那咱俩的故事一起写，你是红花，我是绿叶，就这么说定了。"

说着，我俩一同望向窗外，静静地欣赏着眼前繁华的外滩夜色，思绪回到了 2002 年。

有些鸟注定是不会被关在笼子里的

2002 年的夏天，笔者本科毕业已经 2 年，正担任一家软件公司的技术主管。在一次人才招聘会上，笔者遇到了 David，他当时是个中专刚毕业的毛头小伙子，脸上洋溢着青春和青春痘。

记得笔者跟他说的第一句话是："你好，如果是应届生的话，我们要求的最低学历是本科。"

David 有些紧张，说话都有些哆嗦，"我知……知道，能不能给我一个机会，看看我写的程序？"

笔者突然有点好奇了，觉得这个小伙子和一般的求职者不一样，还带着作品来，就跟他说："好，我看看你的作品。"

David 打开了厚重的笔记本，2002 年，你知道的，iMac 台式机刚发布，MacBook 还在乔布斯的脑子里酝酿……所有笔记本都厚得像块砖。

David 说："这是我做的网络爬虫，可以抓取 XXjob 的简历信息，可以自己登录，投递简历，刷新简历……"

笔者当时被震撼了，2002 年啊，手写爬虫，不是写浏览器插件那种，出自一个中专生之手，大家可以感受一下笔者当时"被那种力量支配的"恐惧。

在笔者的强烈推荐之下，David 破格进入了公司，成为一名软件工程师，薪资 3000 元，在那个年代，给一个中专应届毕业生开 3000 元工资是顶着巨大压力的，当时的 985 毕业生拿到方正软件的 Offer 也就 4000 元的样子。

后来相熟之后笔者才知道，David 从小成绩都属于中等水平，念的也是县城里的普通学校，考高中的时候考了两年也没考上县里的重点高中，家里觉得他不是读书的料，将来即便上了高中也很难考上大学，作为家里的长子，还不如念中专早点出来工作挣钱。

就这样，David 念了中专，电机专业，在学校期间，本来对学习就没什么兴趣的 David，误打误撞迷上了编程，觉得这东西太神奇了，预感它将会深深地改变这个世界。在那一刻，他知道自己找到了一生热爱的事情——编程。在校期间他自学了编程、操作系统和网络等相关课程，不厌其烦地找计算机老师请教，还主动帮助学校管理机房，这样他就有更多的时间上机编程，他还给学校开发了教研系统、学生管理系统等。

David 对编程的狂热和投入程度，超过了公司里大多数科班出身的职业程序员，可以说，除了吃饭睡觉，他都在编程和学习编程，对编程知识技能的掌握完全碾压了公司里所有的程序员，也包括笔者。

连续 4 个季度涨工资、晋升，一年后，他毫无意外地成为了笔者的上司，管理着 20 多名程序员和几个主管。

都说顺境看胸襟，逆境看担当。David 并没有在一时得志的时候滋生骄傲，还是一如既往地谦逊待人，加班比平时更多了，也更乐于帮助同事解决问题，深得大家的拥护，当然也包括笔者在内。

正如《肖申克的救赎》里的台词："有些鸟注定是不会被关在笼子里的，因为它们的每一片羽毛都闪耀着自由的光辉。"David 辞职了，这次是因为爱情。

经历过那个年代的人都有过网恋，或见过身边的人网恋，David 跟一个广州女孩恋上了，QQ 上整晚整晚地聊，这场恋爱也让 David 发现，原来人生中还有和写代码一样美好的事情，比如突如其来的爱情。

此时的男孩正在慢慢变成男人，他要像一个男人那样去谈一场恋爱。

挣到第一桶金、买房、结婚、读书

David 来到了广州，以他的技术实力，很快就在一家游戏开发公司担任了技术主管。2003 年的互联网是四大门户的时代，David 所在的公司开发了一款设计和体验俱佳的游戏，被某家门户巨头收购，David 华丽转身，成为了某门户巨头的技术主管，职场生涯迎来高光时刻。

作为核心主创人员，他得到了一笔 30 万元的奖励，挣到了人生的第一桶金，立刻在广州付了首付款，买了房，大家想想 2003 年就买了房，后面的故事就不用笔者多说了。

David 的女朋友本科毕业，也许是女方家人觉得 David 的学历低了点，也许是他自己觉得有个文凭后面职场的路会更好走，于是 David 上了成人本科，边工作边学习。

2005 年，David 和他的女朋友结婚了，从此成了宠妻狂魔，QQ 空间里全是和美妻游历名山大川、五湖四海的照片，让别人嫉妒不已。

这样的日子过了 3 年，David 不安于作为门户巨头的高管，而且四大门户的时代也过去了，互联网进入了 BAT 时代。

跟随前老板创业、读研

2008 年，David 追随上家公司的老板来到上海，投身互联网金融行业，开始了他的第一段创业生涯。作为技术合伙人，David 发挥自己的技术优势，C++、Java、移动端，都亲自搭建底层技术框架，创业前期资源匮乏，他也能够放下身段，做一些没有技术含量的 CRUD 工作。

在上海这段时间，David 的妻子怀上了他们的第一个孩子，他们也爱上了上海这座城市，于是决定定居下来，凑足了首付款，在上海买了房子。写到这里，笔者真的好想静静，2008 年上海的房价属于第二轮疯长的前夕，David 在这个时候又买了房，人生的差距就是这样被拉开的。

在接触金融行业之后，David 觉得金融这东西太有意思了，就报考了复旦大学的金融硕士，系统地学习金融知识，还有幸师从经济学泰斗，据说这位大师是经常去给领导人上课的，这段学习经历打开了 David 的视野，使其成为了妥妥的金融业务专家。

2013 年，经过了 5 年创业，David 的公司只能说业务还过得去，毕竟互联网金融这个行业里巨头越来越多，小打小闹的公司很难跑得出来。

就在这个时候，David 再次选择离开，开启了他的下一段人生旅程。

自主创业、人工智能、读博

2015 年，经过一年的筹备，David 跟朋友一起成立了自己的公司，担任创始人兼 CTO，主攻人工智能领域，主要服务于金融行业。对的时间，对的赛道，加上 David 在行业中的多年积累，天使轮融到了千万元级别的资金，公司也进入了发展快车道。

忙是一如既往的忙，即便这样，David 仍不忘学习，硕士毕业后，经过导师推荐，David 继续攻读博士，主修人工智能。他的公司也跟校方共同设立了研究课题，走上了产学研的道路。

2019 年，由于公司之间的业务往来，笔者和 David 有了工作上的交集，笔者所在的公司成为了 David 的客户，也算是十几年后再度共事。在合作过程中笔者感受到了这些年的经历对他格局和视野的改变，以及他对世事看穿不说破的人生智慧，也很感慨不惑之年，幸得旧友重逢。

哪有什么中年危机，不过是"又懒""又丧""又装"

人生就像长跑，许多人拿着一手好牌却打得稀烂，和 David 相比，大多数人的职场之路都赢在了起跑线上，可那又怎样呢？许多人职场混迹多年，到了 35 岁才发现自己处在年龄与能力不匹配的尴尬处境。其实，哪有什么中年危机，不过是"又懒""又丧""又装"。

在搁笔之前，笔者问 David 能不能给年轻人一些建议，David 想了想，提出了 3 点，供大家参考。

1. 找到你真正热爱的事，坚持做下去

和大多数人相比，David 是幸运的，因为他很早就找到了自己热爱的事情，并且一直坚持做下去。一些人频繁地换工作、换行业，到后来大都"混"得不如意。成功必定是经过长期积累的，厚积薄发，有时你只看到成功人士风光的一面，他们背后的心酸你却未必知道。

正如史蒂夫·乔布斯在斯坦福大学的演讲："And the only way to do great work is to love what you do. If you haven't found it yet, keep looking. Don't settle."

大意是：做有意义的工作的唯一办法是热爱自己的工作。你们如果还没有发现自己喜欢什么，那就不断地去寻找，不要急于做出决定。

2. 永远不要停止学习，永远向上生长

从中专生到博士的逆袭，也许不一定适合大多数人，但至少不要停止学习，要永远向上生长。

《爱丽丝漫游记》中的黑桃皇后，曾经说过一句话："在我们这里，只有不停地奔跑才能留在原地！"职场更是如此，公司如何能在激烈的竞争中生存，关键就是比竞争对手跑得快。公司如果跟不上市场的变化，会被市场淘汰；员工如果跟不上公司的节奏，就会被公司淘汰。

有一次，马斯克被发现抱着一本厚厚的苏联火箭制造的书在"啃"。他解释说："不是我想学习火箭知识，是因为招不到人。"马斯克这样的成功企业家都愿意跨界学习晦涩的火箭制造技术，你有什么理由不学好本职工作所需要的知识和技能呢？

3. 顺势而为，事业如此，人生亦如此

回顾 David 的几段职业经历，从游戏公司被四大门户收购，成为门户巨头的技术高管，到后来投身于互联网金融行业，再到创立人工智能公司，无一不是顺势而为，一直站在技术领域前沿，成为弄潮儿，在努力拼搏的同时，选择对的赛道非常重要。

人生也同样要顺势而为，在该谈恋爱的年龄谈恋爱，该结婚的时候就结婚，该买房的时候要咬牙果断出手。

谨以此文，纪念我们那终将失去的青春岁月。

回顾过往，总有一种力量让我们泪流满面。

遥望远方，追逐梦想的路上，永远年轻，永远热泪盈眶。

12.6　写在末尾的话：真正聪明的人，都坚信长期主义

在本书的最后一节来聊一聊长期主义。长期主义是一个不讨好的话题，当今社会，每个人都面对着巨大的生存压力，人们似乎对"7 天精通 XXX""30 天成为 XXX 高手"这些话题更加热衷。

在聊长期主义之前，先来聊聊在"VUCA（Volatility、Uncertainty、Complexity、Ambiguity 的缩写，即易变性、不确定性、复杂性、模糊性）时代"，究竟应该如何学习呢？

笔者的一个朋友在 Facebook 公司工作了 5 年，做前端开发，后来创业却做了人工智能。令笔者惊讶的是，他仅仅用了半个月时间就掌握了机器学习和深度学习相关的知识，并且成为了一名熟练工。

笔者开玩笑地问他，是不是这半个月时间不吃饭、不睡觉地学习，他说，其实人工智能对于他来说并不陌生，虽然这个词比较新，但是当他深入进去学习的时候，发现全都是他在之前的工作中擅长的那些知识，如数据结构与算法、数学、计算机组成原理……

所以笔者当时就感叹说："任他东南西北风，我都要持续专注于学习那些不变的底层知识。"这就是笔者推崇长期主义的原因，学习那些不变的底层知识，不是一件短期奏效的事情，需要坚定的信念，始终如一的坚持。

做时间的长期主义者，经历岁月的淬炼，往往人生收益更丰厚、更持久。坚持长期主义，要遵循以下 4 个方面。

1. 在自己的优势之上，坚守长期主义

指数增长的特点是，初期的进展非常缓慢，就像幼苗冲破土壤前的蓄势待发，能力在短时间内几乎不可能实现大幅度的提高。事实上，很多时候，不管付出多少努力，可能都感觉不到自己有多大的进步。

然后，直到某一天，突然灵光一现，感觉自己打通了任督二脉，突破了某个长期存在的阻塞，接下来就"开挂了"，迅速崛起，技能提高得越来越快。

哪些技能遵循指数增长呢？如程序员的编码水平、一个人的写作能力、一个公众号的阅读量和粉丝的增长速度等。

当在做符合指数增长模式的事情时，最怕的是刚开了个头，看不到变化，就急着给这件事情画上句号，这就是通常说的"浅尝辄止"，这样将与成功无缘。

无论是对数增长的平台期，还是指数增长的开始阶段，背后其实都是一个原理：优势积累效应。

2. 做长半衰期的事，做时间的朋友

半衰期越长，收益衰减的速度就越慢，例如，你花了一个小时和好朋友认真沟通，增进了你们之间的感情，在之后的几个月，甚至几年里，这个收益仍然存在于你和朋友之间。

再比如，你用一周时间认真阅读了一本书，改变了自己的认知和思维方式。这个改变就是收益，它会持续影响之后的人生中你对待问题的方式，以及做决策的方式。

我们要多做的事情：第一种是高收益值、长半衰期；第二种是低收益值、长半衰期。

想成为时间的朋友，就要先学会筛选优先投入时间多做哪些事情，少做哪些事情，以及坚决不做哪些事情。

做到这一点，才能在时间的长河中收获高价值。这些高价值，会形成"优势积累效应"，从最初一个一个的小优势，累积成为大优势，最终累积出一个别人望尘莫及的你。

3. 用平淡无奇，打败瞬间的妙手

在花式撞球中，并不看重个体单次动作多精彩，真正重要的是能持续性地连续击球。这一杆实际上要为下一杆击球做好准备，这样才能保持连续性。这就是"通盘无妙手"的意义，每一个动作可能看似平淡无奇，最终却威力惊人。

它强调的是做时间的长期主义者，不追求单次的极致效果，而追求单次动作最终累加出的效果。

要想成为真正的长期主义者，就要明白，以及能够做到，不追求单次努力达到惊人的效果，更不要到处寻找所谓的秘方或秘诀，而要把自己的全部努力看成一个大动作的前奏。

4. 摒弃短期功利主义，发展你的人生系统

缺乏系统性思维的人，总是从此时此刻去衡量一件事情到底有没有价值，

不懂得把这件事情放在整个人生大系统中去衡量，所以，经常放弃"看起来无用"的事情，可以说是典型的"功利主义者"。

长期主义，是成为高手最有效的方式，少一点功利主义，多一点系统性思维，人生才有可能发展得更好。

/第 12 章内容小结/

提升商业敏感度的两个方法。商业敏感度是指企业成员，尤其是管理者站在企业家的角度，从整体利益出发，化繁为简、以终为始，快速准确地做出商业决策，从而带来业务增长的能力。在企业中，可采用跨职轮岗、课程培训的方式，提升商业敏感度。

财务常识：看懂 3 张报表。高级技术人才需要具备一些财务常识，看懂资产负债表、现金流量表和利润表。

市场营销：BFD 法则、4U 原则、定位理论。BFD 法则：信念（Beliefs）、感受（Feelings）、渴望（Desires）。写标题的 4U 原则：紧迫性（Urgent）、独特（Unique）、明确具体（Ultra-specific）、实际益处（Useful）。定位理论的核心是"一个中心、两个基本点"：以"打造品牌"为中心，轻创业与精益创业。轻创业的 4 个步骤。

轻创业与精益创业。轻创业的 4 个心得：结合自身优势，看清趋势，选准赛道；盘活既有资源，向存量要收益，避免新投资新战场；善用工具，弥补"人少活多"的缺陷；坚持做下去的决心。精益创业提到的 3 个主要工具是：最小可用品、用户反馈、快速迭代。

实践案例：从月薪 3000 元的中专生，到身家千万元的 CTO！人生最大的对手，就是自己。通过一个真实的故事，讲述笔者的一位朋友职场逆袭的故事，相信能够给那些正在逆风行走的人们一些力量。

写在末尾的话：真正聪明的人，都坚信长期主义。做长期主义者，经历岁月的淬炼，往往人生收益更丰厚、更持久。

72 项技能列表

1. 黄金圈理论
2. NLP 理论
3. 职场"成年人"的 6 个准则
4. 杀死效率的 7 个习惯
5. 掌控情绪的 6 个方法
6. 职业发展框架
7. 6 顶思考帽
8. 系统性思维
9. 归纳法
10. 揪头发思维
11. 舍得思维
12. 沟通公式
13. 金字塔原理
14. 电梯间汇报
15. 技术演讲
16. 目标管理
17. 精力管理
18. 时间管理
19. 习惯养成
20. 人生设计
21. 职场发展系统
22. 模型思维
23. 成长型思维
24. 幸存者偏差
25. 库伯学习圈
26. 费曼学习法
27. 设计思维
28. 快速学编程
29. 快速成为专家
30. 技术转管理的 9 道坎
31. 管理者的定位与角色认知
32. MBTI 性格类型
33. 4 种领导风格
34. 管理者的技术判断力
35. 工作适应理论
36. 管理者的成功方程式
37. 高效管理的 6 个原则
38. 五力模型
39. 突破性创新原则
40. 管理者要造钟
41. 领导和管理不同
42. 阿里巴巴管理"三板斧"
43. 帕金森定律
44. 中台组织
45. 区块链组织
46. 彼得原理
47. 组织里的信息流动
48. 硅谷工程师文化
49. OKR 实践
50. 10 倍速工程效能：优化研发流程
51. 10 倍速工程效能：团队工程实践
52. 10 倍速工程效能：个人工程实践
53. 10 倍速工程效能：文化驱动
54. 麦肯锡解决问题 7 步法
55. 精益敏捷开发
56. 高效执行力组织
57. 6 种管理思维
58. 古狄逊定理
59. 奥卡姆剃刀定律
60. 中层管理思维
61. 向上汇报
62. 业务敏锐度
63. 30 岁技术职业规划
64. 提升商业敏感度的两个方法
65. 财务 3 张报表：现金流量表
66. 财务 3 张报表：资产负债表
67. 财务 3 张报表：利润表
68. BFD 法则
69. 4U 原则
70. 定位理论
71. 精益创业
72. 长期主义